机场运行控制技术发展与应用

黄荣顺 等 著

U0262881

科学出版社

北京

内 容 简 介

本书系统阐述民航机场运行与控制系统及其相关技术的基本理论和应用。通过对民航机场运行控制技术的分类以及对民航机场航班运行控制系统深入浅出的剖析，从系统的发展阶段、演变历程、核心体系架构、主要功能以及业务流程等进行全方位、多角度进行阐述，并对未来民航机场航班智能运行控制中的尖端、前沿技术与系统进行了全面展望。

本书适合机场工程技术人员阅读，也可供高等院校机场工程、机场信息技术、机场航班运行与控制、机场软件信息技术等相关专业师生，以及民航企业、民航机场教学、培训使用。

图书在版编目（CIP）数据

机场运行控制技术发展与应用 / 黄荣顺等著. — 北京：科学出版社，2022.3

ISBN 978-7-03-071932-4

Ⅰ.①机… Ⅱ.①黄… Ⅲ.①民用机场－机场管理－运营管理 Ⅳ.①F560.81

中国版本图书馆 CIP 数据核字（2022）第 044948 号

责任编辑：任 静 / 责任校对：胡小洁
责任印制：吴兆东 / 封面设计：迷底书装

科 学 出 版 社 出版
北京东黄城根北街 16 号
邮政编码：100717
http://www.sciencep.com

北京中石油彩色印刷有限责任公司印刷
科学出版社发行 各地新华书店经销
＊

2022 年 3 月第 一 版 开本：720×1 000 B5
2022 年 3 月第一次印刷 印张：16 3/4
字数：338 000
定价：149.00 元
（如有印装质量问题，我社负责调换）

序

　　"十三五"时期，我国航空运输规模快速增长，截止到"十三五"末，旅客运输量连续 15 年稳居世界第二，具备了超过美国成为全球第一的发展基础，牢固树立了航空运输强国的地位。机场作为衔接民航运输市场供给和需求的核心纽带，是旅客航空出行的重要场所，是航空公司提供运输服务的主要节点，在民航产业发展的进程中发挥了重要的支撑和促进作用。截止到 2019 年，中国民航年旅客吞吐量超过 1000 万的机场已达 39 家，世界年旅客吞吐量前 50 位的机场中国内地已经占据了 9 席，中国民航机场建设取得了举世瞩目的成绩。

　　当前，我国民航已进入发展阶段转换期、发展质量提升期和发展格局拓展期，针对新的发展形势和阶段特点，中国民用航空局党组提出了"十四五"时期"一二三三四"总体工作思路，践行创新、协同、绿色、开放、共享的理念，聚焦多领域民航强国建设目标，着力构建更为安全、更高质量、更有效率、更加公平、更可持续的现代民航体系。同时，将智慧民航建设确定为"十四五"民航发展的主线，推进实现由"人便其行、货畅其流"向"人享其行、物畅其流"的升级跨越，这也为新时期民航机场建设指明了发展方向。

　　开展机场运行控制技术研究，是引领智慧机场理念创新、推进智慧机场工程建设的重要技术手段。机场运行控制技术已经历了数十年的发展，本书从机场运行控制技术的概念入手，首先介绍了相关的基础理论，并按照运行控制技术发展的顺序先后介绍了基于集中控制模式、三级指挥调度模式和 AOC/TOC 运行模式的机场运行控制系统框架、关键技术和应用案例，阐述了机场场面复杂交通、协同运行决策以及多机场联合运行指挥调度等全新的业务需求和技术实现。最后结合"云大物智移"的新技术发展勾画出未来"智慧机场"的技术轮廓。

　　作者及其团队一直致力于机场运行控制领域研究近 30 年，科研成果丰硕，先后获得国家科技进步奖 3 项，省部级奖项 10 余项。其中产业化能力尤为突出，科研成果先后应用于广州、成都、重庆等数十个枢纽机场，市场占有率在千万级机场高达 80%，产生经济效益累计达 25 亿。围绕机场运行控制技术已经建设成为民航业内的高水平创新团队。

相信随着现代科学技术的飞速发展，机场运行控制领域的相关技术将进一步提升民航机场安全运行效率水平，也将对智慧机场建设提供重要的科技支撑。期望该书的出版极大推动我国民航在机场运行控制领域技术研究的发展。

前　言

改革开放以来，中国民航历经四十年高速发展，已经成为仅次于美国的全球第二大航空运输系统，2019 年，全行业完成运输总周转量 1293.25 亿吨公里，国内航线完成运输总周转量 829.51 亿吨公里，其中港澳台航线完成 16.9 亿吨公里；国际航线完成运输总周转 463.74 亿吨公里。机场作为航空运输系统中十分重要的组成部分，也得到了迅猛的发展。2019 年，我国境内运输机场有 238 座，旅客吞吐量超过千万人次的机场达到 39 座，全年完成旅客吞吐量 13.52 亿人次，比上年增长 6.9%，完成起降架次 1166.05 万架次，比上年增长 5.2%，机场的安全和高效运行已经成为社会大众关注的焦点。

步入新时代，民航局发布了《新时代民航强国建设纲要》，明确指出要高质量推进机场规划建设，建设平安、绿色、智慧、人文的四型机场。其中，智慧机场的建设必须做到机场运行自动化、智能化、智慧化。当前中国民航机场高速发展过程中，还存在运行资源利用率不高、业务运行模式和运控系统发展不匹配、信息壁垒导致的协同运行能力不足等关键技术问题。民航机场的运行流程十分复杂，航班保障需经历成千上万个业务流程，在大型机场起降区域，常常有数百架飞机和上千台车辆同时在运行，高峰时段平均每分钟就有 1～2 架飞机起降，必须辅之以先进、成熟、可靠的运行控制系统，才能确保机场范围人流、物流、航班流顺畅有序运行。而民航机场的运行控制技术伴随着机场建设规模的扩大和相关技术的演变，也经历了从简单到复杂、从单航站楼到多航站楼、从单一机场到多机场联合运行的发展历程，对民航机场运行控制技术进行系统地梳理，有助于进一步开展机场运行控制技术领域的专业研究，从而有效提升机场运行的安全、效率和容量，也为智慧机场的建设提供科技支撑。

本书系统地阐述了机场运行控制相关理论、技术和应用。全书共分 9 章，第 1 章介绍了民航机场及运行控制技术的概念和发展；第 2 章介绍了机场运行控制技术的基础理论，并以 Petri 网技术为例介绍了相关技术在民航机场领域的应用；第 3 章针对集中控制模式的机场运行控制概念、技术和应用案例进行了阐述；第 4 章介绍了基于三级指挥调度模式的机场运行控制概念、关键技术和应用案例；第 5 章围绕 AOC/TOC 运行模式的机场运行控制概念、技术、体系和应用案例进行了介绍；第 6 章介绍了先进场面活动引导与控制系统，对机场场面综合交通监视与引导系统的概念、关键技术和应用案例进行了详细阐述；第 7 章将机场协同运行决策系统纳入了讨论，围绕机场、航司和空管安全、高效、协同放行进行了详细介绍；第 8

介绍了区域多机场群落和机场集团管辖下的多机场联合运行系统的概念架构、关键技术和应用案例；第 9 章对云计算技术、大数据处理技术、物联网技术在机场领域的应用进行概要介绍，简要揭示新技术下的机场运行管理发展态势。

本书集成了作者及团队积 30 余年的研究成果，这些成果获得国家自然科学基金、863 专项、国家科技支撑计划、国家重点研发计划项目资助，并在国内外数十家机场广泛应用，创造了数十亿产值。依据这些成果，作者团队成功申报了省部级机场运行控制工程技术研究中心。

本书的特点是应用现代信息化理论和方法，解决机场智能化运行控制问题。因此，阅读本书的读者需要具备数学、计算机、自动化理论方面的基础知识。本书可作为民航高等院校电子信息工程、自动控制、信息与计算科学、交通运输、机场运行管理等专业的教科书，亦可供从事机场运行控制专业的工程技术人员自学参考。

本书由黄荣顺研究员主编。第 1 章、第 3 章、第 6 章和第 8 章（部分）由黄荣顺研究员编写，第 7 章（部分）和第 8 章（部分）由原中国民航局第二研究所罗晓研究员编写，第 5 章和第 7 章（部分）由中国民航局第二研究所罗谦研究员编写，第 2 章由中国民航大学邢志伟研究员和张红颖教授编写，第 4 章由四川海盛信息技术有限公司邓青春和深圳机场信息技术服务有限公司黄飙编写，第 9 章由中国民航科学研究院王旭辉正高级工程师、杨杰高级工程师和许玉斌副研究员编写。此外，四川大学陈良银教授和游洪跃副教授为全书的结构和内容安排提出了宝贵的意见、中国民航局第二研究所杜雨弦助理研究员和党婉丽助理研究员等人也参与了相关内容的编写和修改。

十分感谢中国民航局原副局长杨国庆教授在百忙之中为本书作序。期望本书的出版能够起到抛砖引玉的作用，为推动机场运行控制技术的深入研究和广泛应用贡献力量。

由于作者视野和水平有限，错误和疏漏之处在所难免，恳请各位同行和读者批评指正。

目　　录

第1章 绪 论

1.1 民用航空与民航机场

1.1.1 民用航空概述

民用航空简称民航,是指使用各类航空器从事除军事性质(包括国防、警察和海关)以外的所有航空活动。这个概念确定了民用航空是航空的一部分,并以"使用"航空器界定了它和航空制造业的界限,用"非军事性质"说明了它和军事航空的区别[1]。

1. 民用航空的分类

人类飞上天的活动开始于1783年蒙哥菲尔兄弟制造的热气球载人升空,随后德国人开始用热气球运送邮件和乘客,但气球是不可操纵的航空器,直到1852年法国出现了飞艇,才真正拥有了可进行操纵的、有动力的航空器[1]。

1903年12月17日,莱特兄弟在美国北卡罗来纳州的基蒂霍克驾驶"飞行者一号"飞机进行试飞。飞机在空中飞行了12秒,飞行距离为36.5米,这是人类第一次可操纵的动力飞机的持续飞行,由此开启了航空新纪元。

1883年3月20日在巴黎签订的《保护工业产权巴黎公约》是世界上第一部国家间的航空法[1],其基本目的是保证成员国的工业产权在所有其他成员国都得到保护,它明确规定了联盟成员国的飞机在进入上述国家时的权力说明。

经过近一个多世纪的发展,民用航空已经成为全球经济的重要组成部分。民用航空可分为商业航空和通用航空,下面分别加以介绍。

1) 商业航空

商业航空指以航空器进行经营性的客货运输的航空活动[1]。"经营性"表明商业航空是一种以营利为目的的商业活动;而"运输"表明商业航空又是运输活动,它作为交通运输的一个组成部分,与铁路、公路、水路和管道运输共同组成了国家的交通运输系统。尽管航空运输在运输总量方面和其他运输方式相比较少,但由于其具有快速、远距离运输的能力及高效益,商业航空在总产值上的排名不断提升,并在经济全球化的浪潮中发挥着不可替代的作用。

2) 通用航空

通用航空是指使用民用航空器从事公共航空运输以外的民用航空活动,包括从事工业、农业、林业、渔业和建筑业的作业飞行以及医疗卫生、抢险救灾、气象探测、海洋监测、科学实验、教育训练、文化体育等方面的飞行活动[2]。通用航空应用范围十分广泛,共三个大类[3]。

(1)载客类,是指通用航空企业使用符合民航局规定的民用航空器,从事旅客运输的经营性飞行服务活动。

(2)载人类,是指通用航空企业使用符合民航局规定的民用航空器,搭载除机组成员以及飞行活动必需人员以外的其他乘员,从事载客类以外的经营性飞行服务活动。

(3)其他类,是指通用航空企业使用符合民航局规定的民用航空器,从事载客类、载人类以外的经营性飞行服务活动。

载客类经营活动主要类型包括通用航空短途运输和通用航空包机飞行。载人类、其他类经营活动的主要类型由民航局另行规定。

2. 民用航空的发展特征

随着航空技术的持续进步和航空业组织管理及服务水平的不断提高,特别是大型民用飞机出现后,民用航空一直处于发展的快车道。到目前为止,全球形成了以北美、欧洲和亚太地区为主的三大航空市场。自20世纪80年代以来,民用航空的发展表现出以下鲜明的特征。

1)民用航空产业成为日益重要的战略性经济产业

民用航空产业除在政治、社会、军事、外交、文化等领域都发挥着十分重要的作用外,还具有显著的经济效应。世界各个国家及地区纷纷将民用航空作为参与全球化进程的有力工具,把民用航空定位为战略性产业,高度重视对民航产业的政策和资源投入,把发展民航上升为国家或地区的重大发展战略。

美国采取立法和建立中央政府部门之间的协调机制等手段,对民用航空发展进行系统规划并制定相关政策,同时对民用航空发展给予了大量财政支持。2001年发生"9·11"事件后,美国众多航空公司陷入经营困境,美国政府曾一次性向航空公司提供高达150亿美元的紧急援助及贷款担保[4]。2020年,为应对新冠肺炎疫情影响,美国政府再度向航空公司、机场等民航相关企业提供总计390亿美元的现金补助以及290亿美元的贷款,一方面体现了对民航产业发展的高度重视,同时也从侧面表现出民航业对国民经济稳定发展的重要影响。

欧盟把发展民用航空作为提高其全球竞争力和促进欧洲一体化的重要手段与途径,逐步实现了民航业政策法规的统一制定和实施。2001年,欧盟委员会通过了《交通政策白皮书》,提出构建"欧洲单一天空"的重要战略,并重新设计了欧洲航空港的运营能力以及航空运输安全系数等内容[5]。

近年来海湾地区各国纷纷将目光投向民用航空,利用海湾地区处于亚欧非三大洲交汇点的地域优势打造全球航空枢纽,该地区已迅速成为全球民航业发展最快的地区之一。海湾各国政府采取加大机场建设投资、发展旅游业和金融业、建立自由贸易区等政策措施，极大地推动了民用航空的发展[5]。

亚洲各国和地区纷纷实施出口导向型发展战略，将发展民用航空作为国家和地区的发展战略。例如中国香港能够成为世界金融和旅游重地，发达的民用航空产业也是其重要原因之一。

2) 国际化合作成为民用航空发展的主流模式

民用航空是国际旅行最主要的出行方式，国际化也是其发展的一个重要特征。为了促进国际交流与合作，利于自身发展壮大，全球众多航空公司之间开展了大量而广泛的战略合作，航空联盟是当前战略合作最主要的形式。

航空联盟最早由美国国内市场的干线航空公司与支线航空公司之间合作提供联合中转服务而产生。1997 年，加拿大航空(Air Canada)、德国汉莎航空(Lufthansa)、北欧航空(Scandinavian Airlines)、泰国国际航空(Thai Airways International)和美国联合航空(United Airlines)共同创立全球第一家战略性联盟——星空联盟(Star Alliance)，这标志着世界民用航空正式进入全球联盟时代，2007 年中国国际航空股份有限公司正式加入星空联盟。1998 年，英国航空公司(British Airways)、美国航空公司(American Airlines)、加拿大航空公司、中国香港国泰航空公司(Cathay Pacific)和澳大利亚快达航空公司(Qantas)共同创建了寰宇一家联盟(One World)。2000 年，美国达美航空公司、法国航空公司、大韩航空公司和墨西哥国际航空公司又共同建立了天合联盟(Sky Team)，中国南方航空股份有限公司和中国东方航空股份有限公司于 2007 年和 2011 年先后加入天合联盟。当前三大联盟所拥有的航空客运市场约占全球航空客运市场的 70%。

近年来，航空公司间战略合作的形式更加多样化，股权投资、合营、航线联营等合作模式逐渐被广泛采用，我国的东方航空公司、南方航空公司即分别于 2015 年和 2017 年与美国达美航空公司、美国航空公司开展股权合作。

3) 民用航空与高新技术发展相辅相成

作为技术密集型行业，民用航空发展对于科技创新提出了较高的要求，引领和带动了复合材料、新能源、发动机、卫星导航、5G 通信、区块链等一系列新技术的应用。同时，高新技术的研制和应用也不断提升民用航空的安全水平、运行效率和环保水平，为促进民用航空持续快速发展提供了坚实的科技支撑。

先进的大型飞机制造技术。欧洲空客公司的 A380 飞机采用了碳纤维等新材料和新型发动机等高新技术，大幅度提升了飞机的安全性和舒适度。美国波音公司制造的波音 787 第一次实现中型飞机尺寸与大型飞机航程的结合，具有极高燃油效率及环保性能。

新一代的空中交通管理技术。现代通信、卫星、自动化和计算机技术广泛应用在空中交通管理领域中，以卫星导航为主导的空管技术革命也随之展开。

智慧化的运行控制技术。大量应用传感设备进行民航运行各环节的实时信息采集，运用大数据分析技术强化对运行态势的监控与预测，利用 5G 技术实现数据的实时传输和不同要素、环节、主体之间的智能感知，大幅提升民航运行控制系统的智慧化水平。

绿色化的航空运输。通过不断提高发动机燃油性能、研制新一代聚合物及复合材料等方面降低航空运输对环境的污染。引入"绿色机场"理念，逐渐把机场建成或改造成"节约、环保、科技、人性化"的机场。同时，欧盟提出的"清洁天空"计划，是为配合新环保要求而推出的大型科技研发计划，其目的是通过改善飞机的燃油系统等举措，降低飞机的噪音和温室气体排放，减少航空运输对环境的影响，从而建立一个创新的、具有竞争力的欧洲航空运输体系[6]。

1.1.2 民航机场概述

1. 民航机场的概念

民航机场也称为民用机场(在本书以后的各章中亦使用"机场"代表"民航机场")。《中华人民共和国民用航空法》将机场定义为"专供民用航空器起飞、降落、滑行、停放及其他保障民用航空活动的特定区域，包括附属的建(构)筑物和设施"[7]。这里的航空器指能够依靠空气的反作用力支撑在大气中航行的机器，包括民用飞机、直升机、飞艇、热气球等。这里的特定区域包括飞行区，飞行区由净空障碍物限制面所要求的尺寸和坡度等所形成的面积和空间，特定区域还包括机场的各种附属的设施和建筑物等，如旅客航站楼、目视助航系统、通信导航、气象、空中管制等设施以及其他建筑物，这些设施和建筑物是机场正常运营及保证飞行安全的基础设施[8]。

2019 年，我国境内运输机场 238 个(不含香港、澳门和台湾地区)，旅客年吞吐量在千万级以上的机场有 39 个[9]。其中，西南地区机场数量最多，为 50 个，其次机场数量较多的地区是华东地区、中南地区和华北地区，分别为 44 个、37 个和 35 个，其余东北地区、西北地区和新疆地区分别为 27 个、24 个和 21 个。北京首都国际机场是现代民航机场的典型代表，它是我国的空中门户和对外交流的重要窗口，2019 年旅客吞吐量超过 1 亿人次，位居全球第 2，仅次于美国亚特兰大哈兹菲尔德-杰克逊国际机场(1.11 亿人次)[10]。被誉为"新世界七大奇迹"之首的北京大兴国际机场于 2019 年 9 月 25 日正式通航，并成为我国国内新的标志性建筑。图 1.1 为北京大兴国际机场 T3 航站楼。

机场区域可划分为两大区域——陆侧和空侧，划分原则主要以安全检查和隔离管制为界限。在安全检查和隔离管制前的区域为陆侧，主要包括停车场、办票区域、行李托运区域以及必要的服务区域。在安全检查和隔离管制后的区域为空侧，主要

图 1.1　北京大兴国际机场航站楼

包括出发和到达区域、行李分拣区域、机务维修区域、货运区域、飞行区域以及必要的服务区域[11]。图 1.2 为机场区域示意图，图 1.3 为陆侧俯视图，图 1.4 为机场空侧俯视图。

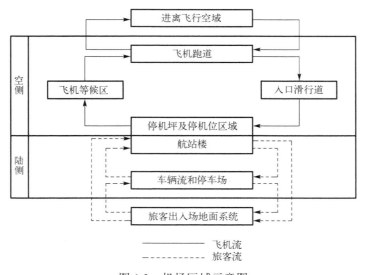

图 1.2　机场区域示意图

2. 民航机场的分类

1）按航线性质划分

机场按照航线可划分为国际航线机场和国内航线机场。其中，国际航线机场指有国际航班进出，并设有海关、边防检查(移民检查)、卫生检疫和动植物检疫等政府联检机构的机场；国内航线机场指的是专供国内航班使用的机场[12]。我国的国内

图 1.3 机场陆侧俯视图

图 1.4 机场空侧俯视图

航线机场还包括地区航线机场，地区航线机场是指我国内地城市与我国香港、澳门、台湾等地区之间的航班飞行使用的机场，并设有类似国际机构的联检机构。

2）按飞机的起降状况划分

按飞机的起降状况，机场可划分为始发机场、终点机场、经停机场、中转机场及备降机场。始发/终点机场指运行航线的始发机场和目的机场；经停机场指某航线航班中间经停的机场；中转机场指旅客乘坐飞机抵达此处时需要换乘另一航班前往目的地的机场；备降机场指如遇到天气情况或在机上遇到紧急情况，飞机会选择最近的机场降落，此类机场称为备降机场[1,13]。

3）按照服务航线和规模划分

按照服务航线和规模，机场可划分为枢纽机场、干线机场和支线机场。枢纽机场是连接国内国际、国内航线密集的大型机场；干线机场是以国内航线为主、空运量较为集中的大中型机场，主要是指各省会或自治区首府、重要工业及旅游开放城市的机场；支线机场一般是规模较小的地方机场，以地方航线或短途支线为主，如比较偏远地区的城市机场[1,13]。

　　3. 民航机场的定位

　　民航机场作为衔接民航运输市场供给与需求的纽带，与航空公司相比在市场经济活动中处于相对被动的地位。随着航空运输市场的不断成熟和发展，明确机场的市场定位是机场运营的前提和基础，也对提高机场经营效益、加强民航业政府监管具有十分重要的现实意义。

　　2006 年我国民航局下发的《关于深化民航改革的指导意见》中明确指出，机场是公益性基础设施，要推行机场的分类管理，引导地方政府对具有盈利能力的大型机场实行企业化管理，对中小型机场则按照公益性企业的要求管理[14]。

　　对于收益性机场，明确了企业型定位，赋予更大的经营自主权和财权。在建设投资方面，通过引导民间资本投入或机场自我融资进行建设，对于机场的一般维护建设财政不再投入资金，机场飞行区等公益性建设可申请政府投入。在运营方面，鼓励和帮助收益性机场从传统运营模式向现代运营模式转变，明确机场专营权概念。对于涉及航空公司生产运营环节的航空器地面服务和航空食品，不应包含在机场专营权范围内；对航油加注领域，我国机场现有航油储存、供应系统都由航油集团公司建设，在当前体制下也不适合归入机场专营权范围。对于公益性机场，明确主要由政府进行公益性投资并承担经营责任，这类机场不以盈利为目标，机场管理机构的职责是维护机场的正常运转，政府对这类机场的运营亏损进行补贴[15]。

1.2 机场运行控制技术

　　在安全为根本的前提下，机场的业务职责主要在于：改善旅客出行体验；通过信息共享和协同操作提高运行效率；最大化资产和基础设施的利用，优化机场资源。机场运行控制技术及其应用以航班、货物、旅客等单元为作用对象，涵盖机场正常运行与精确管控过程中的所有信息、网络、通信等技术手段，保障旅客快速通行、航班正常起飞，对实现民航机场安全、高效运转具有重要意义。

1.2.1 机场运行控制技术的概念

　　机场运行控制技术是指利用计算机、通信、网络等信息技术手段实现民航机场运行资源分配和场面服务控制。利用该技术可保障每一个业务环节的信息的传递，实现机场航班精确运行、旅客行李正常流转、机场场面交通精准调度以及机场安防精细监管等。

1.2.2　机场运行控制应用的划分

如图 1.5 所示,我国机场运行控制的主要业务对象是航班、旅客和行李,因此机场运行控制相关应用主要围绕着航班流、旅客流和行李流为旅客及驻场机构提供服务。

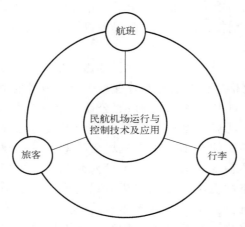

图 1.5　机场运行控制相关应用示意图

按照作用的业务对象,可将机场运行控制技术的应用划分成航班保障运行控制、旅客服务运行控制以及行李处理运行控制。

1. 航班保障运行控制

航班指飞机由始发站按规定的航线起飞,经过经停站至终点或不经过经停站直达终点的运输飞行。航班保障运行控制示意图如图 1.6 所示,主要包括飞机在导航指示灯等的导引下滑行至停机位等候起飞,当旅客行李已处理完毕且旅客登机完成后,飞机推出滑行至跑道,起飞并到达终点航站后降落。

航班保障运行控制以航班计划为源头,以航班动态为核心,运用网络通信技术、数据库技术等信息化手段实现飞行保障信息的处理及共享,协同空管、机场、航空公司有关飞行运行信息,确保整个机场安全、高效、有序地运行。

2. 旅客服务运行控制

在旅客服务运行控制中,按照出行目的地不同,旅客可分为国际旅客和国内旅客。图 1.7 为国际航班旅客进出港流程。当旅客到达机场后需要办理换票手续、安全检查、卫生检疫、海关检查、动物检疫、边检,候机及登机。当航班飞行到目的

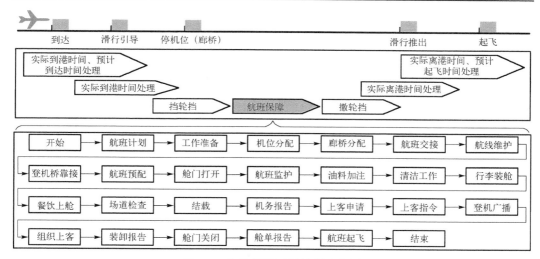

图 1.6 航班保障运行控制示意图

机场后还需办理边检、动检、海关检查、卫生检疫等手续，最后才能离开机场。对于国内航班而言，旅客在登机前无需办理海关、检疫及出境等相关手续，在离开机场前也无需办理海关、入境及检疫等相关手续。

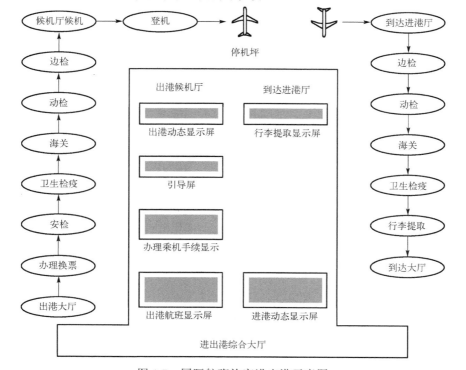

图 1.7 国际航班旅客进出港示意图

3. 行李处理运行控制

行李特指旅客携带的且必须采用托运方式运输的物品。行李处理运行控制示意图如图 1.8 所示。行李随旅客到达机场后将由旅客申请托运服务,办理好托运手续后,行李被流转到飞机的行李舱,行李装舱完毕后随航班飞行。到达目的机场后,由旅客领取带离机场。

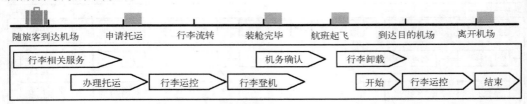

图 1.8　行李处理运行控制示意图

旅客办理的托运行李,在经传送带送到行李分拣区后,将按照不同的航班分别装上不同的行李车或集装箱,运到飞机旁并装上飞机。行李分拣区的主要设备是行李分拣系统。图 1.9 是一种传统行李分拣系统,行李经传送带送到分拣转盘,再由人工装入相应的行李车。

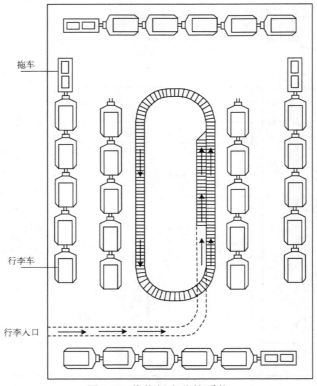

图 1.9　传统行李分拣系统

旅客到达目的地后，行李将从飞机上卸下，由人工装上行李分拣系统并送至分拣转盘。旅客在行李提取大厅中从分拣转盘提取行李，离开机场。

航班保障、旅客服务和行李处理作为机场运行控制的三大主要任务，其中任何一项任务出现差错，都可能导致民航机场不能正常运行。但是，民航机场的首要和基本任务是确保航班正常运转，在此基础上，再做好提升旅客服务质量及提高行李处理能力等任务，航班保障是机场运行控制的核心和关键，也是机场所有业务驱动的源头，因此本书在讨论机场运行控制技术与应用时主要以航班保障的运行控制为主来展开。

1.2.3　机场运行控制系统的组成

机场运行控制系统需基于一套完整高效的机场运行模式框架才能顺利完成建设和运行。机场运行模式确定了机场运行控制系统的具体业务对象及其定义，并且包含了各核心业务系统的组成和处理逻辑流程。在 2019 年的民航机场流量统计报告中，我国超过一千万流量的机场就已经达到了 39 个[9]。在这 39 个机场中，大型枢纽机场和部分区域枢纽机场均采用了基于机场运行中心/航站楼管理中心（Airport Operation Center/ Terminal Operation Center，AOC/TOC）模式的机场运行控制系统，因此本小节将以 AOC/TOC 模式为例介绍典型现代机场运行控制系统的相关定义、系统架构、运行流程以及主要功能。

1. AOC/TOC 模式定义

AOC 定义：AOC 是机场运行中心（Airport Operation Center）的简称，它是机场运行控制中心和飞行区区域运行管理主体，管理范围主要包括机场运行现场和飞行区安全运行[16]。它是机场运行管理和应急指挥的核心，是机场日常航班安全生产和旅客服务现场的最高协调管理机构。

TOC 定义：TOC 是航站楼运行管理中心（Terminal Operation Center）的简称，它是机场航站区运行的区域管理者，是航站楼内日常运营、安全生产和服务保障的核心机构，是整个航站楼现场运行的指挥中心。TOC 定位于整个航站区的日常管理主体和指挥中心，是航空公司客运的保障和支持中心，也是驻楼单位和旅客遇到困难时的协调和指导中心，TOC 对整个航站区的日常运营和航站区内各驻楼单位进行统一管理[17]。

AOC/TOC 模式定义：国际上比较通行的 AOC/TOC 模式的核心是"统一指挥，分区管理"，即以分块化的运行机制为基础，坚持机场全局层面必要的统一指挥，通过对业务流程的梳理和优化，最大限度地减少多航站楼之间的协调工作量，将区域管理的职能和责任下放给分区的管理中心，将统一指挥的职能和资源适当地整合到全局的管理中心[18]。图 1.10 是 AOC/TOC 模式运行场景示意图。

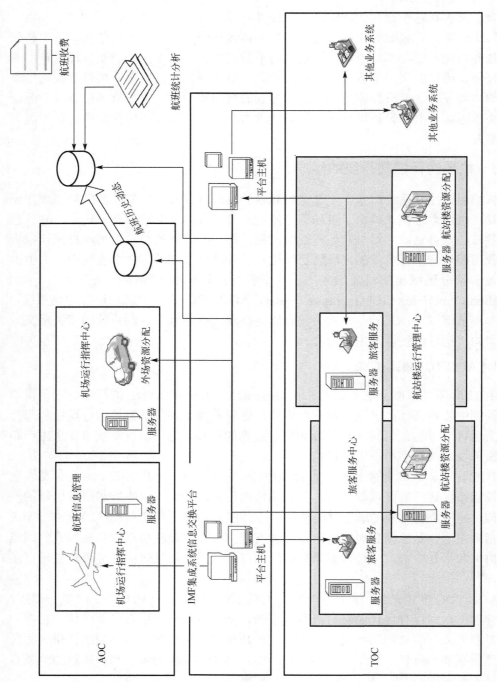

图 1.10　AOC/TOC 模式

2. 基于 AOC/TOC 模式的系统架构

基于 AOC/TOC 模式的机场运行控制系统以智能中间件平台(Intelligent Middle Flat, IMF, 一种业务信息高效交互的接入管理平台)为核心、机场运行数据库(Airport Operation Database, AODB)、机场管理数据库(Airport Management Database, AMDB)、航班查询数据库(Flight Query Database, FQDB)以及旅客行李安检信息系统、行李处理系统等其他业务系统组成, 其中 IMF 平台提供了多种通信转换接口, 起到了连接其他系统的枢纽作用。图 1.11 为基于 IMF 平台的机场运行控制系统架构图。

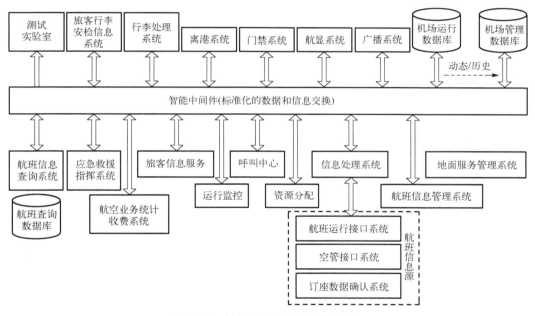

图 1.11　机场运行控制系统架构图

3. 核心业务处理流程

机场运行控制系统以航班运行为核心, 具体的地面服务运作流程由地面服务单位自行根据航班等资源信息进行处理。系统关注的业务流程包括(图 1.12 为典型机场运行控制系统的业务处理流程):

(1)开展计划编制, 与空管、航空公司及其代理、政府进行计划编制及其协调;

(2)进行资源状态维护, 包括登机门、停机位和行李转盘等资源在维护期间的协调, 获知资源维修情况, 并及时更新资源状态;

(3)根据资源状态, 按实际日进行检查和调整航班计划与资源分配约束条件;

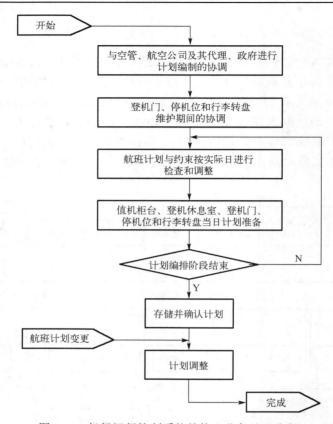

图 1.12　机场运行控制系统的核心业务处理流程

（4）次日航班计划，根据实际值机柜台、登机休息室、登机门、停机位和行李转盘等资源状态做资源调整和计划的准备；

（5）计划编排完成，计划存储并确认计划；

（6）在计划执行阶段，如果有临时航班计划变更，将随时调整航班计划和资源分配。

4. 核心功能组成

通常来说，机场运行控制系统具备的功能主要包括航班计划制定、航班动态发布以及航班动态资源分配等，下面分别加以介绍。

1）航班计划制定

航空运输生产飞行包括正班飞行、加班飞行、专机飞行、包机飞行和其他飞行等五种类型的飞行，其中，正班飞行是一种最主要的航空运输飞行活动，正班飞行每年完成的任务量可占全部运输飞行量的 90%左右[19]。航班计划是制定正班飞行的始发/终点机场、机型、航空器、航空公司、飞行时间的计划。民航机场航班计划制定包括长期定期航班、季节性定期航班、不定期航班等。当空管部门、签派部门及机场在航班安排发生冲突时，航班安排的优先次序一般为长期定期航班、季节性定期航班，最后才是不定期航班。航班计划制定业务流程示意图如图 1.13 所示。

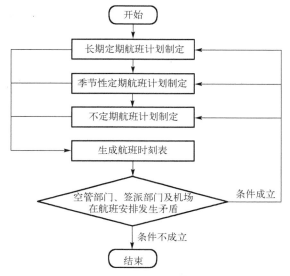

图 1.13　航班计划制定业务流程示意图

航班时刻表包括始发机场名称、航班号、终点机场名称、起飞时刻、到达时刻、机型、座舱等级、服务项目等内容。航班时刻表一般按照始发机场的第一个拼音字母的先后顺序进行编排。航班时刻表的排序时间无上午、下午之分，按照 1 天 24 小时全时制排序。在有时差的地区，航班时刻表上所列时间都是当地时间。

2) 航班动态发布

航班动态发布是利用现代信息科学与技术，使用多种手段以最快速度向旅客发布准确的信息。航班动态信息包括航班起飞、降落、预达、延误、值机、登机、催促登机、登机结束、更换飞机、增加航班、删除航班及取消航班等相关信息。目前，航班动态发布方式主要有广播系统、航班信息显示系统、互联网、电话语音查询、电脑触摸屏查询等。

航班动态发布的业务流示意图如图 1.14 所示。

3) 航班运行资源分配

航班运行资源分配，就是在满足一定的约束条件的前提下，为每个航班的正常保障分配适当的资源。

在航班保障过程中，指挥调度人员在每个工作日开始，根据当日航班计划和机场航班保障资源的实际情况，制定航班停机位分配计划以及其他资源的保障方案，

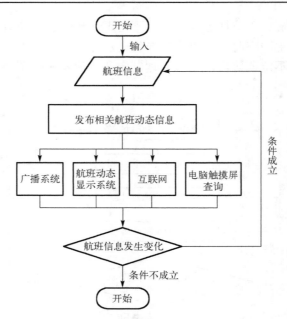

图 1.14　航班动态发布业务流程示意图

据此安排组织各项地面保障活动，确保航班时间上和空间上不冲突，提高保障作业的效率。在停机位以及各种资源分配计划的执行过程中，指挥调度人员还需根据实际突发事件，如航班返航、航班备降、航班延误、航班取消等，随时采取相应的应急处理措施，动态调整停机位以及各种资源的分配计划。在资源分配的过程中，指挥调度人员必须综合考虑停机坪、跑道、机位、廊桥、登机口等机场保障设施的制约，保证生产环节有序衔接与流程顺畅。因此，机场运行保障资源的分配过程非常复杂，是一个多约束的、动态的多目标决策过程，从系统论的观点来说，分配航班保障资源的过程可以看作是一个复杂的离散动态系统。

1.3　机场运行控制技术发展

1.3.1　基于集中控制模式的机场运行控制系统

从 20 世纪 50 年代到 1978 年，由于受客观条件的影响，我国民航的发展是比较缓慢的，基本建设投资仅为 24 亿元左右，年平均投资不足 1 亿元，先后陆续新建和扩建了北京、上海、广州、天津、成都等 20 多个机场，通航机场达到了 70 多个（包括军民两用机场 36 个）。在这一时期，民航机场的规模相对较小，运输能力有限，运行的航班和运输的旅客数量也较少，机场主要依靠机场工作人员手工的指挥调度来保障机场的正常运行，这也是俗称的人工运行控制系统。

20 世纪 80 年代后，随着我国经济的快速发展和旅客流量的不断增加，人工运行控制系统运行效率低、机场信息错误率高、机场信息可维护性低、机场资源得不到合理利用等缺点随着机场规模的扩大而逐渐暴露出来。为了克服这些缺点，技术人员研究开发了单机运行控制系统，主要依靠机器设备与人工相结合的方式，运用机器具有精确控制的优点，实现了单个机器设备的控制，结合机场管理人员规范化的控制与操作，实现了对机场信息的集中控制管理，像航班信息显示系统(只负责航班信息的显示功能)、航班信息广播系统(航班信息广播功能)已开始逐步应用于机场，但各个业务系统的信息仍无法实现交互。

进入 20 世纪 90 年代后，随着计算机技术、通信技术和网络技术的迅速发展，技术人员开始将局域网技术用于机场的运行管理，构建了基于局域网集中控制模式的机场运行控制系统，简称局域网运行控制系统，也称为"第一代机场运行控制系统"。该系统基于局域网技术，通过局域网连接机场内部多个子业务系统，实现对机场各个业务环节的控制与管理。此时，局域网运行控制系统包括的子系统主要有航班显示系统、航班信息广播系统、行李提取引导系统(负责为旅客的行李提供引导提取功能)等，各个子系统之间基本实现了信息的及时交互和协作。这代系统的优点是专业领域范围的业务系统实现了小范围集成和联动，但专业领域之间的业务系统无法交换业务信息，如航班保障、旅客服务和行李处理之间缺乏业务信息的一致性表达和传递，保障单位之间的信息共享度低。

1.3.2 基于三级指挥调度模式的机场运行控制系统

进入 21 世纪，随着民航业的持续快速发展，全国各大中型机场的吞吐量都大幅增加，机场的运行规模急剧增长，这对机场的管理提出了新的要求，尤其是对于机场的生产运行控制系统提出了更高的要求。传统的基于集中控制模式的机场运行控制技术主要存在的缺点有：缺乏强有力的业务决策机构和协调职责支持能力；大量生产一线的业务单元缺少信息化手段支持业务交互操作；核心业务系统的集成范围较小。这些先天性的缺陷导致原有系统已经完全不能适应新的运营形势要求。

为了适应民航机场运行新的需求，研究人员开发了基于三级指挥调度模式的机场运行控制系统，称之为"第二代机场运行控制系统"。基于三级指挥调度模式的机场运行控制系统是以计算机信息集成技术为基础，实现机场相关弱电系统信息联网，集先进性和实用性于一体的系统，该系统在统一的航班信息之下运行，为机场各部门的调度管理提供有效手段，实现最优化的生产运行控制[20]。该系统的特点是提出了多级指挥调度模式，将机场的业务组织结构与系统功能模块实现了一一映射；提出以应用数据库 AODB 为核心的体系架构，进行业务数据的存储和数据共享，并依赖各子系统与指挥调度系统互联，实现较大范围内的业务系统数据交互目的。但这些系统之间的连接多为紧耦合方式，相互依存度高且系统扩展性差，对于子系统业务的修改往往会影响整个系统的运行。

1.3.3　基于 AOC/TOC 模式的机场运行控制系统

21 世纪随着民航业的持续发展，我国多个大型机场的运行环境从"单楼单跑道"陆续变成"多楼多跑道"，运行模式亟待变化；此外，原有三级指挥调度模式也无法满足机场规模扩大与旅客流量快速持续增长所带来的管理精细化需求，导致旅客、航空公司及业务伙伴持续对提升机场整体运行效率的强烈需求与现状冲突[21]。

为有效解决以上问题，AOC/TOC 运行模式应运而生。AOC/TOC 运行模式的核心思想是"统一指挥+分区管理"。基于 AOC/TOC 模式的机场运行控制系统称为"第三代机场运行控制系统"。系统的特点是以应用数据库 AODB 为中心，以 IMF 为业务交换平台，全面实现机场航班类运营业务及其相关业务的运行控制。IMF 以松耦合的连接模式实现多个系统的连接，对于子系统的业务修改对整个集成系统没有影响，极大降低了各系统间的关联度，减少了部门协调工作，降低了后期开发费用和维护成本。

1.3.4　先进的场面活动引导控制系统

在基于 AOC/TOC 运行模式的机场运行控制系统中，机场场面工作的活动目标受机场作业环境复杂地形及无线网络技术发展的制约，并未实现对机场场面作业的全面覆盖，无法通过专业系统实时掌控机场场面的动态，导致机场核心业务的安全状态难以准确把控。为有效解决这个问题，大型机场开始引入、使用先进的场面活动引导与控制系统(Advanced Surface Movement Guidance and Control Systems，A-SMGCS)。A-SMGCS 可根据不同气象条件、交通密度、机场布局，在全天候、高密度航班流量和低能见度等复杂机场环境条件下，实现对机场场面活动的飞机和车辆进行实时监控和引导，从而有效地避免机场场面活动目标冲突的发生，显著地增强机场安全保障能力和机场容量。

1.3.5　机场协同决策系统

随着民航的快速发展，航班数量与日俱增，特别是枢纽机场的高峰时刻容量已经逐渐接近饱和状态，加之现有民航空域容量的限制和恶劣天气的影响，给航班保障运行控制安全带来了巨大的困难与压力，传统的流量限制与调度管理已不能适应建设现代化民航机场发展的要求，建立一种科学合理的信息系统实现航班资源的合理调控、场面服务的协同调配以及机场运行控制信息的快捷交互，实现航班保障运行控制的安全、高效已经迫在眉睫。

终端区内的机场、空管、航空公司等多主体的机场协同决策（Airport Collaborative Decision Making，A-CDM）系统建立了覆盖航班保障运行控制信息的数据仓库，实现了航班保障运行控制从基于单一机场的模式变为面向多主体整体运营模式的演进。这种演进的结果整合了机场、空管、航空公司等多个运营主体的航班保障运行控制的生产和管理数据信息，使得涉及航班保障运行控制的多个主体能够根据提供的实时生产运行情况进行协同决策，还使多主体间的航班保障运行控制协作统计分析成为可能。

1.3.6 多机场联合运行指挥调度系统

多机场联合运行指挥调度系统将协同决策的范围由多主体衍生为多机场，针对机场集团的航班保障运行控制管理业务的渗透需求，在更高层面提出多机场联合运行模式；在保持枢纽机场原有业务流程不变的情况下，它能有效提升机场集团和区域多机场群落内的联合指挥调度水平。

多机场联合运行指挥调度系统根据机场集团和区域机场群落内机场的空域结构、空域资源、航行情报、航班计划、保障资源、运营状况等航班保障运行控制数据，依托飞行计划信息以及计划动态信息，结合空管塔台系统信息和航空公司业务数据，对飞行流量、资源分配、生产保障进行监视、预测、管理，根据结果给出告警；依据统一的飞行计划数据、航班信息数据、保障资源数据及预测信息等，实现机场集团内多个机场的航班保障运行协同控制，同时融合区域多机场群落内管制部门与航空公司对机场航班保障运行控制的协同管理，实现航班保障运行控制技术领域的多机场联合运行指挥调度。

第 2 章　机场运行控制技术理论基础

2.1　Petri 网理论基础

Petri 网理论在机场运行控制领域中应用广泛，航班地面保障服务、旅客资源协调与管理、地面活动引导等方面都可以用 Petri 网来进行建模、分析、处理。

2.1.1　Petri 网的发展

1962 年，联邦德国的 C.A.Petri 在他的博士论文中首次使用网状结构模拟通信系统，并随后研究信息系统及其相互关系的数学模型[22]。经过六十多年的发展，Petri 网理论日益完善，目前已具有严密的数学基础和多种分析方法，并且在自动控制和计算机科学等领域得到了广泛的应用。

Petri 网理论以研究系统的组织结构和动态行为为目标，着眼于系统中可能发生的各种变化以及变化间的关系，它能较好地描述系统的结构，表示系统中的并行、同步、冲突及因果依赖等关系，并以网图的形式，简洁、直观地模拟离散事件系统，特别适合于描述系统的组织结构和系统状态的变化[23]。近些年，Petri 网技术已获得极大发展，条件/事件网、库所/变迁网、有色网、赋时网等各种各样的网络系统已经被开发出来，这些网络系统的开发极大地提升了对复杂系统的建模能力，现已证明 Petri 网的模拟能力与图灵机等价[24]。Petri 网已经应用于计算机学科的各个领域，例如线路设计、网络协议、软件工程、人工智能、形式语义、操作系统、并行编译、数据管理等[25-28]。

2.1.2　经典 Petri 网的基本原理

定义 2.1[29]：从抽象和一般的角度，一个经典 Petri 网可表示为一个六元组，即：

$$PN = (P, T, F, K, W, M) \tag{2-1}$$

(1) $P = \{p_1, p_2, \cdots, p_n\}$ 为有限库所(place)集；

(2) $T = \{t_1, t_2, \cdots, t_n\}$ 为有限变迁(transition)集；

(3) $P \bigcap T = \varnothing$ (集合 P 和集合 T 不相交)，$P \bigcup T \neq \varnothing$ (集合 P 和集合 T 不同时为空)；

(4) $F \in (P \times T) \bigcup (T \times P)$ (关系 F 只存在于集合 P 和集合 T 之间)为节点流关系

集，也称为有向弧集；

（5）$K:P \rightarrow R^+$（集合 P 到自然数的映射）为库所的容量函数（capacity function）；

（6）$W:F \rightarrow R^+$（集合 F 到自然数的映射）为有向弧的权函数（weighted function）；

$W = \text{Pre}(P \times T) \bigcup \text{Post}(P \times T)$，其中，$\text{Pre}(P \times T) \rightarrow R^+$ 是输入权重函数，表示输入库所和变迁之间的有向弧权重；$\text{Post}(P \times T) \rightarrow R^+$ 是输出权重函数，表示变迁与输出库所之间的有向弧权重。

（7）$M:P \rightarrow \{1,2,\cdots\}$（集合 P 到自然数的映射）为状态标识（marking）。

定义 2.2[29]：输入和输出集合如下所示。

变迁 t 的输入库所集合：$\,^{\cdot}t = \{p \in P \mid (p,t) \in F\}$；

变迁 t 的输出库所集合：$t^{\cdot} = \{p \in P \mid (t,p) \in F\}$；

库所 p 的输入变迁集合：$\,^{\cdot}p = \{t \in T \mid (t,p) \in F\}$；

库所 p 的输出变迁集合：$p^{\cdot} = \{t \in T \mid (p,t) \in F\}$。

定义 2.3[29]：关联矩阵（Incidence Matrix）。

以库所集 P 为序标集的列向量 $V:P \rightarrow Z$ 为 P_向量，其中 Z 是整数集；以变迁集 T 为序标的列向量 $U:T \rightarrow Z$ 为 T_向量；以 $P \times T$ 为序标集的矩阵 $D:P \times T \rightarrow Z$ 为关联矩阵，是一个 $n \times m$ 的整数矩阵，其元素定义为：

$$D(p_i,t_j) = W(t_j,p_i) - W(p_i,t_j) \tag{2-2}$$

图 2.1 是一个最为简单的一个 Petri 网模型，其表示意义为在库所 P_1 中有 2 个待加工的托肯，当流程开始后，P_1 中的两个托肯会经过流程弧到达变迁 T 中，在经过变迁 T 的加工后，托肯会发生改变，对于不同性质的托肯改变的内容会不一样，可能是物理状态的改变，也可能是信息内容的改变，在发生改变后托肯会到达库所 P_2，这时库所 P_1 中无托肯，库所 P_2 中有 2 个包含新内容的托肯。

图 2.1　简单 Petri 网模型示意图

图 2.2 是 Petri 网模型基本的触发示意图。

如图 2.2 所示，库所用"○"表示，通常它对应于事件发生的条件。变迁用"▮"表示，通常它对应事件的"发生"和"结束"。有向弧线用箭头"→"表示，通常表示事件间的关系。库所中的黑点"•"称为托肯或标识（token），表示条件的成立，托肯在各库所中的分布可看作系统所处的状态，各个库所中托肯数用 $m(p_i)$（其中，$i = 1,2,\cdots,n$，n 为网中所包含的库所节点数）表示。Petri 网的状态标识 M 可以表示成一个行向量 $M = [m(p_1),m(p_2),\cdots,m(p_n)]$。系统状态的演变是由各变迁的激发引起的，由初始状态开始，按照变迁激发规则改变网中托肯的分布，模拟系统的动态行为。

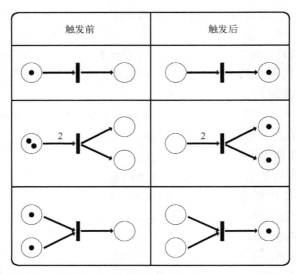

图 2.2　Petri 网触发示意图

对于 Petri 网，变迁的激发的两个规则定义如下[29]。

规则 1：变迁的使能和激发：如果满足如下的条件，则称 Petri 网的一个变迁节点 t 是具有激发权的，即变迁 t 的激发为使能的。

(1) 对变迁 t 的每一个输入库所 $p_i \in \cdot t$，库所 p_i 中包含的托肯数 $m(p_i)$ 不少于对应有向弧 (p_i, t) 的权重 $W(p_i, t)$，即 $m(p_i) \geqslant W(p_i, t)$ 成立；

(2) 对变迁 t 的每一个输出库所 $p_i \in t'$，库所 p_i 的容量 $K(p_i)$ 足够再加入新的托肯，即 $K(p_j) \geqslant m(p_j) + W(t, p_j)$ 成立，其中 $m(p_j)$ 为库所 p_j 中包含的托肯数，$W(t, p_j)$ 为有向弧 (t, p_j) 的权重；

(3) 对变迁 t 的每一个既为输入又为输出的库所 $p_r \in \cdot t \cap t'$，库所 p_r 同时满足上述两个关系式，$K(p_r) \geqslant m(p_r) + W(t, p_r)$，$m(p_r) \geqslant W(p_r, t)$。

规则 2：变迁激发后完成的操作：当 Petri 网的一个使能变迁节点 t 完成激发后，将完成如下操作：

(1) 从变迁节点 t 的各个输入位置中减去托肯，且减去的托肯数=各输入库所至变迁节点 t 的输入有向弧的权；

(2) 在变迁节点 t 的各个输出位置中加上托肯，且增加的托肯数=变迁节点 t 至各个输出库所的输出有向弧的权。

由此，在变迁节点 t 完成激发后，库所 p 的状态标识即托肯数 $m(p)$ 将按如下规则变化到新的状态标识 $m'(p)$：

$$m'(p)= \begin{cases} m(p)-W(p,t), & p\in{}^{\cdot}t \text{且} p\notin t^{\cdot} \\ m(p)+W(t,p), & p\in t^{\cdot} \text{且} p\notin{}^{\cdot}t \\ m(p)-W(p,t)+W(t,p), & p\in{}^{\cdot}t\bigcap t^{\cdot} \\ m(p), & \text{其他} \end{cases}$$

其中，$W(t,p)$ 为由变迁 t 到库所 p 的有向弧 (t,p) 的权，$W(p,t)$ 为由库所 p 到变迁 t 的有向弧 (p,t) 的权。

M 授权 t 激发或者说 t 在 M 时具有激发权，记作 $M[t\rangle$；M' 为 M 在变迁 t 发生下的后继的事实，记作 $M[t\rangle M'$。

Petri 网中各个事件间有如下几种关系。

定义 2.4[29]：顺序关系。

如果 $M[t_1\rangle$，但 $M[t_2\rangle$，而 $M'[t_2\rangle$，其中 M' 是 M 的后继：$M[t_1\rangle M'$，就称 t_1 和 t_2 在 M 有顺序关系，如图 2.3 中 (a) 所示。

定义 2.5[29]：冲突。

若 $M[t_1\rangle \wedge M[t_2\rangle$，但 $\neg M[\{t_1,t_2\}\rangle$，则 t_1 和 t_2 在 M 处相互冲突，如图 2.3 (b) 所示。

定义 2.6[29]：冲撞。

若有 $p\in P$，$c\in C$，$t\in T$ 使得 ${}^{\cdot}t\subseteq c$，而 $p\in c\bigcap t'$，则称在 c 条件下 p 处有冲撞（其中 c 是由成真的条件组成的 P 的子集），如图 2.3 中 (c) 所示。

定义 2.7[29]：并发关系。

t_1 和 t_2 在 c 下并发的充分必要条件是 ${}^{\cdot}t\bigcap t^{\cdot}=\varnothing \wedge {}^{\cdot}t\bigcap t^{\cdot}\subseteq c$，如图 2.3 中 (d) 所示。

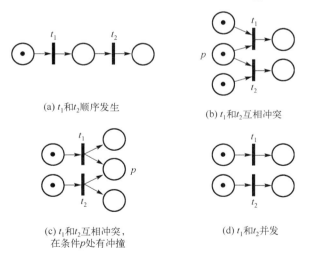

(a) t_1 和 t_2 顺序发生

(b) t_1 和 t_2 互相冲突

(c) t_1 和 t_2 互相冲突，在条件 p 处有冲撞

(d) t_1 和 t_2 并发

图 2.3　Petri 网基本关系示意图

Petri 网是一种系统建模的工具，用于设计和分析系统，它着眼于系统发生的变

化、变化发生的条件、变化发生后的影响、变化间的关系等。Petri 网的建模及分析过程如图 2.4 所示。

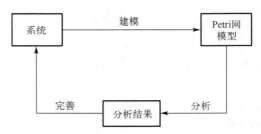

图 2.4　Petri 网建模及分析过程

由以上的分析我们不难看出 Petri 网具有以下的特点[24,30,31]：

(1) Petri 网是一种用图形表示的组合模型，以图形方式描述系统，具有直观、易懂和易用的优点，使复杂系统形象化，有利于理解；

(2) Petri 网是一种具有严密理论基础的数学工具，它能与矩阵理论结合在一起建立系统状态方程、代数方程，能与随机过程论、信息论结合在一起描述和分析系统的不确定性或随机性；

(3) Petri 网从组织结构的角度，从控制和管理的角度模拟系统，不涉及系统所依赖的物理和化学原理；精确描述系统中事件的依赖关系与不依赖关系，这是事件之间客观存在的，不依赖于观察的关系；

(4) 利用 Petri 网的动态特性及其自含的执行控制机制，综合控制流和状态转移等，能方便地描述系统的分布、并发、同步、异步、冲突等特性，并通过变迁的激发和托肯的转移描述系统的动态行为。

2.1.3　高级 Petri 网的概念

经典 Petri 网对托肯的表达含义以及变迁的发生条件规定得非常简单，在应用到具体实例中时会受到各个方面的限制，为了丰富模型的表达能力，人们对经典 Petri 网进行颜色、时间、层次等方面的扩展。

1) 着色 Petri 网

着色 Petri 网也称为有色网，就是在经典 Petri 网的基础上引入颜色的概念，主要是指给库所、变迁和托肯赋予颜色[32]。通过对托肯着色实现托肯的区分，从而在基于着色 Petri 网建立的模型中表现出不同的资源(如不同的消息类型、不同类型的处理对象等)；对库所的着色实际上是赋予库所一个颜色集，该颜色集限定了该库所中托肯所能取的颜色范围[33]。也可以对变迁进行着色，表示一个复合条件，变迁能够被激发就要求变迁的前集库所中含有要求颜色的托肯，从不同的库所进入的托肯在变迁中汇合，如果满足变迁颜色表示的复合条件，变迁激发，产生的新的托肯送到变迁的目标库所中[24]。

着色 Petri 网特别适用于对工作流程、网络通信协议、自动生成系统和分布式系统进行分析和建模。它提供了一种高度抽象的建模方法，相较于普通 Petri 网而言提高了图形化描述系统的能力。

2）分层着色 Petri 网

利用经典 Petri 网建立的模型虽然能够语义明确地反映系统的流程，但往往由于实际系统的复杂交互，对于设计者而言，一次性地建立整个模型过于复杂和庞大，即使能够建立出模型，用户也无法清晰地看清它的结构关系，无法观察到 Petri 网建模的过程层次结构。分层 Petri 网就是在经典 Petri 网基础上逐步发展起来的，它融合了经典 Petri 网所具有的表达直观、易懂易用、数学定义严格的优点，又具有面向对象的性质，便于自顶向下设计，对于复杂系统的建模清晰明了，有助于用户理解、系统的分析和规约[34]。

分层 Petri 网是将分层机制融入经典 Petri 网，它由若干页（也称为模块）组成，每个模块页都包含由若干位置、变迁和弧组成的网络。如同高级程序语言一样，模块之间通过定义良好的接口来交互操作，其图形化表示使人们很容易理解复杂模型的基本结构，利于复杂系统建模与分析。在实际的应用中分层 Petri 网通常有两种分层方式：①替代变迁（Substitution Transition），是以变迁为核心的分层方式；②融合库所（Fusion Places），是以库所为核心的分层方式。

3）赋时 Petri 网

传统 Petri 网无法对"时间"进行建模，即使是着色 Petri 网，对时间进行建模仍然很困难，应用范围受到了极大限制。为了解决这个问题，研究者们把时间参数引入 Petri 网，提出赋时 Petri 网的概念[35]。在 Petri 网中对时间参数扩展的通常做法是为托肯附一个时间戳，该时间戳表明托肯有效变迁的开始时间，一个时间戳为 t 的托肯只有在时刻 t 之后才能被变迁消耗。托肯的消耗按照先进先出（First Input First Output，FIFO）规则，拥有越早时间戳的托肯越早被消耗。

4）含抑制弧的 Petri 网

含抑制弧的 Petri 就是在经典 Petri 网的基础上增加一种连接库所和变迁的弧，其终端用一个小圆圈表示[36]。这种弧只对具备激发条件的变迁起控制作用，变迁一旦发生，抑制弧对由此引起的标识变化不产生影响。

抑制弧 Petri 网的一个重要性质是：对于一个变迁，当与抑制弧相连的输入库所不含托肯时，而该变迁的其他输入库所满足通常的变迁使能条件时，该变迁使能；否则，当抑制弧输入库所含有托肯，即使其他输入库所满足使能条件，该抑制弧变迁也无法使能，当变迁激发时，没有托肯从抑制弧上流过，这就是抑制弧检测"零"能力，利用这个性质可以实现对离散事件系统的监控[37]。

2.1.4　分层赋时着色 Petri 网

传统 Petri 网本身固有的缺陷如难以实现流程控制、不能描述时间性活动，使得对机场场面活动系统而言，其表达能力不足、建立的模型庞大。考虑到机场场面交通系统复杂性的特点和时间性的需求，结合分层 Petri 网、赋时 Petri 网和着色 Petri 网的优点，引入分层赋时着色 Petri 网（Hierarchical Timed Colored Petri Net，HTCPN）来描述机场场面的静态属性及场面运行的动态行为[38]。

定义 2.8[38]：将 HTCPN 形式化定义一个多元组：

$$HTCPN = (PN, C, \tau, S, SA)$$

其中 PN 为传统 Petri 网，一些基本概念需要重新定义。

库所的有限集合 $P = \{P_{pri}, P_{fus}\}$，其中 P_{pri} 为基本库所，它与普通 Petri 网中的库所相同，P_{fus} 为融合库所；

变迁的有限集合 $T = \{T_{pri}, T_{sub}\}$，其中 T_{pri} 为基本变迁，它与普通 Petri 网中的变迁相同，T_{sub} 为替代变迁；

C 为有限颜色集合 $C = \{c_1, c_2, \cdots, c_k\}$，用来区分不同的系统对象（库所、托肯和变迁）；

τ 是时间映射函数 $T \rightarrow 0 \bigcup Q^*$（$Q^*$ 为正有理数），规定网中托肯使变迁 t 激发需要的延迟时间；

S 为页的有限集（page set）$\forall s \in S$，s 是一个非层次 Petri 网，且 $\forall s_i, s_j \in S, s_i \neq s_j \Rightarrow (P_{s_i} \bigcup T_{s_i} \bigcup F_{s_i}) \bigcap (P_{s_j} \bigcup T_{s_j} \bigcup F_{s_j}) = \varnothing$，即网元素的集合是两两不相交的；SA 为页分配函数（page assignment function），它将替代变迁 T_{sub} 映射到 S 上，所有页不会为自身的子页。

HTCPN 将整个系统分成各个子系统，分别对子系统建立子模型，实现了模型的简化；并可适度地表达子系统在时间层次上的关系；通过着色区分不同的对象元素，加强了对不同资源的描述能力。

2.2　航班地面保障服务的建模分析

航班地面保障服务的一系列作业是航班在机场的重要业务环节，对后续航班安全、高效地运行提供了充分的保障。实现航班地面保障过程的定量描述和服务时间的精准估计是提升机场运行控制效率的关键。

2.2.1　航班地面保障服务流程

1. 航班地面保障服务对象

航班地面保障服务的对象包括飞机、旅客和货邮行李[39]。

（1）对飞机的服务：当飞机停靠廊桥进入近机位或停入远机位后，工作人员固定挡轮挡，然后将廊桥或客梯车与飞机客舱门对接，随后打开客舱门，待旅客完成下机后进行客舱清洁、加清水、排污水、加航食等作业。机务巡检和机组检查合格后撤离廊桥或客梯车，最后关闭客舱舱门。

（2）对旅客的服务：机场旅客分为到港和离港，即到达机场和离开机场。待客舱门开启后，机组人员组织到港旅客有序下机；当登机开始时，工作人员进行检票并组织离港旅客安全登机。

（3）对货邮行李的服务：开启货舱门后，货运工作人员按照先卸载行李再卸载货邮的顺序操作，装载货物时则需按照先装载货邮再装载行李的顺序操作。

2. 航班地面保障服务作业流程

航班地面保障服务流程主要是指从挡轮挡到撤轮挡时间段内的一系列保障作业活动集合。本章节以 A320 系列等型号的航空器为研究对象，根据《机场航班运行保障标准》和《民用航空运输地面保障服务规范》以及现场航班地面保障服务的实际情况，将航班地面保证服务作业流程划分为 19 个标准作业节点如图 2.5 所示。

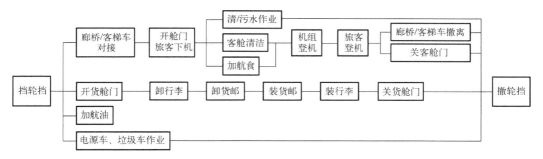

图 2.5　航班地面保障服务作业流程

根据对航班地面保障服务作业流程的分析，可以将其分为轮挡服务、上客和下客服务、加油服务、清洁服务、配餐服务、货运服务 6 种主要类型，某些并行工作流中又包含某些串行工作流程。各项服务工作之间不仅有一定的先后关系而且还存在逻辑次序，共同构成了航班地面保障服务作业流程。图 2.6 显示了 A320 等部分机型国内过站航班标准保障流程。

在航班所接受的一系列地面保障服务中，轮挡、上下客、加油、清洁、配餐、货运是最基本的几种服务，下面分别对这些服务及其相关的保障车辆进行详细介绍。

1）轮挡服务

轮挡服务包括挡轮挡和撤轮挡服务。挡轮挡指利用牵引车将航空器推入到指定停机位后挡好轮挡，标志着其他航班地面保障服务可以开始；撤轮挡指航空器撤下轮挡后利用牵引车从停机位推出，标志着所有航班地面保障服务完成。

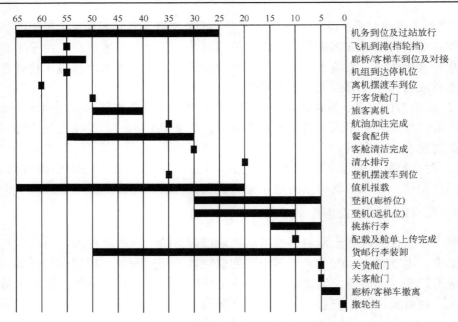

图 2.6　A320 等部分机型国内过站航班标准保障流程

2) 上客和下客服务

上客和下客指旅客登机和离机。需要的保障车辆主要是摆渡车和客梯车。客梯车用于供旅客上、下航空器，摆渡车运行于航站楼登机口与停机坪之间，能够安全、方便、快捷接送乘坐航空器的旅客。

3) 加油服务

加油服务是指为了飞行任务正常完成，利用加油车对航空器进行航空燃油加注。机场的加油车通常有管线加油车和罐式加油车两种，其中管线加油车用于将地井中的航空燃油安全、快速地输入航空器油箱，服务效率高，在机场得以广泛应用。

4) 清洁服务

清洁服务是指对航空器机舱进行清洁、排污等。所需要的保障车辆为清水车和污水车。

5) 配餐服务

配餐服务是指为旅客配备航空食品。配餐服务需要的保障车辆为食品车。

6) 货运服务

货运服务是指对航空器进行旅客行李、包裹、货物等的装卸和运送。需要的保障车辆有行李传送带车、升降平台车、行李拖车。其中，行李传送带车用于装卸旅客行李包裹、散件货物等；行李拖车用来将货物、旅客行李等运送至停机位或行李、货物分拣区；升降平台车用来为航空器货舱装卸集装箱。

除了上述主要的保障车辆外，机场还配备有电源车、气源车、空调车、VIP 专用车等众多保障车辆为航班提供地面保障服务。航空器活动区的保障车辆应严格遵守机场对保障车辆交通管理的规定，严格遵守其作业的程序和顺序，要根据不同的机型和服务内容，按照一定的先后顺序接近航空器作业，从而在有限的时间内完成所有地面保障服务。图 2.7 为航班地面保障服务主要布局示意图。

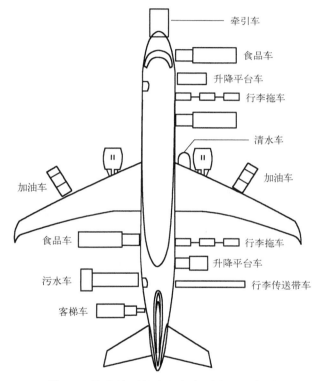

图 2.7　航班地面保障服务主要布局示意图

航班地面保障服务的调度工作者在进行车辆调度配置时，不仅需要考虑飞机队设备占用的排他性，还要考虑规定的航班过站时间产生的约束。除此之外，保障设备需要考虑诸如机型、航班时刻、行驶路径等因素，所以航班保障作业会受到各方面的制约。总之，航班地面保障服务调度问题是一个多种资源动态协作、作业流程串行与并发共存、对资源时间与空间特性要求严格的调度问题[39]。

3. 航班地面保障服务中的约束关系

航班地面保障车辆协同调度问题的一个重要显著特点是约束条件众多，除了来自于机场环境的约束、保障车辆自身运营的约束外，还包括航班地面保障服务中的规则约束。航班地面保障服务中的约束主要分为服务自身的时间约束和服务之间的时序约束。

（1）时间约束：如果某项服务要求具有最早开始时间 EST 和最晚开始时间 LST，则开始时间具有时间窗约束[EST, LST]。

（2）时序约束：如果某些服务必须同时或者按照一定的顺序完成，表示这些服务之间具有时序约束。

由图 2.6 部分机型国内过站航班标准保障流程可知，所有航班地面保障服务必须在挡轮挡时间和撤轮挡时间内完成，并且航班地面保障服务遵循严格的流程，因而航班地面保障服务同时具有时间约束和时序约束。图 2.8 为航班地面保障服务中主要服务的时序约束关系示意图。

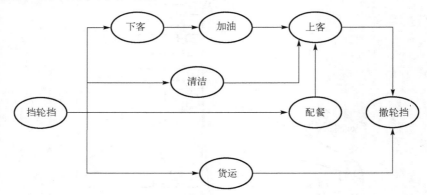

图 2.8　主要服务的时序约束关系示意图

2.2.2　基于着色时间 Petri 网的保障服务建模

Petri 博士提出的 Petri 网缺乏对时间和资源种类刻画元素（时间和颜色标记），不能满足针对航班地面保障服务的建模要求。以着色 Petri 网和时间 Petri 网为基础的改进 Petri 网模型可以解决上述航班地面保障服务对时间和资源种类的建模要求，即着色时间 Petri 网（Colored Timed Petri Net，CTPN）。

定义 2.9[40]：着色时间 Petri 网可以表示为 $\text{CTPN} = (P, T, \text{Pre}, \text{Post}, C, W, \delta, M)$，其中 $P = \{p_1, p_2, \cdots, p_n\}$ 为有限库所集合，且 $P \cap T \neq \varnothing$，$P \cup T \neq \varnothing$，Pre 是前向关联矩阵，Post 是后向关联矩阵，C 是库所的着色色彩集合。具体地，$C(p_i) = \{c_1, c_2, \cdots, c_n\}$，其中 $i = 1, 2, \cdots, n$；$\delta = \{\delta_1, \delta_2, \cdots, \delta_n\}$ 是所有变迁的时延集合；$W : P \times T \cup T \times P \to L(C)$；$M : P \to L(C)$，其中 $L(C) = a_1 c_1 + a_2 c_2 + \cdots + a_n c_n$ 为定义在颜色集上的整数线性函数；在图形上，库所用圆圈"○"表示，变迁用矩形"■"表示，库所与变迁之间的关系用有向弧箭头"→"表示。

1. 保障服务的 CTPN 描述

航班地面保障服务过程通常包括保障作业、保障作业状态、保障作业资源等类型，利用 Petri 网的相关基本元素对保障服务过程进行描述。

定义 2.10[40]：保障作业过程描述为 $T = \{t_1, t_2, \cdots, t_n\}$，其中 t_n 表示各个保障作业过程，n 表示保障作业的数量。$\delta : T \to R^+$，表示保障池所用时间的时延变迁。保障作业变迁时间用 δ 表示，$\delta = \{\delta_1, \delta_2, \cdots, \delta_n\}$，其中 δ_n 表示保障作业的时延，$\delta_n = [t_{n\text{start}}, t_{n\text{end}}]$，$T_{\delta_n} = t_{n\text{end}} - t_{n\text{start}}$，$T_{\delta_n}$ 为作业时间，$t_{n\text{end}}$ 为 t_n 保障作业结束时间，$t_{n\text{start}}$ 为 t_n 保障作业开始时间。

定义 2.11[40]：保障作业的逻辑关系描述为 $R \subseteq T \times T$。$\forall t \in T$，若 $t_i \in {}^*p_s$ 且 $t_j \in p_s{}^*$，则 t_i 和 t_j 为串行关系。$\forall t \in T$ 且 $p_i, p_j \in p_s$，若 $p_i \in {}^*t_i(t_i{}^*)$、$p_j \in {}^*t_j(t_j{}^*)$ 且 $p_i \in t^*({}^*t)$、$p_j \in t^*({}^*t)$，则 t_i 和 t_j 为并行关系。

例如，t_2 是加航油，t_3 是垃圾车作业，t_4 是行李货邮作业，三者为并行关系，如图 2.9 所示。

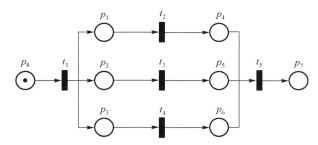

图 2.9　航班地面保障服务并联作业关系

定义 2.12[40]：保障服务状态描述为 $P = \{P_s, P_{uc}, P_c\}$，其中 $P_s = \{p_s\} = \{p_1, p_2, \cdots, p_n\}$ 表示作业任务状态库所集合，$\{p_1, p_2, \cdots, p_n\}$ 表示不同作业的状态库所。$\forall p_s \in P_s : {}^*p_s \bigcap p_s{}^* = \varnothing$ 表示前集与后集作业状态库所无交集，其中 ${}^*p_s$ 为前集保障作业状态库所，$p_s{}^*$ 为后集保障作业状态库所。状态作业库所的标识和容量函数如下所示：

$$\forall p_s \in P_s : \begin{cases} M(p_s) = m_s \times c_s, m_0 = 0 \text{或} 1 \\ K(p_s) = c_s \end{cases} \tag{2-3}$$

其中，m_s 为保障作业状态库所的数量，c_s 为保障作业状态标记。

$P_{uc} = \{p_{uc}\}$ 表示非消耗性资源库所集合，其中 p_{uc} 表示为保障服务人员库所、特种车辆库所等，非消耗性资源库所的标识和容量函数如下所示：

$$M(p_{uc}) = m_{uc1} \cdot c_{uc1} + m_{uc2} \cdot c_{uc2} + \cdots + m_{ucn} \cdot c_{ucn} \tag{2-4}$$

$$K(p_{uc}) = k_{uc1} \cdot c_{uc1} + k_{uc2} \cdot c_{uc2} + \cdots + k_{ucn} \cdot c_{ucn} \tag{2-5}$$

$P_c = \{p_c\}$ 表示消耗性资源库所集合，其中 p_c 表示航空器加油、配餐等，消耗性资源库所的标识和容量函数如下所示：

$$M(p_c) = m_{c1} \cdot c_{c1} + m_{c2} \cdot c_{c2} + \cdots + m_{cn} \cdot c_{cn} \tag{2-6}$$

$$K(p_c) = k_{c1} \cdot c_{c1} + k_{c2} \cdot c_{c2} + \cdots + k_{cn} \cdot c_{cn} \tag{2-7}$$

如上所示，m_{uci} 和 k_{uci}，m_{ci} 和 k_{ci} 分别表示第 i 种资源在某一状态下的资源数量和第 i 种资源允许的最大资源数量，且都为非负整数；c_{uci} 和 c_{ci} 分别表示第 i 种资源的标记颜色；$k_{c1} + k_{c2} + \cdots + k_{ci} \neq 0$，$i = 1,2,\cdots,h$，$h = m$ 时表示非消耗性资源库所标记的数量，$h = n$ 时表示消耗性资源库所标记的数量。

定义 2.13[40]：保障服务状态与保障作业关系描述中，保障池状态 p_s、保障作业资源 (p_c, p_{uc}) 和保障作业之间的关系用弧来表示。保障作业状态库所、非消耗性资源库所和消耗性资源库所关联弧的权函数表示为：

$$\forall f_1 \in P_s \times T \bigcup T \times P_s : \mathrm{W}(f_1) = c_s \tag{2-8}$$

$$\forall f_2 \in P_{uc} \times T \bigcup T \times P_{uc} : \mathrm{W}(f_2) = w_{uc1}c_{uc1} + w_{uc2}c_{uc2} + \cdots + w_{ucn}c_{ucn} \tag{2-9}$$

$$\forall f_3 \in P_c \times T \bigcup T \times P_c : \mathrm{W}(f_3) = w_{c1}c_{c1} + w_{c2}c_{c2} + \cdots + w_{cn}c_{cn} \tag{2-10}$$

式中，$w_{uci}(i = 1,2,\cdots,n)$ 和 $w_{ci}(i = 1,2,\cdots,n)$ 为资源的权值，且都为非负整数，$w_{c1} + w_{c2} + \cdots + w_{ch} \neq 0$，$h$ 代表 m 和 n。

2. CTPN 保障服务模型

综上所述，保障服务过程 CTPN 的保障服务模型（CTPN-Support Service Model，CTPN-SSM）定义为 CTPN-SSM = $(P, T, \mathrm{Pre}, \mathrm{Post}, F, K, C, W, \delta, R, M)$，其具备以下条件：

(1) $T = T_s \bigcup T_v$，其中 $T_s \bigcup T_v \neq \varnothing$，$T_s$ 为作业变迁，T_v 为虚拟变迁；

(2) Pre 和 Post 分别为保障服务前向关联矩阵和后向关联矩阵；

(3) $C = \{c_s, c_{uc1}, c_{uc2}, \cdots, c_{ucn}; c_1, c_2, \cdots, c_n\}$ 为标记颜色集合。$c_{uci}(i = 1,2,\cdots,n)$ 表示为非消耗性资源保障作业的颜色标记，n 为标记数量，如 c_{uc1} 为保障人员的颜色标记；$c_{ci}(i = 1,2,\cdots,m)$ 为消耗性资源保障作业的颜色标记，m 为标记数量，如 c_s 为保障作业状态标记。

在 CTPN-SSM 中，保障作业过程描述对应着蒙特卡罗方法中针对单个元件时间的求取及进而求取其分布，保障作业逻辑关系对应蒙特卡罗方法串并联方法求取对应关系的保障作业时间，通过对保障服务状态的描述及保障服务和作业状态的描述，把保障作业形成整体 Petri 网，这对应蒙特卡罗方法中如何求取整体保障服务时间。将保障服务 Petri 网系统中的各个作业变迁看作独立元件，求出每个作业变迁产生的分布，再根据其分布产生相应的随机数，最终依据保障服务 Petri 网系统的逻辑关系模拟出整体服务时间。根据上述步骤，基于 CTPN-SSM 提出蒙特卡罗方法来估计保障服务时间（Monte Carlo-Method Support Service Time，MC-SST），用于支撑航班保障服务的定量分析和评价[40]。MC-SST 算法如图 2.10 所示。

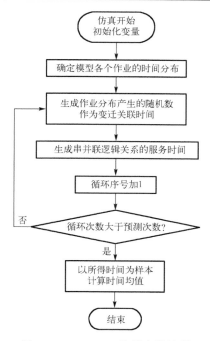

图 2.10　MC-SST 估算方法流程

MC-SST 算法步骤如下：

步骤 1：设置仿真初始时刻，并确定仿真循环次数。

步骤 2：根据 CTPN-SSM 中各变迁表示的保障作业时间，求出各保障作业的时间分布。

步骤 3：根据保障服务时间分布产生相应随机数，作为变迁的关联时间。

步骤 4：根据 CTPN-SSM 中保障作业的逻辑关系，以变迁的关联时间为步长进行仿真，求得此次的保障服务时间。若 $t_i(i=1,2,\cdots,n)$ 为 n 个串联关系的保障作业变迁关联时间，则仿真时间 $t=t_1+t_2+\cdots+t_n$；若 $t_i(i=1,2,\cdots,n)$ 为 n 个并联关系的保障作业变迁关联时间，则仿真时间 $t=\max(t_1,t_2,\cdots,t_n)$。

步骤 5：若仿真循环序号小于设置的循环号循环次数加 1，转回步骤 3，否则转入步骤 6。

步骤 6：由每次仿真得到的时间值为样本，求出其均值，其均值对应保障服务时间。

2.3　机场旅客流程分析及资源优化配置

航站楼作为旅客和行李转换运输的场所，其功能就是要经济有效地让旅客舒适、方便和快速地实现由地面向航空运输方式的转换，同时行李需安全、可靠、及时地和旅客同步实现运输方式的转换。航站楼内旅客进离港路线比较复杂，包含了国内出发、国际出发、国内到达、国际到达、过境和中转流程等多种旅客流程。流程是否顺畅对于航站楼的高效运行非常关键，所以需要对流程的资源配置、流程优化等问题进行深入研究。

2.3.1　航站楼旅客全流程

航站楼旅客流程的一种可能情况如图 2.11 所示，并不是所有国际机场的旅客流程都必须如此，流程某些环节的顺序是可以调换的。本小节对旅客流程中两个最为复杂的流程——值机流程和安检流程进行详细分析。

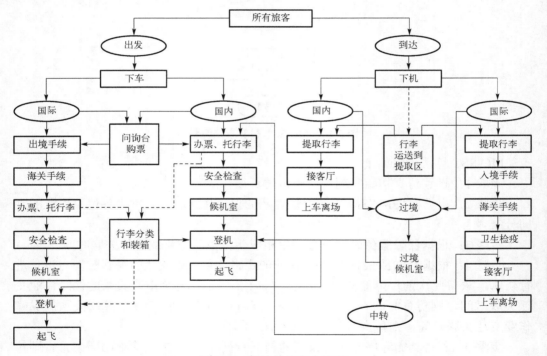

图 2.11　航站楼旅客全流程

1. 值机流程

值机流程包括核对旅客身份证、电子行程单信息、打印登机牌。如果旅客有行李交运，则为其办理行李托运手续。简单地说，值机需要完成"办票"和"行李托运"两项服务。

值机流程涉及的关键场景有以下几个：

(1)值机柜台的分配方式。值机柜台的分配包括专用式和公用式。采用专用值机方式时，柜台只办理指定航班的旅客值机手续。采用公用值机方式时，各柜台可办理多航空公司多航班的旅客值机手续。一般来说，公用式值机的效率高于专用方式。

(2)旅客排队队列的形式。对于旅客排队形式，专用式值机一般采用单柜台单队列排队系统。值机旅客值机队列有两种形式——单柜台单队列和多柜台单队列。排队论已经指出，后者比前者更有效率，旅客的平均排队时间更短，而且更合理公平。

(3)航班值机开放时间和关闭时间。不同的机场、不同的航空公司甚至不同的航班，对值机开放时间有着不同的规定，有的规定航班起飞前 2 个半小时开放值机，有的规定 2 个小时；国际航班可能规定提前 4 小时，有的国外大型机场甚至没有时间限制，随到随办。托运行李的处理能力、登机口分配以及候机厅容量是影响值机开放时间的主要因素。根据国家民航局规定，我国机场值机在航班起飞前 30 分钟关闭。

2. 安检流程

安检是防止旅客携带可能危及旅客人身安全和航空器安全的物品登机而进行的安全检查活动。安检包括两部分：旅客安检和随身行李安检，安检流程如图 2.12 所示。安检流程是典型的公用柜台模式，任一柜台可办理任一航班旅客的安检手续。由于国内和国际旅客的候机区是分开的，因此国内旅客安检和国际旅客安检的流程也是分开的。

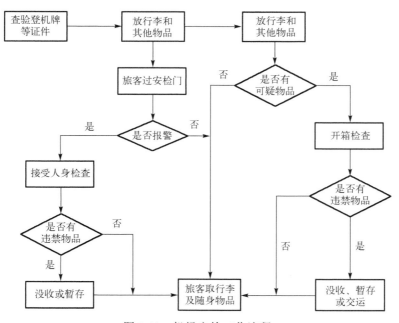

图 2.12 机场安检工作流程

2.3.2　旅客离港流程 Petri 网建模

1. 建模方法

枢纽机场国内旅客离港流程是一个较为复杂的系统，本小节对如何利用 Petri 网络对其进行建模的理论方法做出简要说明和分析。

1) 明晰流程

首先对旅客离港服务流程的建模对象需要有所了解和掌握：①流程中的要素，要明晰旅客离港服务流程的各种状态和过程，主要包括有哪些重要的行为、活动或者工作，每个流程的主体和主要活动内容，以及执行的对象的类别；②结构关系，要明晰每个活动与活动、活动与状态、状态与状态之间的关系，包括时间上和空间上的关系，还应对整体流程有一定的宏观把握；③要素属性，要明晰活动资源的配置情况、活动发生时长、资源的占用情况等。

2) 初始化建模

对建模对象基于 Petri 网理论进行模型化处理，利用变迁在网中的代表符号代替相应的服务活动，利用库所在网中的代表符号表示活动或者工作处于哪种状态，利用标识的位置标明出流程中服务或加工的对象在网中所处的位置，采用库所和变迁交替连接的方法将直接衔接的活动或工作联系起来，并在空白位置标注出库所和变迁对于建模对象的意义。对于较复杂的模型，可采用层次化方法进行建模，即先将主要的上层模型建立起来，再建立子模型对上层模型给予填充和合并，最后得到整个流程的模型。

3) 初始化模型检验

在完成初始模型或基本模型的建立后，为了保障模型的正确性和可靠性，应对模型予以初步检验，尝试从库所中释放初始托肯，让托肯顺次流动，以检验模型能否完成基本的功能，并在检验的过程中不断对模型修改。完成模型修改后，如果需要通过模型对流程系统进行性能分析，还要按照性能分析所需要的基本参数要求确定模型的属性值。

2. 模型元素说明

采用 Petri 网的基本理论对枢纽机场国内旅客离港流程进行建模，其模型需要用到以下几种基本元素表示：

（1）变迁：用"▮"表示，变迁又可称为事件节点，在旅客流程中表示机场协助旅客登机的值机、安检等工作。变迁具有多种类别，包括时间变迁、瞬时变迁、单一变迁和复合变迁。时间变迁是指具有延迟时间的变迁，瞬时变迁是指延迟时间为零的变迁，单一变迁只代表一个流程环节，复合变迁代表多个流程环节的集合。

（2）库所：用"○"表示，库所为状态元素，在机场旅客流程中表示乘客等待进行某环节的状态。

（3）托肯：用"●"表示，又称作令牌、标识，在 Petri 网中，托肯存放在库所中，黑点的数量表示托肯的数量。在机场旅客流程中代表乘客的数量，如果库所中托肯数量比较多，可以用阿拉伯数字表示。

（4）有向弧：用"→"表示，它的作用是连接库所和变迁，在枢纽机场旅客离港流程中表示旅客完成登机手续的前进步骤，同类元素之间不允许用有向弧连接。

2.4　机场场面活动引导与控制系统的建模分析

机场场面是机场内用于飞机起飞、着陆、滑行和停站的区域，场面活动是整个民航运行和管理中最复杂的一个环节，它不但包括飞机的起降操作，同时还涉及飞机起飞前和降落后一系列的地面活动。如图 2.13 所示，机场场面活动系统是由跑道、滑行道和停机坪等组成的复杂的系统。

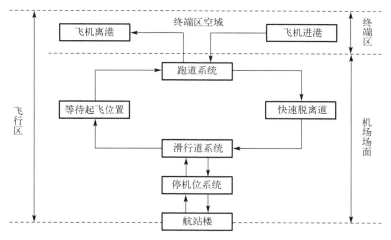

图 2.13　机场场面交通系统

机场场面活动主要包括航空器的起飞、降落、滑行等，活动过程是以某种顺序或在某种条件下发生的，并且多数情况下是并发的，属于离散事件系统的范畴，因此我们可以通过采用离散事件动态系统的理论和方法对其建模和分析。Petri 网在对离散事件系统的建模和仿真中有其独特的表述和分析能力，具有直观、易懂和易用的优点，能简洁地描述系统的并发、同步、冲突等动态特性、资源以及约束条件，对描述和分析并发现象也有其独到的优越之处。同时 Petri 网又是严格定义的数学对象，借助数学开发出的 Petri 网分析方法和技术既可用于静态的结构分析，也可用于动态的行为分析。

针对机场场面运行控制建模而言，采用 HTCPN 作为建模方法具有以下优点[24]：

(1)通过 Petri 网的相关元素如库所、变迁和弧来建立场面运行控制系统的静态结构，且赋予托肯以颜色和时间来体现不同航空器及其运行时间特征，而变迁的触发以及托肯的移动则代表了航空器在场面运行的过程，体现了系统的动态行为。

(2)Petri 网的并行和同步机制可以用来描述多架航空器的并行场面运行过程，体现场面运行特点。

(3)分层的思想降低了模型的复杂程度，并将整个场面运行系统分解为全局系统和局部子系统，分别建立模型，易于对场面运行的监视。

(4)分层赋时着色 Petri 网具有成熟的图形化建模和分析工具 CPN Tools，能够有效支持建立 A-SMGCS 场面运行控制模型并进行仿真数据的分析。

2.4.1　机场场面活动建模方法

1.　场面活动与 Petri 网的映射

如图 2.14 所示，机场场面是由道路、跑道、停机坪组成的一个复杂网络，场面交通具有并发性和分布性的特点。因此根据 A-SMGCS 的需求，可利用 Petri 网所具有的数学语义对机场场面结构和活动展开定性和定量分析，建立符合机场场面物理特性和活动规则要求的场面交通系统模型。

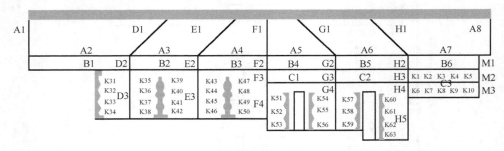

图 2.14　机场场面示意图

根据机场网络中交叉口位置和滑行间隔规定等将跑道、滑行道、连接道、停机坪等分割成离散区域，离散化规则如下：

(1)跑道离散规则。跑道是一个特殊的个体，即同一时刻跑道上不允许有两架航空器在运行且跑道的运行方向唯一，所以可以将跑道整体看成一个离散区域，如图 2.15 中的离散区域 runway；而与跑道相连接的快速脱离道和等待位置，则分别离散成一个活动区域，如图 2.15 中的离散区域 A1，D1，E1，F1，G1，H1，A8。

(2)滑行道离散规则。场面滑行道包括直线滑行路段和交叉口两种类型，因此对于滑行道可以根据这两种类型进行离散化。根据运行需求，交叉口坐标位置前后 60m

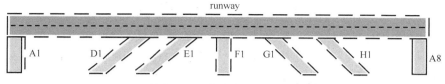

图 2.15　跑道离散化模型

均应划为"交叉口核心区域"，保证航空器在交叉口有一定的安全间距，以便相互避让，另外在交叉口活动区域中还应该包括一个"交叉口引导区"，作为由滑行道直线滑行区域到交叉口核心区域的中间过渡区。根据《先进的场面活动引导和控制系统(A-SMGCS)手册》[41]的说明，50m 为滑行道直线段两架同向运行航空器尾随间距的最小安全距离，但是考虑到航空器本身的长度(目前最长的民用航空器长75.3m，因此，将滑行道直线段按照 130m 进行离散化处理，通过控制每个滑行路段上是否占用航空器，保证任何一个滑行路段的间隔都是满足最小安全间距。单向直线滑行路段离散化过程是按照滑行方向来进行，而双向直线滑行路段则是从路段中点向两边进行，对于小于 130m 的区域，如果小于 50m，则将其合并到相邻区域，否则离散成一个独立的活动区域。场面滑行道离散化后的模型如图 2.16 所示。

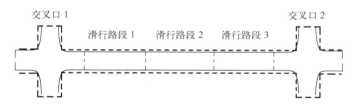

图 2.16　滑行道离散化模型

　　(3)机坪离散规则。航空器在机坪滑行道网络的活动非常复杂，但是航空器在机坪区域的活动路线是固定的，为了简化机坪系统的运行过程，将其离散成三类活动区域：一类是机坪外围活动区域，代表航空器从机坪进入滑行道之前的最后一个滑行路段或者从滑行道进入机坪的第一个滑行路段；第二类是航空器停靠的机位；第三类是机坪滑行路段，对每个机位，从机位区域到机坪外围活动区域的路段看作一个机坪滑行路段。

　　将机场活动区域(跑道、滑行道、停机位)信息进行空间离散化后，可将 Petri 网抽象的概念描述重新定义：

　　库所集 P 表示场面图形模型中的允许活动区域(跑道、滑行道等离散元素)。

　　变迁集 T 表示活动对象所处的区域与下一区域的转换条件，变迁的激发表示一架航空器离开当前区域，转移到变迁输出弧指向的后续区域。

　　在场面活动模型中，用托肯表示场面活动对象，系统的状态通过库所中的托肯来描述。如果库所是空的，表示当前时刻该区域没有活动对象在活动，如果库所包含一个托肯，表示活动对象停留或正在穿越此区域。场面航空器的运行将映射为场面活动模型状态的演化。图 2.17 描述了航空器在场面活动的一个简单模型。航空器的模型就是一个托肯，当航空器从活动区域 1 滑行到活动区域 2 时，相应地在 Petri 网模型中，航空器托肯从库所 p_1 转移到库所 p_2，而航空器从库所 p_1 到库所 p_2 的移动过程，是用变迁 t_1 的激发来表示的。

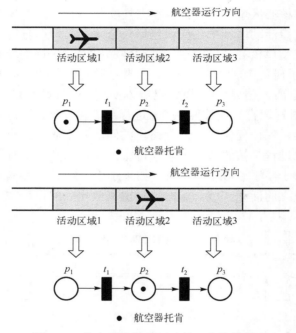

图 2.17　航空器在场面活动的一个简单模型

图 2.17 所示的模型可以很好地描述航空器在各个活动区域的移动过程，但是变迁的触发是瞬间完成的，没有区别出不同航空器在不同活动区域所占用的时间，不能够描述系统的动态行为。下面对该模型进行时间和颜色方面的扩展，对航空器和活动区域的自身的特性，如航班号、进场还是离场、活动时间等加以描述，完善机场场面交通系统的模型。

2. 层次化模型建立方法

对于复杂系统，扁平模型描述往往不充分，且具有重复性，而层次模型是处理系统复杂性的一个通用办法。对于复杂、大型的系统的模型建立或性能评价，可采用自顶向下逐步分解描述和自底向上综合替代的方法。

层次化模型方法可以带来很多好处：

(1)可以隐藏子网内部结构和详细描述，使模型设计者集中在相应层次的设计上。

（2）每个子网模型的描述可以并行进行，相同的子网不必重复设计。

（3）使用模型具有良好的层次结构，可以为系统模型分解、压缩奠定基础。

基本变迁是不可以再分解的变迁，即基本 Petri 网中变迁的概念。而非基本变迁又称替代变迁，可用于表示一个子网。替代变迁可以有内部结构，它的激发表示子网整体的实施。在替代变迁所表示的子网中还可以包含其他替代变迁，这样就可以采用自顶而下、逐步求精的建模方法。采用替代变迁设计系统时，子网的界面结构和替代变迁的连接需要满足相应的要求。

子网与父网的连接是通过接口实现的。多个输入库所和多个输出库所与替代变迁相连，则要求所有的输入库所都应是子网输入变迁的输入库所，所有的输出库所都应是子网输出变迁的输出库所。如图 2.18 为某系统的 Petri 网图，库所 P 有多个输入变迁和多个输出变迁。在图 2.19 中，用替代变迁 t 代替包括 $p,t_1,t_2,t_3,t_4,t_5,t_6$ 在内的子网，库所 p_1,p_2,p_3 都是 t 的输入库所，库所 p_4,p_5,p_6 都是 t 的输出库所。通过替代，父网的结构更加简单。

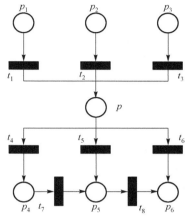

图 2.18　某系统的 Petri 网模型

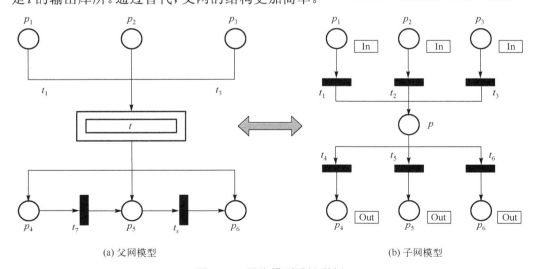

(a) 父网模型　　　　(b) 子网模型

图 2.19　层次模型设计举例

在子网模型中，库所 p_1,p_2,p_3,p_4,p_5,p_6 是槽库所，通过它们实现父网和子网的连接。在替换中，要注意弧上标注的变量保持不变，子网与外界相连接的库所颜色不变。

2.4.2　机场场面运行分析

1. 滑行道运行分析

1)滑行道分类

滑行道是连接跑道与停机坪的重要环节，是机场场面运行过程中的重要资源。进场航空器着陆后经脱离道进入滑行道网络，依照管制员指令或跟随引导车进入停机坪，在停机坪滑行道上进入目的停机位。所以，场面滑行道主要分为三种：跑道进/出口、普通滑行道和停机坪滑行道。

跑道进/出口分为快速脱离道和联络道。快速脱离道和联络道是航空器从跑道进入平滑系统必经的滑行线路。快速脱离道与跑道的夹角一般介于 25°~45° 之间，标准的夹角有 30° 和 45° 两种。联络道分为中间联络道和端联络道。联络道与跑道的夹角为 90°，所以又称垂直联络道。跑道出口角度不同，允许的出口速度也不同。出口角度越小，允许的航班出口速度越大。航班对跑道出口的选择主要根据机型和航空器性能，对于小机型或减速性能较好的航空器，可以在滑跑的过程中在速度符合脱离要求时申请从快速脱离道或中间联络道脱离跑道，对于大机型或减速性能较差的航空器则需较长距离滑行减速从端联络道脱离。现在大部分机场在扩建的过程中都会选择增加快速脱离道，原因就是航班可以较高的速度离开跑道而不必减到最低速度，能够有效降低跑道占用时间，可在一定程度上提高跑道的利用效率和机场的运行容量。以深圳宝安机场为例，如果在 1700 米处增加一个快速出口，跑道占用时间则会由 64 秒降至 51 秒。所以，在实际运行中，管制员会指挥航班尽可能从快速脱离道脱离，从而减少航班滑行距离和滑行时间，降低场面发生冲突和延误的可能性。

普通滑行道是指脱离道和联络道与停机坪滑行道之间的部分，是航空器在场面上主要的滑行线路。航班的场面滑行速度与跑道的干湿、风速、气温、航空器总重都有关系，并且按照滑行引导规定进行滑行。场面滑行主要由空中交通管制员进行指挥，滑行间隔基本靠飞行员自行控制。在普通滑行道中，与跑道平行的滑行道为平行滑行道，也是大部分机场的主用滑行道。

停机坪滑行道分为机坪滑行道和机位滑行通道。机坪滑行道指在机坪边缘、供航空器穿越的通道。机位滑行通道指从机坪滑行道通往航空器停机位或其他航站地区的通道。

2)滑行道调度

实际管制中，地面管制席位根据所发布的停机位分配方案、跑道分配计划、离场航空器的最早推出时间、预计离场时间、跑道穿越时间等信息控制发动机启动时间、进入滑行系统时间、滑行路径和各主要控制点时间，确保不同的航班在满足间隔要求的前提下，在空间和时间上不发生冲突。

以离场为例描述场面滑行调度如下：机坪管制员向地面管制员提交航班最早推出/滑出时间，请求开车滑行。地面管制员向塔台管制员发布航班已进入滑行准备阶段，请求离场指令，获取离场条件后，管制员根据场面运行情况，适时发布指令允许其进入滑行道系统或继续在停机位等待。一旦许可航班进入滑行道系统，地面管制员对航班发布滑行指令，包括气象信息、预定滑行路径等，航班之间要严格遵守规定的间隔。在滑行过程中可能为了避让冲突，管制员会发布指令使某架航班进行等待，存在穿越跑道的滑行路径，管制员还需对航班进行优先级排序。管制员在没有自动化系统辅助决策的情况下以固定路径为指导原则分配滑行路径，在保障安全的前提下降低了管制员的工作负荷。对于大型繁忙机场，场面网络十分复杂，例如上海浦东国际机场，设置东西两个塔台，两个塔台各设一个地面管制席位，航班若需穿过两个辖区必须在规定的交接点等待移交。地面管制员在航班按照规定时间到达跑道头之后交给塔台放行席位，根据到达跑道头等待点的时间生成离场队列，管制员发布离场指令，航班离场进入航路飞行阶段。

由于大部分机场的滑行道资源较为丰富，通常不会成为空侧运行容量的瓶颈，但由于滑行道网络比较复杂，为进离场航班指定滑行路径时，需要遵循一定的原则：①滑行路线尽量按照单向、顺序、循环的原则；②两架航班滑行时保持最小安全间隔；③场面滑行速度不超过 50km/h，靠近停机位或障碍物时不超过 15km/h。

由于场面高度的动态性和不确定性，航班滑行序列是一个复杂的决策过程，受到一系列因素的制约，如间隔约束、速度限制、进场/离场时间约束等，随着航班量的增大和场面网络的复杂化，人工排序和分配的方法已经不能满足机场对于效率和容量的要求。

2. 停机坪运行分析

停机坪是为航空器停放和各种维修活动提供的场所。停机坪上设有供航班停放而划定的位置，称为停机位。根据停机位与航站楼之间的距离，可分为近机位和远机位。近机位与航站楼通过廊桥连接。停机位是进场航班场面运行的终止点，也是离场航班场面运行的起始点。因此，停机坪运行是机场安全生产的关键环节。

停机位是机场运输资源的核心，大量物资和人员都依赖机位的分配结果进行调度，合理的停机位分配策略不仅可以缓解机场停机位使用的紧张状况，提高场面容量，保障机场场面运行的安全与流畅，而且有助于提高整个停机坪乃至终端区的运行效率。

在机场的实际运营中，各航空公司会提前一天向机场运行控制部门提交航班计划，机坪调度人员根据次日航班计划、航空公司需求和机场设施状况等情况统筹安排，制定战术停机位分配计划即静态分配方案，并将该方案通过信息共享服务平台发布至塔台管制员、航空公司和机场的运行控制中心，若有异议再进行协商解决。

　　在实时运行中，机坪管制除了协调各地面保障单位之外，还要指挥航班在机坪非活动区域内的运行，包括指挥航班靠桥或滑入停机位、控制航班的推出和滑出等。机坪管制人员还需要应对诸多突发事件，如恶劣天气、流量控制、军航影响或地面保障设备故障造成的航班延误、早到、备降、取消等不正常现象，及时做好应对预案，在综合考虑机坪、廊桥、场道等机场保障设施的基础上动态调整战术分配计划，进行停机位的再次分配生成实时分配方案，以最小化不正常情况对机场整体运行造成的影响。无论是机位预指派还是实时调配均须满足一系列复杂的约束条件，方案的制定既受到上游环节的影响也对后续的运行有着传递性的影响。

第 3 章　基于集中控制模式的机场运行控制系统

3.1　集中控制模式的概念

早期的民航机场在繁忙时会呈现出杂乱无章的状况。机场的工作人员、旅客、和行李等在机场中随意流动。旅客行李信息、航班信息、航班调度信息等重要业务信息得不到管理人员的及时交付、处理，信息散乱、无法及时流转。旅客也不能及时获取机场发布的相关信息。导致这些问题的部分原因是机场基础设施建设不完善，但缺乏一种统一、规范化的运行控制模式才是主要原因。因此，集中控制模式应运而生。

集中控制模式是指由人工或者机器来集中汇集、采集、发布及管理机场主要信息的一种管理控制模式。其目的是保证机场各类信息的正确性，让信息处理流程化与规范化，规避信息散乱和流转不通的问题。它能改善机场运行控制的效率。集中控制模式的提出在当时极大地解决了机场运行控制杂乱无章的问题。典型的机场集中控制模式如图 3.1 所示。

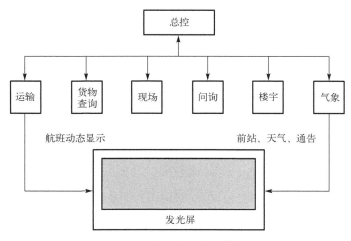

图 3.1　机场集中控制模式

随着集中控制模式逐渐成为一种先进、有效的机场运行控制模式，基于集中控制模式设计与开发的计算机系统被应用到机场，实现了机场高效有序运行的管控目标。而计算机科学技术的不断进步也使得不同时期的集中控制模式具有相应的时代特征。其中，航班信息显示系统和航班信息广播系统的出现，丰富了机场集中控制的总控模式，机场通过统一的民航报文、航班报文和航班计划，对信息资源进行统一管控，借助航班信息显示系统和航班信息广播系统实现较为便捷的信息发布与消息传递。通过解析民航报文和航班报文，机场获取完整的航班信息并形成航班计划，利用总控向运输、货物查询、现场、问询、楼宇、气象等部门发布相关信息，利用航班信息显示系统在发光屏上显示，利用航班信息广播系统发布语音消息。

机场集中控制模式是机场运行控制的早期形态，航班信息显示系统和航班信息广播系统是其重要组成部分和信息发布手段。根据机场运行控制系统信息化程度的不同，集中控制模式下的机场运行控制系统又包括人工运行控制系统、单机运行控制系统和局域网运行控制系统。

3.1.1　人工运行控制系统

在集中控制模式的早期发展阶段，民航机场开始在人流较为集中的区域为旅客提供信息发布服务，最早的集中控制模式下的人工运行控制系统逐步形成。人工运行控制系统基本实现了机场运行管理操作的规范化，建立了一套主要围绕旅客服务的机场管理体系雏形，能够使得机场旅客业务有序开展。在该时期，机场仍然通过人工参与运行、控制与管理。图 3.2 是一个典型的机场人工运行控制系统。

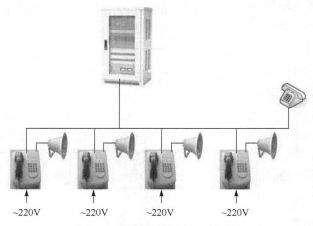

图 3.2　机场人工运行控制系统

当旅客进入机场后，首先向机场售票工作人员咨询航班信息，然后购票；当航班进港时，机场工作人员人工广播告知旅客航班已到港，旅客在机场管理人员组织下检票登机；当航空器到达目的地后，旅客根据工作人员指示领取行李。在所有这些业务节点中，都需要机场工作人员直接参与进去，由他们来集中控制某一个业务流程。业务流程中所需要的数据由人工进行收集，中间事务由人工进行集中办理。

在人工运行控制系统中，机场管理人员分别扮演着信息的收集者、发布者、事务的组织者和执行者等多种角色。这时机场没有任何的信息管理系统，整个机场仅依靠人工的集中控制并借助相关的电子设备来维持日常的运行。

人工运行控制系统没有现代科学技术的支撑，主要依靠人工对小规模机场运行进行管理控制。这一阶段，工作人员获取航班信息及机场相关信息、与机场其他工作人员进行信息交互的主要途径是通过电话和对讲机等方式完成。在机场实际运行控制过程中，人工运行控制系统的缺点慢慢地暴露出来。由于人在信息处理过程中可能会出现各种错误或失误，信息的准确性、及时性等都会受到极大的影响，导致机场的高效运行和安全得不到保障。人工运行控制系统信息的自动化程度很微弱，机场信息集成度极低，因此其实用性受到了限制，只适用于规模较小的机场用来维持日常的运行控制。随着机场规模的扩大，机场面临的挑战也增多，信息的集成和机场的运行控制也面临着更严峻的挑战。

3.1.2　单机运行控制系统

进入 20 世纪 80 年代后，随着经济的快速发展和旅客流量的不断增加，机场不断进行扩建，特别是计算机及自动化技术的迅速发展为民航业的快速发展提供了良好的技术支持条件，同时机场的有效运行控制管理也遇到新的挑战——即原来的人工运行控制系统已经不能满足较大规模机场的需求，机场单机运行控制系统应运而生。

单机运行控制系统将计算机和集中控制模式相结合，运用单机的存储性能，并且与其他自动化机器设备协作，通过机场管理人员规范化的控制与操作来保障正常有效的机场运行控制，实现了对机场运行的集中控制管理。单机运行控制系统实现了机场运行控制技术的进一步发展。比如，单机运行控制系统中的典型——当时的航班信息显示系统的工作流程如下：负责航班信息管理的工作人员根据集成的航班信息(到港时间、离港时间、目的地、始发地等)对航班信息显示系统进行操作与管理，通过显示屏显示出航班信息供旅客浏览；旅客在进入机场后就可以根据航班信息的显示屏查看航班排班、目的地、起飞到达时刻等信息并在售票处购买机票，然后根据广播信息系统提示的登机、起飞等信息进行登机。

单机运行控制系统实现了对航班信息的集中控制及处理，满足了旅客浏览、查看航班信息等基本需求。系统通过单机系统集中管理核心的机场运行控制信息部分并辅以人工参与，使整个机场的信息准确性和运行效率得到了较大提高。典型的机场单机运行控制系统如图 3.3 所示。

集中控制模式由人工运行控制系统发展到单机运行控制系统的过程体现了计算机与信息系统在机场运行控制中的作用和重要性，机器完成了原本由人工控制处理

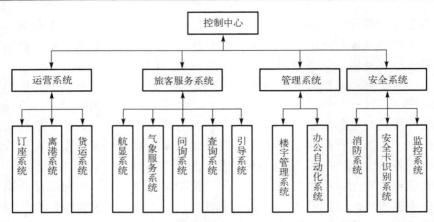

图 3.3　机场单机运行控制系统

的一些工作，并且能够比人处理得更好，控制得更严格。单机运行控制系统对业务流程的控制比人工运行控制系统更严格，减少了出错的概率同时保证了数据处理的精准。但在单机运行控制系统中并未真正实现信息的自动交互，如在航班显示系统和广播系统之间，当有航班到港、离港需要广播系统广播航班信息时，系统并不能自动完成航班播报等功能，仍然需要借助人工的干预和操作才能完成既定功能。在机场单机运行控制系统中的这种信息传递闭塞性阻碍了机场资源的合理利用，限制了机场运行效率的进一步提升。

3.1.3　局域网运行控制系统

进入 20 世纪 90 年代后，随着网络通信技术的迅速发展，以网络为基础的信息系统大量涌现。这类信息系统可以将信息资源集中存放在数据库服务器和文件服务器上，多台计算机(服务器)组成一个计算机局域网络，计算机或计算机系统之间通过网络实现信息的及时交互。

随着民航机场的进一步发展，技术人员开始将计算机局域网技术用于机场运行控制，出现了基于局域网集中控制模式的机场运行控制系统，简称局域网运行控制系统。系统以局域网络为基础，通常包含多个子系统，采用 IEEE 802.3 等网络协议组网，通过增加多个计算机对各类信息或者业务分别进行管理，即运用多台计算机对多类信息(或者多个业务子系统)分别进行加工、处理、完成各自的业务逻辑、实现各自系统的独立功能。借助通用网络协议，各个子信息系统处于一个局域网下，运用接口技术实现各子系统之间的通信，实现了全面的信息交互。

在局域网运行控制系统正常运作时，旅客乘坐航班的基本流程如下：到达机场后，旅客首先通过航班信息显示屏幕查询航班信息；然后向机场工作人员提出购买所需航班机票的请求，待机场工作人员通过机票订购系统确认旅客的购票事宜后旅客才能获得所购机票；若有大件行李，旅客需通过行李托运系统进行托运；最后，根据广播信息系统的广播信息，旅客实现检票登机；当航空器到达目的地后，旅客再通过行李托运系统取得行李，离开机场。

事实上，机场运行控制系统中多个独立子系统控制模块的信息之间存在着必然的联系（如旅客的购票信息涉及旅客信息和航班信息，每当一位旅客购票成功，航班票数就会减少等），当有航班到港或者离港时，广播系统会根据航班信息播报，这些独立的子系统模块之间都需要进行信息交互，也需要进行大量的、复杂的数据转换和传递工作。单机运行控制下的系统模块着重考虑实现自身功能，而没有考虑对其他模块功能的影响，当某个子系统模块需要进行扩展时，与之相关的其他子系统模块都会受到影响；或是由于某个子系统模块的性能原因，导致与之相关的子系统的可扩展性都受到限制。局域网运行控制系统弥补了单机运行控制系统的上述缺点，实现了子系统之间的信息及时交互，在信息的传递和同步方面有了长足进步，同时人工工作量得以大大简化，信息的准确性与及时性得到了保障，机场运行效率得到了极大提高。

局域网运行控制系统是集中控制模式下最有效的机场运行控制系统，主要包含航班信息广播系统（航班信息广播功能）、航班显示系统（航班信息显示功能）、行李提取引导系统（旅客行李提取引导功能）等。

3.2　集中控制处理模型关键技术

随着国内民航事业迅猛发展，一个中等规模的机场年旅客吞吐量就可达到 500万人次，高峰小时客流量可达到 2500 人次。相关信息量十分巨大，单凭人工管理或局部自动化处理都难以保证信息在机场里的高效流转，因此必须建立一个适用于大型机场的机场运行控制系统才能全面管理机场的航班飞行、旅客服务以及业务运营。民航管理部门对此十分重视，将集中控制模式下的局域网运行控制系统研制列为1994 年度的重大科研课题。

国内民航业内专业科研机构积极组织相关技术人员利用考察或出差的机会对国内外一些大中型机场的信息系统进行了大量调研，如美国的芝加哥匹兹堡机场，日本的成田、羽田、关西机场等，通过全面的考察参观对国外机场管理系统运作模式逐步具有了深刻理解。此外还与日本富士通公司、新加坡博宇公司、法国 COTEP公司、荷兰菲浦公司等在机场管理信息系统开发方面卓有成效的国外公司就机场综合信息管理进行了广泛的学术交流。在不断学习国外先进机场管理方法、借鉴了国外运行控制系统开发经验、总结了国内机场运行控制系统存在的不足之后，结合网络和自动化系统，中国民航研究开发了符合国内民航体制的基于局域网运行控制的计算机系统。系统基于 C/S 架构搭建，采用分布式控制模型，由我国完全自主研发并填补了该阶段国内局域网运行控制系统的空白。在当时国内机场研究水平不发达、系统研究人员对于机场运行控制发展前景较为迷茫的背景下，该系统让国内机场运行控制系统研发水平正式与国际先进水平接轨，具有重大的现实意义和战略意义。

由于使用了当时的许多网络新技术，该运行控制系统取得了多项机场运行控制方面的关键技术突破。这些关键技术包括：

(1)基于 C/S 架构的集中管理与分布式控制模型。通过一台集中控制工作站，对所有子系统工作站进行统一集中管理和分布式控制并监视其运行情况。大部分应用子系统通过总控和分控两级控制中心进行控制，也有少部分应用子系统通过总控、分控和自控三级控制中心进行控制。总控的控制权限、控制优先级最大，分控次之，自控最小。这样，各应用子系统可接受总控台和分控台控制；同样，在经过总控台、分控台授权的情况下，具有自控功能的应用子系统，如各类航班信息 LED 显示屏，还可接受其控制单片机上设定的程序的控制。为提高系统的可靠性，大多数应用子系统具有"网络"和"本地"两种工作方式：在网络正常的情况下，子系统按"网络"方式工作，接受集中控制的命令并作出相应响应；在网络出现故障的情况下，子系统可自动切换到"本地"方式以单机模式独立运行，避免因网络故障带来的影响。

(2)基于数据库互联技术的开放式远程监控与动态维护。通过数据库互联技术，系统在内部生产网络中具有强大的远程访问功能，通过被赋予权限的开放式远程登录即可访问已安装在各机场的系统，监视和控制这些系统的运行情况。同时，通过远程监控，可直接通过开发环境对系统进行远程升级。开放式远程监控与动态维护加快了系统维护速度，提高了维护的质量，还极大地降低了维护成本。

(3)航班信息源集中处理。系统运用综合信息自动处理技术实现了对航班报文、航班计划、气象电报等信息源的高度集中，完成旅客信息和机场运营信息等多种信息的实时接收、存储、显示、打印、广播、预警等多种形式的处理。从航班报文、航班计划、气象电报等的接收到其多种形式的动态信息发布等全部由计算机集中控制并自动处理完成。航班信息源的集中控制处理确保了信息处理的实时性、准确性、可靠性、一致性。

(4)多源集中控制子系统模块。集中控制子系统模块把多个信息源处理系统(包括收报子系统、发报子系统和计划处理子系统等)与多个信息使用发布系统(包括 LED 显示屏、电脑电视、自动广播、程控翻板、查询工作站、触摸屏问询及电话问询等)相互联结，由信息源子系统接收或生成的航班变更消息，都必须通过集中控制子系统模块以自动或手动的方式确认后，统一向有关的信息发布子系统同时发布，从而保证整个网络上的航班信息准确一致。

3.2.1　集中管理与分布式控制模型

1. C/S 架构概述

随着业务的增加，很多应用开始向 C/S 模式转变。在 C/S 架构中，所有处理均在服务器上进行，用户通过客户机与服务器进行交互作用。客户机将用户请求发送给服务器，服务器处理请求，再将特定信息发送回客户机。C/S 架构将应用程序划分为任务，这些任务可作为单独进程执行。不同的任务可以被分配给最适当的处理器，从而在灵活性、互用性和可扩充性上，具有其他架构不可比拟的优势。C/S 结构是一种软件系统体系结构，通过它可以充分利用客户端和服务器端两端的硬件环境，将任务合理分配到客户端和服务器端来实现。

2. 基于 C/S 架构的集中管理与分布式控制模型

基于 C/S 架构的集中管理与分布式控制模型如图 3.4 所示。分布式控制系统（Distributed Control System，DCS）又被称为集散控制系统，是一种对生产过程进行集中管理和分散控制的计算机系统。随着工业自动化水平的不断提高和网络技术的发展，充分利用 DCS 资源对生产过程进行实时监控和管理越来越受到人们的关注。同时应用 C/S 结构实现远程实时监控，成了越来越多的机场运行控制系统的发展方向和不可缺少的重要组成部分[46]。

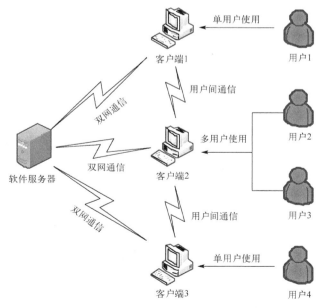

图 3.4　基于 C/S 架构的集中管理与分布控制模型

　　机场运行控制涉及的业务信息包括航空公司、航班号、起始到达经停站、预计实际时间、值机柜台、登机口、天气、机组、配载、电报、外场、旅客等众多内容。为了将这些信息迅速合理地分配给合适的子系统，系统在数据库服务器上建立了若干个表以及反映报文、航班、旅客、航空器、航空公司、货运和外场的有关信息，并采用数据库提供的接口操作访问数据库；各子系统软件通过向服务器发送适当的查询指令，可对相关数据进行编辑；通过在服务器上编制存储过程，在客户机上只需要发送一条指令即可完成对数据库的大批量数据操作。

　　基于 C/S 架构的集中管理与分布式控制模型为 C/S 结构开发的机场运行控制系统提供完整清晰的流程动态监测，支持生产业务实时数据的接收和显示，通过客户端数据列和数据表格配合使用，从整体上对机场运行控制过程进行集中管理。模型采用分布式控制系统结构，包括中央管理级的实时控制软件（即中央控制软件）、流程级的实时监控软件（即监控软件）。其中中央控制软件的一个线程负责将运行控制数据传送给远程监控软件。实时控制系统中有两个最重要的性能分别为实时性和多任务性。在控制系统中，"时间"作为最宝贵的资源，系统中的控制行为须在指定的时间内执行，信号要求按时序发送；同时，系统中有多个独立的或半独立的任务，同时执行对不同的处理和控制。基于 C/S 架构的集中管理与分布式控制模型运行于通用操作系统上，采用单进程多线程技术，系统主线程就是一个使用者界面线程，所有有关消息循环的操作都放在主线程中执行，主要用来响应处理人机交互命令；而工作者线程主要处理后台工作，其中实时采集与控制线程的实时性要求最高，同时它还向其他线程传送采集数据，因此实时采集与控制线程优先级最高[47]。

　　基于 C/S 架构的集中管理与分布式控制模型遵循 3 层结构的建模规则，即总控、子控、站点 3 个层次，在业务功能的设计上可依实际需要以最佳化的方式做分布组合，并且将功能与数据分布在 3 层架构的不同层次上。数据集中管理所涉及的数据主要是标准化的业务流程数据、运行信息以及相关附属控制信息数据，保持有一定范围的数据内容。根据数据的不同分布层次，相应的业务功能实现处理也在不同层次上给予实现。确定何种数据上传至数据中心、何种数据保存在分部及其以下层次，主要依据标准和差异分布处理原则。各分布业务处理由于外部环境或其他约束条件存在差异，而其差异性可分为可控的差异与不可控的差异：可控的差异可转换为模型，即在设计开发阶段将有限的模式加入系统中，使之成为标准；不可控的差异可在一级分布以不同方式进行处理，从而满足机场各类业务的开展[48]。

　　构建基于 C/S 架构的集中管理与分布式控制模型的主机系统环境主要采用并行系统耦合结构。根据结构要求，需要在若干台主机处理器之间进行搭建，将多个客户端配置连接为一个逻辑整体，交由操作系统统一控制，各客户端共享逻辑整体内的所有系统资源，形成主机系统的基本运行环境。

　　集中管理和分布式控制系统中的主机系统按照四层结构设计：

(1)客户区隔层(Customer)：根据客户端不同的价值，实现在适当的时间提供给机场个性化产品和服务。

(2)服务使用设备层(Service)：通过机场提供各种服务渠道。

(3)服务业务层(Business)：提供航班信息、资源分配、人员排班等基本业务功能。

(4)管理控制信息层(Core)：作为整个系统的核心，包括流程信息、公共参数等基本管理控制功能[48]。

主机系统逻辑上按四层结构设计，分层的好处在于为系统的扩展增加了弹性。在应用分层的基础上，可根据实际业务的需要或者技术的发展，快速嵌入组件(Component)从而扩展并运行业务系统。

在集中管理和分布式控制系统中，部署在客户端前端的前置系统需要把传统的 C/S 结构改造成三层结构，以增强系统整体上的适应性、可扩展性；连接各渠道和服务系统，整合现有资源，提升了系统整体上的价值；使外系统的接入统一化、规范化，简化了系统整体上的复杂性；通过接入接口规范，削弱渠道和服务系统之间的耦合性，增强系统整体上的可维护性。前置系统本身的结构主要分为如下几部分[48,49]：

(1)安全模块。安全模块是负责前置系统和周边系统数据通信安全的底层模块，作为前置系统的重要组成部分，它提供了管理工具和接口 API，为前置系统及机场生产系统维护安全的数据交换环境。

(2)穿透子系统。在业务渠道之间转发交易数据包，对数据进行安全转发和加密。

(3)外系统接入。负责外部系统(业务渠道、生产保障服务系统等)和前置系统的接口，提供了用于接入 TCP/IP socket 通信方式的外部系统的 TCP Server，以及一组在通信、数据操作、业务操作等不同层次上提供标准接口的 API，用于支持各外部系统和前置系统的连接。

(4)基础平台。基础平台是前置系统的核心模块，它奠定了业务流程在前置系统上进行处理的基本模式，把交易处理的过程抽象成由决策、数据整合等若干个主要环节，基于此形成了业务流程处理的框架。

(5)前置系统应用功能。此模块是在前置系统基础平台提供的基本运行控制和支持功能之上，实现具体的业务功能的模块。

在机场运行控制技术中，采用域(Domain)概念从逻辑上对网络资源进行集中管理。域与网络计算机的物理连接方式无关，一个域包含一个或一个以上的 NT Server，还包含一些以 NT Workstation、Windows for Workgroups、LAN Manager Server、Windows3.1 及 MS-DOS 等作为系统平台的客户机。域除具有工作组的对等通信能力外还具有集中式的资源管理能力，一个域作为一个基本的网络管理单位，对网络中的用户账户数据库和安全性策略数据库进行统一管理。考虑到用户的实际使用需求，可建立一个域让其包含机场的全部用户信息，对不同部门和职责的用户设置不同的相应权限，进而实现分布控制。例如，系统管理员能够操作服务器，更改用户账户数据库，因此赋予其最高权限；查询工作站主要进行读取工作，因此赋予其受限权限。

3.2.2　基于开放数据互联的远程监控与动态维护

1. 开放数据库互联概述

Windows 开放式服务结构（Windows Open Systems Architecture，WOSA）是用于企业级计算环境的一种接口，它能够使异构环境下的工作站顺利地联结到用户需要的服务上。开放数据库互联（Open Database Connectivity，ODBC）技术是由许多 WOSA 元素所组成的集合，应用程序通过 API 调用管理程序，驱动管理程序直接调用 ODBC 驱动程序本身。驱动管理程序通常只具有很少的辅助操作，它仅仅调用 ODBC 驱动程序中的相应函数完成所需操作。

民航信息综合集成系统（ACIMS）通过 ODBC 接口实现了对不同数据库操作的通用性，即用户可使用 ODBC 从任何后台获取数据，无论后台数据库服务器是哪种类型，都可以在其权限范围内实现桌面系统到任何地方的连接，进而实现开放式的远程监控与动态维护。开放数据库互联技术 ODBC 如图 3.5 所示。

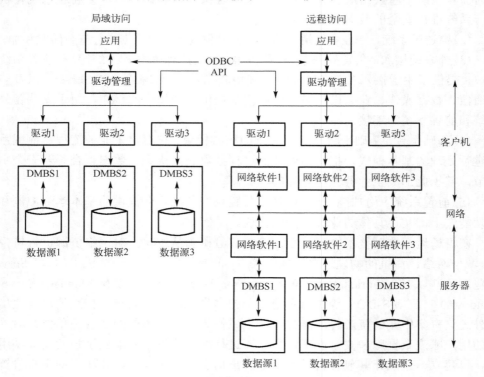

图 3.5　开放数据库互联技术

2. ODBC 的特点

在基于集中控制模式的机场运行控制系统中，ODBC 具有以下灵活的特点[50]：

(1) 使机场生产系统用户程序具有很高的互操作性，相同的目标代码可以适用于不同的 DBMS。

(2) 所具有的开放性为机场生产系统集成提供了便利，为 C/S 结构提供了技术支持。

(3) 由于应用与底层网络环境和 DBMS 分开，简化了机场运行控制中开发和维护上的困难。

3. ODBC 的体系结构及技术实现

ODBC 的体系结构共分为四层：应用程序、驱动程序管理器、驱动程序和数据源[51]。微软公司对 ODBC 规程进行了规范，它为应用层的开发者和用户提供标准的函数、语法和错误代码等，微软还提供了驱动程序管理器，它在 Windows 中是一个动态链接库即 ODBC.DLL。驱动程序层由微软、DBMS 厂商或第三开发商提供，它必须符合 ODBC 的规程，对于 Oracle，它是 ORA6WIN.DLL，对于 SQL Server，它是 SQLSRVR.DLL[52]。

驱动程序是实现 ODBC 函数和数据源交互的 DLL，当应用程序调用 SQL Connect 或者 SQLDriver Connect 函数时，驱动程序管理器装入相应的驱动程序，它对来自应用程序的 ODBC 函数调用进行应答，按照其要求执行的任务包括建立与数据源的连接、向数据源提交请求、转换数据格式、返回结果给应用程序、将运行错误格式化为标准代码返回和在需要时说明并处理光标[51,53]。

以上这些功能都是对应用程序层功能的具体实现。驱动程序的配置方式可以划分为以下两种[51]：

(1) 单层次 (single-tier) 配置。这种方式下，驱动程序要处理 ODBC 调用 SQL 语句，并直接操纵生产数据库，因此具有数据存取功能。这种配置最常见的是同一台微机之上异种数据库通过 ODBC 存取，如在 Powerbuilder 中存取 XBase、Excel、Paradox 等数据文件。

(2) 多层次 (multiple-tier) 配置。这种配置中驱动程序仅仅处理 ODBC 调用，而将 SQL 语句交给服务器执行，然后返回结果。这种情况往往是应用程序、驱动程序管理器、驱动程序驻留在客户机端，而数据源和数据存取功能放在服务器端。譬如用 Foxpro 或 Excel 存取 SQL Server 或 Oracle 上的数据。

ODBC 的级别可从 API 和 SQL 语法两方面进行划分[51]：

(1) API 的一致性。ODBC 将函数调用划分为三级：①核心 API 包含了与 SAG 的 CLI 相匹配的基本功能，包括：分配与释放环境、连接及语句句柄，连接到数据源，准备并执行 SQL 语句或立即执行 SQL 语句，为 SQL 语句和结果列中的参数分配存储器，从结果中检索数据，检索结果的信息，提交和撤销事务处理，检索错误信息；②一级 API 包括了核心 API 的全部功能，比如用特定驱动程序的对话框连接到数据源，设置和查询语句值和连接选项，发送部分或全部参数值，检索部分和全部结果，检索目录信息，检索关于驱动程序和数据源的信息；③二级 API 其功能包括核心和一级 API 的全部功能，浏览可获得的连接和可获得的数据源列表，发送参数值数组、检索结果数组，检索参数个数及参数描述，应用可卷动的光标，检索 SQL 语句和本机表格，检索各种目录信息，调用转换 DLL。

(2) SQL 语法的一致性级别。从 SQL 方面可划分为最小的 SQL 语法、核心 SQL 语法和扩展 SQL 语法三个等级。ODBC 的出现给机场运行控制系统描绘了一个可观的前景，即机场生产网络中的客户端用户可以方便地访问各种生产数据库。同时其他一些应用软件和开发工具也提供了对 ODBC 的支持。因此用户只要安装不同的 ODBC 驱动程序，就可存取相应的数据库产品，而不管用户使用何种前台应用软件，也不管后台是何种数据库，这个存取的过程是一致的。

基于集中控制模式的机场运行控制技术将 ODBC 作为一项很重要的技术，它使基于数据库互联技术的开放式远程监控和动态维护成为可能，通过运用 ODBC 技术，为客户端用户提供先进的开发和测试工具，并将交付系统管理和监控工具。

3.2.3　航班信息源集中控制处理

1. 民航报文集中控制处理

民航报文控制处理子系统是专为我国民用航空公司和机场调度部门研制的航班电报及气象电报自动处理系统，以实现民航电报处理的科学化、自动化、正规化，提高航空调度的准确性和效率[54]。作为系统的信息源头，民航报文控制处理子系统还为运行控制系统提供准确、实时的航班计划、航班动态、气象预报与实况信息。

民航报文控制处理子系统具有如下主要功能：实时收发民航航班电报、气象电报，并自动集中分析处理；实时更新航班动态及气象信息，供网络各子系统共享；能循环存储一定时期(一月、半月或一年)内所有收发电报，并提供方便的查询服务。系统通过以下关键技术实现集中控制处理：

(1) 运用"模式等级匹配"的方法解决电报处理的高度准确性与高识别率的矛盾：要提高电报处理的准确性，则必然严格筛选条件，由于民航报文的不规范性，势必降低报文的识别率。如何同时提高电报处理的高度准确性和高识别率，是电报处理的一个难点。为此，首先坚持对报文的严格筛选原则；其次，深入研究 26 种航班电报和两类气象电报的模式和项目特征，对每种电报的每一个项目都按其重要性和必要性设定相应的模式匹配等级进行相应的模式匹配。对报文中那些越是重要和必要的项目，就按越严格的模式匹配等级匹配，而对于那些重要性和必要性越低的项目，可按低的模式匹配等级匹配，这样，在提高电报处理的准确性的同时，提高了电报处理的识别率。

(2) 运用多线程系统解决报文实时接收、显示、打印与分析处理、信息更新和发布、疑难报文同步处理的矛盾：航班电报和气象电报种类繁多、信息量大、随机性强，这给电报的同时接收和处理带来了相当的难度。一方面，在进行电报接收的同时，待处理报文队列中可能有新的报文需要处理；另一方面，在进行电报处理的同时，也可能有新的报文到来而需要立即接收；同时还可能存在疑难报文需要人工干预，而这又不能影响新到报文的接收和处理。为此，运用多线程系统，同时进行报文的接收、处理、疑难报文的人工干预等，从而最大限度地满足报文实时接收及处理的需要。

(3) 精确的气象术语与日常模糊的气象用语的转换：从气象报文中传来的都是一些量化的精确的气象专业术语，而在进行分析处理后发布给旅客的却改成了模糊的日常生活气象用语，其实现方法包括：①建立一个从精确的气象术语到日常模糊的气象用语的映射表；②将所收到的气象电报内容准确地翻译为用精确气象术语描述的气象数据，供气象、航管、调度等部门使用；③运用映射表将精确气象数据库变换为模糊气象数据库，向旅客发布。

2. 航班计划集中控制处理

航班计划处理主要根据班期时刻表生成本机场进港航班和出港航班的航班计划和动态信息数据表，在计划生成过程中能完成各种班期时刻表航班信息的有效性检测，如某个时间段的航班有效性等(即从某日某时某刻起某航班有效)。通过航班计划控制处理子系统，运行控制系统能够集中处理民航电传电报并生成修正航班计划、航班动态表，机场可根据具体情况随时人工更改航班时刻表的记录内容，并可实际记录更改情况作为工作记录凭证，同时完成动态数据的实时监控并为各子系统工作站提供实时的计划和动态信息。

航班计划控制处理子系统的后台数据库一般采用大型数据库系统，前台应用数据库访问系统，采用开放数据库互连提供的对数据库访问的标准 API 访问数据库，生成各种应用动态集(Dynaset)、快照集(Snapshot)，充分利用大型数据库系统的各项完善的功能，如关系数据的有效性检测、角色(Role)及特权(Privilege)设置等。在子系统前台操作中，当生成计划生成表时，首先将当日航班时刻表的有效记录内容及收发报系统接收的民航电传电报内容，生成针对本机场第二天进出港航班的航班计划，再将前一天生成的计划表内容变为当天的动态信息数据表，可每天定时生成一次或由人工随时生成，计划表和动态表生成后，也可根据具体情况随时人工更改计划表和动态表的记录内容，并可将更改情况作为工作记录凭证。

3.2.4　多源集中控制子系统

多源集中控制子系统是各信息发布子系统的主要操作平台，每个子系统的大部分操作(包括所有常用功能)都能在集中控制台上完成；对于各个子系统都具有的相同操作，可在集中控制台上一次完成，使操作员能以一种简单统一的方式操作所有不同源头的子系统，同时简化了不必要的重复操作，这样既减轻了操作员的劳动强度，也极大地减少了操作出错的可能性。

多源集中控制子系统能够自动处理大部分航班变动消息，同时在屏幕上给出相应的提示便于操作员随时查询，如航班从对方机场起飞的消息。对于重要航班变动消息，必须由人工处理确认后方能发布相应的控制命令，如航班延误、航班取消等。所有的子系统控制操作按统一的格式进行，控制命令力求简单实用，常用命令能通过快捷按钮完成。多源集中控制子系统主要功能包括：

(1)进出港航班动态表浏览；

(2)进出港航班动态表数据修改；

(3)接收由信息源发来的航班信息变动消息；

(4)向各信息发布子系统发送航班信息变动消息；

(5)向各信息发布子系统发送控制命令；

(6)接收各信息发布子系统发来的控制命令响应情况；

(7)查询控制命令的执行进展情况。

需要注意的是，多源集中控制子系统作为整个网络的信息枢纽也是整个网络的信息瓶颈，需要考虑航班高峰期可能有大量消息需要处理造成子系统响应速度减慢，同时系统一旦出现故障将造成整个网络无法正常工作，因此该子系统的可靠性要求极高。在 ACIMS 的设计与研制中，多源集中控制子系统采用的技术特点包括：

(1)利用 SQL Server 关系数据库来进行消息和命令的传递，由于 SQL Server 具有完善的同步互锁机制，可确保各子系统在访问消息和命令库时不会产生冲突。

(2)在设计消息和命令数据库结构时，尽量使结构简单，使各子系统能以最快的速度取出消息和命令，并快速地返回命令执行的结果。

(3)将命令的执行流程设计成一种接力方式，即命令一旦发出来，集中控制台就不再访问该命令记录，只有执行该命令的子系统才能读取它，而命令执行出错、执行完毕等返回信息也仅有集中控制台能访问。这样，在消息库和命令库中的每一条记录在某一时刻都仅有一台工作站能对它进行读写，从而最大限度地减少了各子系统之间的数据访问冲突，较大地提高了各子系统及整个系统的运行速度。

(4)对于能自动处理的航班变动消息尽量自动处理，减少人工干预；所有的子系统控制操作按统一的格式进行，控制命令力求简单实用，简化操作过程。

(5)利用 SQL SERVER 6.0 及 VISUAL BASIC 4.0 丰富的错误处理功能，对可能出现的各种错误做出相应的处理，以确保系统的可靠运行。

3.3　应用案例

桂林两江国际机场于 1996 年正式建成通航，占地面积 406.6 公顷，设计年吞吐量可达 500 万人次，是我国"八五"期间的国家重点建设项目，总投资达到 19 亿元。

随着桂林两江国际机场原有的机场运行控制系统已经不能满足新环境下的机场运行控制需求，桂林两江国际机场建设完成了民航信息综合集成系统（ACIMS）。ACIMS 解决了桂林两江国际机场（图 3.6）当时面临的新问题和新需求，也成为当时机场运行控制系统的典范。

图 3.6　桂林两江国际机场

ACIMS 的整个应用系统部分被划分成了六个分系统：航运信息综合服务分系统、办公自动化分系统、安全防范分系统、消防报警分系统、机电设备监控分系统和集中监管分系统，如图 3.7 所示。该系统以结构化布线和现代网络系统构筑信息高速公路，实现各应用分/子系统及其他分/子系统间高速、稳定、安全和可靠的信息传输；以现代大型数据库管理系统实现 ACIMS 各类信息的接收、归类、存储、共享、更新、排序、查询等综合管理；以 LED、电脑电视、程序翻板、监视器、触摸屏、自动广播、自动电话问讯、多媒体查询等多种形式显示、广播、应答各类信息；以集中控制实现多种信息多种形式发布的同步性、一致性和准确性；以航班及气象电报的自动接收和实时综合处理系统来实现航班及气象动态信息从接收到发布的全面自动化。

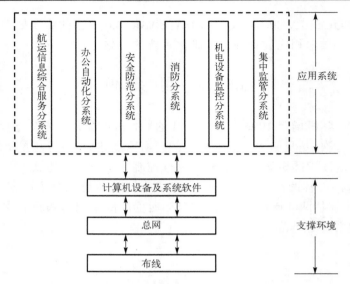

图 3.7　两江国际机场 ACIMS 应用系统划分

桂林两江国际机场 ACIMS 系统采用了三层体系结构对所涉及的资源进行分层管理,其最上层为用户,完成管理机构及工作人员的抽象;中间层为系统功能层,即实际的应用系统,完成用户所需各种功能的抽象;最下一层为支撑层,即通常所说的支撑环境,它包括计算机硬件和系统软件、计算机外部设备(输入、显示、打印及其他输出设备)、机场机电设备及传感器、执行单元、通信设施等,如图 3.8 所示。

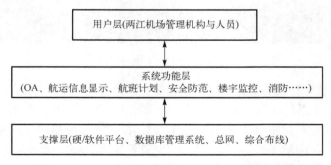

图 3.8　桂林两江国际机场 ACIMS 三层体系结构

桂林两江国际机场 ACIMS 在设计上充分考虑了满足我国当时民航机场的实际需要以及今后的发展需求;既重视运用当时的先进、成熟系统,又前瞻性地考虑了系统未来的发展变化、可能的功能扩充和系统的升级需要。该套 ACIMS 系统实用、可用、好用、易用且便于维护和升级,在随后的生产运行中获得了用户的广泛赞誉,且取得了良好的经济效益。

桂林两江国际机场 ACIMS 的应用成功解决了机场原有落后的管理模式带来的弊端，彻底改变了机场运行控制杂乱无章的局面，规范了机场的信息交互流程，为当时机场信息系统的建设提供了参照标准，节省了机场建设过程中用于调研的大量人力、物力和财力。更为重要的是，ACIMS 的建设为桂林两江国际机场的生产运行提供了可靠保障手段，减少了由于信息不灵、运行管控不当造成的航班延误和航班取消，避免了由此带来的巨大经济损失和社会影响。ACIMS 极大地提高了桂林两江国际机场的管理水平和运行效率，为不断增加机场的客货吞吐量提供了有力的技术支持，同时对保证飞行安全、改善服务质量等方面也发挥了重要作用，为创建"精品机场"提供了必要的条件。

第 4 章　基于三级指挥调度模式的机场运行控制系统

4.1　三级指挥调度模式下的机场运行控制系统概述

4.1.1　三级指挥调度模式的概念

多级指挥调度模式可以看成是一种分布式指挥调度模式，即机场的航班生产指挥调度工作由分布在各区域的调度岗位按照各自岗位职责分工完成。这样可减轻指挥室的工作压力，为处理更大的航班量提供了可能。同时，为确保指挥调度的有序进行，各调度岗位间按调度关系进一步分成若干级，以满足灵活及可自由组合的要求。机场越大航班越多，指挥调度分级也越多。其中三级指挥调度模式最为典型，因此本节重点介绍三级指挥调度模式。

三级指挥调度模式以指挥中心这个唯一的一级调度部门为核心，下设二级调度部门协调管理以及三级具体业务一线执行部门。各个部门的生产情况由指挥中心统一进行监督和协调，并强调各个部门的配合，以保障航班的正常运行和旅客的顺利出行。每个航班、每个部门的生产保障情况都实时记录在数据库中，使机场的生产运行做到规范化与制度化[55]。在三级指挥调度模式下，第三级具体业务执行部门属于互为平行独立的业务单元,通过业务系统支持为机场运行提供了优良的业务信息，第二级调度协调管理提供了对区域联动性的支持，避免了信息和功能的简单集成的问题，第一级调度部门为高层业务决策提供了支持，机场的最高管理者不再需要对机场运行控制中的所有问题进行具体管理。

三级指挥调度模式的典型架构如图 4.1 所示。其各级调度信息通过有线网络送达机场的各指挥室和调度室中的指挥调度员，而对于时常在机场各服务区域检查工作的各级领导，在候机楼内移动的为旅客服务的运输服务员，在外场机坪上为航空器保障的机务、货运、搬运等地勤工作人员需要运用无线网络和掌上电脑等技术手段进行指挥调度管理。此外，考虑到超大型机场的实际需求，可以在三级指挥调度模式的基础上，增加第四级保障服务角色或模块。

在图 4.1 所示的典型架构中，各个调度岗位组成了机场各个调度部门，每个调度岗位对应一个调度角色。机场各调度部门的调度角色配置由调度岗位配置确定，同时也可随机场机构设置的变化而灵活更改。各调度岗位统一指挥协调下级岗位的工作，下级岗位在收到上级调度岗位的调度指令后应立即进行工作，收到催问信息

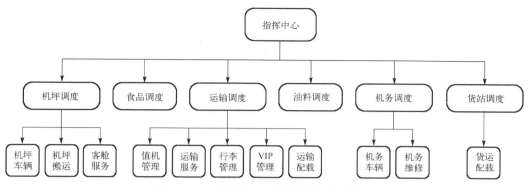

图 4.1　三级指挥调度模式的典型架构图

后必须确认应答。生产服务岗位在保障各自的服务工作完成以后，需要向上级调度岗位报告工作完成情况。在发生异常情况时，生产服务岗位需及时向上级调度岗位报告，共同协商解决办法。每天航班结束后及时生成、打印各种生产统计报表[54]。

1. 第一级调度

第一级调度是机场运控的核心，提供最高层的指挥中心功能，指挥中心包括指挥调度中心及应急指挥中心。指挥调度中心负责生产流程的控制，调度并协调各个下级部门的保障服务工作，监控机位自动分配和航班动态电报的接收处理，每天航班结束后进行生产作业统计和航班结束处理操作[56]。

如图 4.2 所示，在机场运行控制过程的正常业务中，指挥中心帮助指挥员与航管部门、航空公司、口岸单位、公安、安检和机场内其他各个生产部门之间建立信息交流与工作协调通道。在紧急情况发生时，指挥中心协助指挥员完成紧急救援的组织协调工作，为航空公司提供飞机停场、飞行安全保障管理等任务[56]。当民航电

图 4.2　指挥中心日常调度

报处理系统无法自动处理航班动态电报时，指挥中心指挥员将以人工方式发布航班动态信息，也可通过指挥中心对航班动态信息中的错误进行修改。

　　如图 4.3 所示，当发生紧急情况时，指挥中心将作为应急指挥中心，根据所提供的紧急救援图、紧急救援传递图和救援单位联系方法等与紧急救援密切相关的信息下达紧急救援工作指令，并组织协调各生产部门协同工作。指挥中心也是整个中央系统的通用基础数据维护中心，负责通航机场、航空公司、飞行任务、异常原因编码等基础数据表的信息维护工作[57]。

图 4.3　应急指挥调度中心

2. 第二级调度

　　第二级调度负责协调各个具体的弱电系统实现各个业务模块的功能，为第一级调度提供信息及服务接口。第二级调度主要包含旅客服务中心和地面服务中心。

　　旅客服务中心如图 4.4 所示，主要包括运输调度管理、运输值机管理、运输服务处理、运输行李管理及运输配载管理等功能。旅客服务中心整合覆盖了机场候机楼各个运输业务部门的工作，向这些业务部门提供统一、及时及准确的航班信息。旅客服务中心接受指挥中心的生产服务调度指令，向指挥中心报告服务进展情况或异常情况，并协调各运输业务部门间的工作进度。保证运输服务人员能向旅客提供全面的航班信息、办票、候机、登机和提取行李等服务[57]。

　　地面服务中心如图 4.5 所示，主要包括机坪调度、机务处理、油料调度、食品调度、货运调度、特种车辆管理、清洁服务管理、搬运管理、灯光、场道、照明管理、口岸单位及公安安检模块等。地面服务中心整合覆盖了机场机坪保障服务的各个业务部门的工作，向这些业务部门提供统一、及时、准确的航班信息。地面服务中心接受指挥中心的生产保障调度指令,向指挥中心报告保障进展情况或异常情况，并协调机坪各业务部门间的工作进度。地面服务中心保证了机坪保障工作人员能为航班提供全面、安全及完善的保障服务[57]。

图 4.4　旅客服务中心

图 4.5　地面服务中心

　　根据机场的需求，还可以在第二级调度中扩展增加独立的机位分配管理席位和运输系统分配管理席位等。

　　3. 第三级调度

　　第三级调度是各个具体业务的执行单元，该级是上级调度实现的基础，减轻了上级管理决策的复杂度。同时，该级的业务角色可以方便地进行调整，增强了业务体系的扩展性和伸缩性。第三级调度包含所有机场运营管理中涉及的具体业务单元，典型的第三级调度模块包括：

　　1) 旅客服务

　　旅客服务模板包括值机、信息查询、VIP 服务、特殊旅客服务、登机、行李及配载等功能。图 4.6 所示为机场 VIP 服务的应用场景，旅客服务的典型职责如下：

图 4.6　机场 VIP 服务场景

　　(1)值机管理。根据航班计划制定旅客值机计划，主要内容包括航班值机开始/截止时间的制定、开放/关闭值机柜台、办理值机手续、执行运输调度的指令、报告值机完成或异常情况、接受/传递生产信息、统计分析值机业务。

　　(2)登机管理。按时开放登机口，组织旅客登机；为不正常航班旅客提供配餐和/或住宿服务；为特殊旅客(如残疾、囚犯等)提供服务；向运输调度汇报工作完成或异常情况，接受运输调度的指令；接受、传递各类生产信息；统计分析服务数据。

　　(3)行李管理。确认行李提取票据；分配行李转盘；处理异常行李；向运输调度报告完成或异常情况；统计分析行李业务。

　　(4)地面服务。服务内容包括客舱清洁、车辆运输及搬运管理等功能。图 4.7 为机场地面服务人员完成航班开客舱门的服务场景。

图 4.7　开客舱门服务场景

2)地面服务

(1)特种车辆管理。为航班提供特种车辆服务；查看指挥中心发布的航班信息和机位信息；接受并执行指挥中心的生产指令，向指挥中心汇报特种车队服务工作完成或异常情况；接受、传递与本部门相关的各类生产保障信息；记录本部门生产保障数据；统计分析特种车队各项业务。

（2）搬运装卸管理。为航班提供搬运装卸服务；查看指挥中心发布的航班信息和机位信息；接受并执行指挥中心的生产指令，向指挥中心汇报装卸队服务工作完成或异常情况；接受、传递与本部门相关的各类生产保障信息；记录本部门生产保障数据；统计分析搬运装卸各项业务。

（3）客舱清洁管理。为航班提供客舱清洁服务；查看指挥中心发布的航班信息和机位信息；接受并执行指挥中心的生产指令，向指挥中心汇报清洁队服务工作完成或异常情况；接受、传递与本部门相关的各类生产保障信息；记录本部门生产保障数据；统计分析客舱清洁各项业务。

实际上，除生产指挥一线直接指挥调度岗位外，还有一号值班、处级和科级等生产指挥监控和管理岗位，以及相应的指挥调度监控角色；另外还有大量的不直接指挥生产但需要关注航班等生产状态的问讯处、安检、海关、公安等其他服务岗位。

4.1.2　系统概述

基于三级指挥调度模式的民航机场生产运行控制指挥调度系统，包括诸多应用子系统与接口，同时还包括从物理布线到用户界面的系统实现。其中，指挥调度管理信息控制系统是整个民航机场生产运行控制指挥调度系统的核心，其产生的相关业务数据可以通过机场中央数据库及接口系统分发给其他业务系统。指挥调度管理信息系统是机场客货运行控制的组织者和指挥者，具有航班保障实时指挥调度功能、业务数据统计及收益统计功能。指挥调度管理信息系统既是航班和生产等各方面的信息汇总处，又是航班动态、生产动态和指令的发源地。

基于三级指挥调度模式的机场运行控制系统以系统集成为核心，通过航班电报接口、离港接口、时钟接口等分别获取航班信息、旅客/行李信息、时间信息等；通过信息管理模块实现基础信息、航班信息、资源信息、旅客信息等管理；通过生产调度系统实现机场生产一线各部门的统一指挥调度；通过信息发布接口实现对航显、广播、信息查询和外部信息系统信息发布的控制；通过信息控制接口实现对机场机电设备的运行控制；通过信息安全管理实现对网络和信息的安全管理以及病毒的探测与防护；通过弱电系统监控维护实现对系统运行的监控维护管理[58]。图 4.8 展示了这些典型的信息集成功能模块。

三级指挥调度模式给机场的运行控制提供了先进的指挥调度模型，与传统的基于局域网的系统不同，该系统需要成为支持新理念和调度模式的强大的计算机应用系统，成为有效的指挥调度工具。该系统一方面应该基于三级指挥调度模式对已有的系统进行整合，另一方面需要提供完整的生产保障功能，并将系统的重心调整至

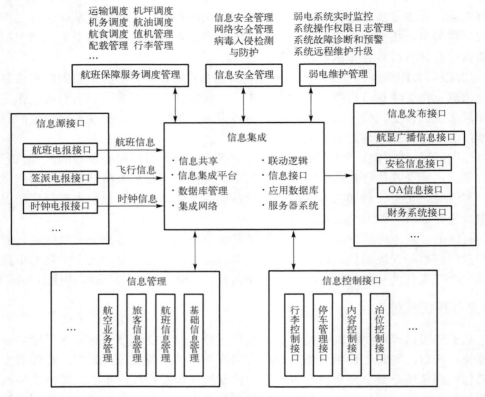

图 4.8　系统信息集成模块

为全方位的航班保障、旅客服务和行李服务等提供技术支持。该系统应该拥有高的设计起点，既先进又科学合理，使其适应民航机场日益增长的业务需求。

4.1.3　系统功能

基于三级指挥调度模式的机场生产运行控制指挥调度系统是民航机场的核心系统，实现了机场客货生产运行的航班、旅客、货物、邮件、行李及资源等信息的及时采集、自动处理、统一发布及机场各生产运行保障单位的统一协调和指挥。具备以下功能：

（1）生产调度。实现对生产服务保障的各个环节和岗位进行统一的组织、协调、指挥和调度。

（2）信息管理。实现航班信息、服务资源信息、民航基础知识信息等管理。

（3）信息服务。为旅客、航空公司、社会大众以及机场领导、生产指挥员、工作服务人员和维护人员提供其所需的信息服务。

（4）弱电系统集成。通过各系统接口实现与离港、航显、广播、行李分拣、楼宇自控及泊位引导等系统的联网、信息共享和联动控制等。

图 4.9 展示了系统应用功能的层次分布情况。

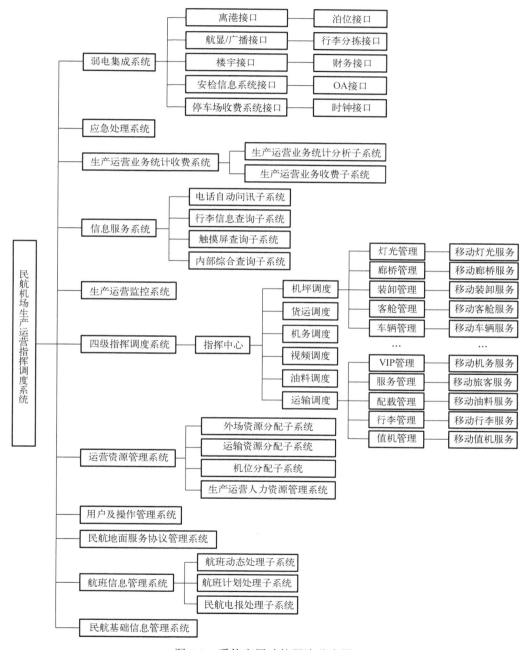

图 4.9　系统应用功能层次分布图

4.2　民航电报智能分析处理

　　民航电报是整个民航机场生产运营指挥调度系统的数据源头，其报文识别率的高低直接影响系统自动化程度的好坏。民航电报智能分析处理技术不仅能分析处理各种正常格式的民航电报，还能够利用模糊匹配和智能纠错处理疑难电报，为整个生产运营调度系统提供准确的信息源。

　　民航电报格式遵循《民用航空飞行动态固定电报格式》标准，并通过民航自动转报网转发、传输。民航自动转报网即民航航空固定格式电报网（Aeronautical Fixed Telecommunication Network，AFTN），它根据国际民航组织（International Civil Aviation Organization，ICAO）航空固定通信网的相关标准建设。AFTN 网承担了中国民用航空局国内与国际的空中交通管理、飞行动态、航行气象及民航局有关部门业务处理等的信息交换，是民用航空飞行安全、正常、高效和经济运转的保障[59]。民航电报信息包含了航班飞行计划、起飞、降落等航班动态信息，是空中交通管制员指挥航空器航行的重要信息来源。民航自动转报网以民航数据通信网（帧中继网、分组交换组网）、地区空管局的复用器数据网和民航卫星网为中继传输电路，实现自动转报网络许可的互联。AFTN 网分成三层，第一层是由民航局空管局与七大地区管理局组成的网状结构，传输的主要方式采用 X.25 的交换虚拟电路（Switch Virtual Circuit，SVC）方式互联，备用方式使用异步线路，第二、三层是由空管站、航空公司、航站楼组成的树型结构，主要采用异步方式互联。各地转报系统中的同步互联主要通过民航帧中继网络的 X.25 业务接口提供接入。通过分组交换网和 AFTN 网，全国民航航班信息通过统一格式的报文实现了联网互通[60]。

　　突发干扰和人为失误等依然有可能导致电报报文不规范，甚至出现电报报文错误。由于转报机只负责报文的存储与转发，它只关心报头与报尾，对报文的具体内容并不关心，因而不规范报文频繁出现且数量很大，而计算机恰恰难以识别和处理这些不规范报文，这就阻碍了报文自动化处理程度的提高。同时，随着航班量的不断增加，由于自动转报系统的处理速率跟不上，从而导致积压报文、堵报、漏报和丢报等现象时有发生。这不但会延误报文处理，还可能给管制自动化系统造成很大的人工纠错负担。显然，传统的电报处理方式和应用效果已无法满足处理效率、识别正确率、可维护性等方面的业务需求。因此，民航电报智能分析处理技术就变得越来越重要。

　　民航电报智能分析处理系统在对电报进行分类、筛选、整理的基础上，再结合语法、语义纠正报文内的错误信息，并将处理后的电报以标准的格式发往民航自动化系统。电报智能分析处理系统，可以有效解决以下问题[61]：

（1）可对报文格式和内容进行全面分析，通过自建规则库对不规范报文进行修正，可有效处理大量重复出现的、有规律的错误，大大减少了人工干预的工作量。

（2）通过收发接口分别与 AFTN、飞行数据处理系统（Flight Data Processor System，FDP）或其他系统进行通信连接，通过数据库存储收发报文，起到了缓冲池的作用。这不但解决了转报系统与 FDP 系统之间的速率不匹配问题，还避免了因积压报文造成端口堵塞的情况。

（3）可在数据库中存储所有经由系统处理和转发的报文信息，有利于报文的查询、检索、统计分类以及后续的数据挖掘处理，提高了信息的准确度、正确率及设备的智能处理能力。

4.2.1　民航航行电报格式

民航航行电报，即飞行动态固定格式电报，分为 AFTN 和 SITA 两种。前者主要提供给空中交通管制部门使用，后者主要提供给航空公司航务部门使用。后面主要介绍 AFTN 电报，参见表 4.1，AFTN 报文由报头、发电地址、收电地址、报文内容和电报结束符号等 5 个部分组成[62]。

表 4.1　AFTN 报文格式

报头	发电地址	收电地址	报文内容	结束

AFTN 格式电报以左圆括弧"（"表示电报电文内容的开始，以右圆括弧"）"表示电文内容的结尾。AFTN 格式电报的电文内容被划分为多个数据编组，各数据编组按顺序排列且不得随意缺省其中任何一个数据编组。其中第一个数据编组代表电报的类别，除第 1 个编组外，其余编组需要用一个短线"-"表示编组的开始。而数据编组则由按顺序排列的多个或一个数据项目构成。如果一个数据编组中包含了多个不同项目类，则每个项目类均应具有项目名称，并以左斜线"/"将项目名称与项目内容进行分隔。AFTN 中的数据编组如表 4.2所示。

表 4.2　AFTN 报文中的数据编组

编组号	数据类型
3	电报类别、编号和参考数据
5	紧急情况说明
7	航空器识别标志和 SSR 模式及编码
8	飞行规则及种类
9	航空器数目、机型和尾流等级

编组号	数据类型
10	机载设备
13	超飞机场和时间
14	预计飞越边界数据
15	航路
16	目的机场和预计经过总时间，备降机场
17	落地机场和时间
18	其他情报
19	补充情报
20	搜寻和救援告警情报
21	无线电失效情报
22	修订

其中常用的数据编组包括：编组 3，包含了用三个字母表示的电报类别（报类代号），如表 4.3 所示。报类代号表示报文的基本类别，这是报文处理的一个重要辨识标记。

表 4.3　AFTN 报文编组 3 的报类代号

报文	报类代号	报文	报类代号
PLN	飞行预报	CPL	现行飞行变更报
COR	修订飞行预报	GST	预计飞越报
ABS	取消重复与非重复性飞行预报	CDN	管制协调报
FPL	领航计划报	ACP	管制协调接受报
CHG	修订领航计划报	LAM	逻辑确认报
CNL	取消领航计划报	RQP	请求飞行计划报
DEP	起飞报	RQS	请求领航计划补充信息报
ARR	落地报	SPL	领航计划补充信息报
DAL	延误报	ALR	告警报
RTN	返航报	RCF	无线电通信失效报
ALN	备降报		

编组 5，紧急情况说明，包括危险等级、电报签发者、紧急情况的性质等。

编组 7，航空器识别标志和 SSR 模式及编码，包括航空器识别标志，SSR 模式，SSR 编码。

编组 8，以一个字母表示的飞行规则及其种类。如 S 表示定期的航空运输飞行，N 表示非定期的航空运输飞行，E 表示急救飞行，B 表示专机飞行，G 表示通用航空飞行，J 表示加班飞行，M 表示军用运输飞行，O 表示补班飞行，X 表示其他飞行等。

编组 9，航空器数目、机型和尾流等级，包括航空器架数、航空器机型、尾流等级等。

编组 10，机载设备，包括无线电通信、监视设备等。

编组 13，包括起飞机场(起飞机场名称使用国际民航组织规定的四字地名代码表示)和时间。其中四字代码地址前两位地区码所代表的意义如下：ZB-华北，ZY-东北，ZH-华中，ZG-华南，ZS-华东，ZU-西南，ZL-西北，ZW-新疆，ZP-云南，VH-香港，VW-澳门，RC-台湾。

编组 14，预计飞越边界数据，包括边界点、飞越边界点的时间、许可的高度层、补充飞越数据、飞越条件等。

编组 15，航路，包括巡航速度或马赫数等。

编组 16，目的地机场和预计经过总时间和备降机场。包括目的地机场、预计经过总时间和备降机场等。

编组 17，落地机场和时间，包括落地机场和落地时间。

4.2.2　航行电报处理

航行电报处理系统的主要任务就是将 AFTN 电报进行分类、筛选、整理后发往 FDP 系统，同时转发 FDP 系统发出的电报，以配合 FDP 系统的工作，提高其效能，更好地发挥其作用。航行电报处理系统可较好地解决不规范电报的处理问题。

航行电报处理可以通过电报自动处理平台完成。电报自动处理平台主要对电报进行了分级过滤、动态更新、人工处理三方面的工作。电报接收模块通过电报接收机将报文接收至电报接收队列中，然后由电报分析模块对电报接收队列中的电报原文进行拆分和存储，最后再根据拆分后的编组数据对主表进行动态更新。当发现平台无法自动识别和处理不规范报文或发现生产计划与电报内容存在较大差异时，电报报文将被写入值班电报，主动提醒进行人工干预和处理，通过人工可以对错误的计划进行修正、对不规范报文进行二次分析等[59]。

电报接收程序将按照接收电报的顺序把报文写入数据库接收表中。此后，电报分析程序将按照接收时间、电报流水号、报文等级、发电地址、收电地址和航班号、SSR 编码、飞行种类、机型、尾流、航路、高度、速度等项目对报文进行拆分，并获得编组明细。

报文分析的基本流程包含以下四步[59]：

(1)根据括号进行报文的完整性检测，如果发现错误，给予提示并转人工处理；

(2)根据报头识别报文分类，如果发现错误，给予提示并转人工处理；如果正确，转入相应的报文处理模块；

(3)根据"-"标志对报文内容进行拆分处理，拆分出不同的编组，并针对不同编组，提取相应的要素，如航班号、航空器识别标识、机型、飞行种类、尾流等级等，如果发现不规范编组，给予提示并转人工处理；

(4)分析正确并结束，报文入库。

在电报处理中，对电报分析程序不能识别或处理的报文将被转发到值班电报表中，同时将电报接收时间、电报类型、航班号、电报原文、系统不能识别的原因以及未处理的值班电报数量等信息发送给值班人员，以供其处理。

4.2.3　民航航行电报智能分析专家系统

对不确定信息的综合化和智能化处理是航行电报智能处理系统的核心和关键。随着计算机技术和人工智能技术的不断融合和发展，以智能分析处理技术为基础的专家系统得到了长足的发展。专家系统是一个具有大量的专业知识和丰富经验的程序系统，它应用人工智能技术和计算机技术，根据某领域一个或多个专家提供的知识和经验进行推理和判断，利用计算机程序模拟人类专家解决专业问题的思路、方法和决策过程，解决需要人类专家处理的复杂问题[63]。

概括起来，民航电报问题主要包括：笔误、一点多名、多点同名、经纬度写法不统一、漏写航路切入点等。基于民航智能分析处理技术的专家系统可以较好地解决这一问题。在专家系统中引入规则库的概念，依托一定的规则来理解发报人的确切用意，通过不断学习，不断调整规则，可以提高专家系统的处理能力，得到很好的处理效果。规则库用于存储报文的基本属性、格式规范、处理规则等。按照民航组织的规定，在系统初始时，处理规则由技术专家输入，并在使用中不断产生新的经验规则，经技术专家确认后成为自动处理规则，并在之后的处理过程中自动应用，以此加强对不确定 AFTN 报文的智能处理能力[61]。通过不断的学习和累积，专家系统可以减少对大量重复性和常发性错误的人工干预，从而大幅提升系统的处理能力和处理效率。

4.2.4　民航航行电报智能分析系统整体架构

民航电报智能分析处理平台由三层架构组成，分别是数据层、业务层、用户层，其主要包括用户端程序、核心处理服务和数据库三部分，系统各模块在逻辑上的结构如图 4.10 所示。

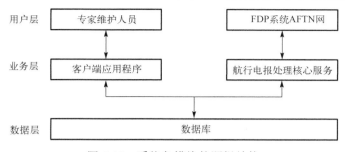

图 4.10　系统各模块的逻辑结构

图 4.11 展示了 AFTN、电报智能分析处理系统、FDP 系统之间的一种连接方式。电报智能分析处理系统在 AFTN 网和 FDP 系统间起到了桥梁的作用，这种连接方式的缺点是必须切断 AFTN 和 FDP 之间的原有连接，且当电报智能分析处理系统失效时，AFTN 和 FDP 之间将完全失去连接。这种连接方式的优点是：处理自由度高，电报智能分析处理系统可以获得转报机和 FDP 的状态，有利于分析处理工作。

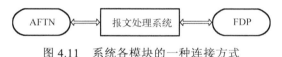

图 4.11　系统各模块的一种连接方式

4.2.5　民航航行电报智能分析系统软件架构

从软件功能上，电报智能分析处理系统的功能模块包含了报文处理模块、通信模块、维护模块，如图 4.12 所示。其中，报文处理模块主要实现核心业务数据的处理，包括报文的解析、报文的处理纠错、报文的转发等；通信模块主要实现报文数据通信，实现电报智能分析处理系统与 AFTN 及 FDP 系统之间的报文交换；系统维护模块用于实现专家规则库的维护等运维要求[61]。电报智能分析系统的业务流程如图 4.13 所示。

图 4.12　电报智能分析处理系统的模块结构

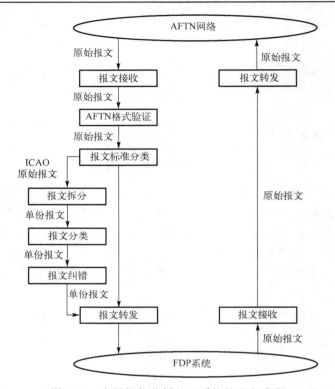

图 4.13　电报智能分析处理系统的业务流程

4.3　智能化的实时监控和动态预警

航班动态总是处在不断变化之中，如何及时发现这些变化并提示指挥调度人员成为民航机场生产运行控制指挥调度系统人性化设计的重点。智能化的实时监控和动态预警在实现时利用了多线程技术在系统后台监控航班动态全过程，并实现及时发现和告警，大大缓解了指挥调度人员的工作压力，避免了人为差错，提高了工作效率。图 4.14 展示了智能化的实时监控和动态预警的基本流程。

民航机场动态预警的目的在于预防和矫正不安全诱发因素的萌生与发展，使民航机场安全管理的科学性得到提升、可靠性得到改善，进一步降低事故率，减少机场的损失，全面、有效促进民航业的健康持续发展。它主要考虑了人员因素、机器设备因素、环境因素、管理因素、运行数据因素等对机场预警的影响，并运用安全理论、系统理论、预警理论等多种理论，以及人工神经网络的相关知识，构建了民航机场动态分级预警指标体系及民航机场动态分级预警模型。

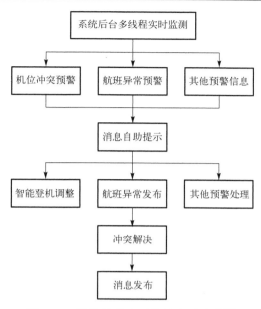

图 4.14　智能化的实时监控和动态预警

4.3.1　智能预警理论基础

预警指在警情发生之前所进行的预测报警，即在现有知识基础上，通过对事物发展规律的总结和认识以及特定信息，分析事物的现有状态，判断、描述和预测事物的变化趋势，与预期的目标量进行比较，并利用预设的方式和信号进行预告和示警，以便预警主体采取相应的对策和反应措施[64]。

预警的最终目的是预防、控制事故的发生。由于民航机场运行状态和运行环境的不断变化，因此决策者必须不断根据变化调整其策略。当决策不再准确时，必须进行调整和修正，以形成新的决策。决策过程中的不断反馈构成了一种反馈过程，一般的反馈决策都是依据以往的信息进行的，但如果信息滞后时间过长，则这种建立在以往信息基础上的决策是不可靠的。此外，决策的有效性还受到时滞的影响。应对时滞影响的有效途径就是超前决策，即建立在预警信息基础上的预防控制[65]。

预防控制采用未来信息进行决策，在存在时滞的情况下，反馈决策的决策律为：

$$\mu_t = f(x_{t-\tau_1}, x_{t-\tau_2}, \cdots, x_{t-\tau_n}) \tag{4-1}$$

而超前决策或预控下的决策律为：

$$\mu_t = f(\hat{x}_{t+1}, \hat{x}_{t+2}, \cdots, \hat{x}_{t+\tau_n'}) \tag{4-2}$$

式中，μ_t 为决策结果，x 为已知信息，$\hat{x}$ 为预警信息，$\tau_1, \tau_2, \cdots, \tau_n$ 为时滞，τ_n' 为信息超前预警时间[65]。

4.3.2　民航机场动态智能预警模型

人工神经网络(Artificial Neural Network，ANN)是在人脑神经网络的基础上，用数理方法从信息处理的角度对人脑神经网络进行抽象，然后建立某种简化模型，并将这些神经元模型广泛地相互连接而组成的复杂网络系统[66]。人工神经元是对生物神经元的一种形式化描述。人工神经元模拟生物神经细胞，可以把一个神经细胞用一个多输入、单输出的非线性节点表示，如图 4.15 所示[65]。

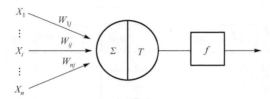

图 4.15　人工神经元

神经元激活与否取决于某一阈值电平，即只有当其输入总和超过阈值 T 时，神经元才被激活而发放脉冲，否则神经元不会产生输出信号。输出与输入之间的对应关系可用某种函数 f 来表示，这种函数一般都是非线性的。神经细胞的人工神经元的输入输出关系可描述为[67]：

$$\begin{cases} I_i = \sum_{j=1}^{n} W_{ij} X_j - \theta_i \\ Y_i = f(I_i) \end{cases} \tag{4-3}$$

式中，X_j 是由细胞 j 传送到细胞 i 的输入量。W_{ij} 是从细胞 j 到细胞 i 的连续权值。θ_i 是细胞 i 的阈值。f 是传递函数，Y_i 是细胞 i 的输出量。由此得到，一个典型的人工神经元主要包括五个部分：①输入 X；②网络权值和阈值；③求和单元；④激活转移函数；⑤输出。

神经元的各种不同数学模型的主要区别在于采用了不同的转移函数，从而使神经元具有不同的信息处理特性。神经元的信息处理特性是决定人工神经网络整体性能的主要要素之一。激活转移函数(Activation Transfer Function)是神经元及其构成的网络的核心。网络解决问题的能力和效率除了与网络的结构有关之外，还与网络所采用的激活函数有关。激活函数的基本作用是：控制输入对输出的激活作用；对输入、输出进行函数转换；可以将可能无限域的输入变换成在指定的有限范围内的输出[65]。

BP 神经网络(Back Propagation Neural Network)是一种单向传播的多层前向神经网络，它是指误差反向传播的算法[68]。BP 算法成为目前应用最为广泛的神经网络学习算法。BP 神经网络模型是由输入层、输出层和若干隐含层组成的前向连接模型，同层各神经元之间互不连接，相邻层的神经元通过权重连接且为全互连结构。其拓扑结构如图 4.16 所示。

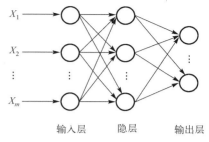

图 4.16　三层 BP 神经网络

当有输入信号时，要首先向前传播到隐含层结点，再传至下一隐含层。最终传输至输出层结点输出，信号的传播是逐层递进的，且每经过一层都要由相应的特性函数进行变换。在 BP 网络中，要求结点的特性函数要可微，通常采用 Sigmoid 型（S 型）函数。BP 神经网络的学习规则，采用的是误差反向传播算法（BP 算法）。在 BP 算法中，网络的权值和阈值通常是沿着网络误差变化的负梯度方向进行调节的。限于梯度下降算法的固有缺陷，标准的 BP 学习算法通常具有收敛速度慢、易陷入局部极小值等缺点[65]。

将数据输入网络输入层，输入层神经元接收到信息后，计算权重和，根据输入层神经元的传递函数将信息传给隐含层，隐含层神经元将信息传递给输出层，设网络只有一个输出 y，给定 N 个样本 $(x_k,y_k)(k=1,2,\cdots,N)$ 任一个节点 i 的输出为 O_i，对某一输入 x_k，网络的输出为 y_k，节点 i 的输出为 O_{ik}，现在研究第 1 层的第 j 个单元，当输入第 k 个样本时，节点 j 的输入为[65]：

$$\mathrm{net}^l_{jjk} = \sum_j W^l_{ij} O^{l-1}_{jk} \tag{4-4}$$

O^{l-1}_{jk} 表示 $l-1$ 层，输入第 k 个样本时，第 j 个单元节点的输出：

$$O^l_{jk} = f(\mathrm{net}^l_{jk}) \tag{4-5}$$

式中，f 是传递函数，为 S 型函数。

用 BP 神经网络将实际输出与目标相比较，如果误差超过给定值，则将误差向后传递，也就是从输出层到输入层，在误差的传递过程中，相应地修改神经元的连接权重。数学描述如下[65]：

$$E_k = \frac{1}{2}\sum_i (y_{jk} - \overline{y}_{jk})^2 \tag{4-6}$$

$\overline{y}_{jk}$ 是单元 j 的实际输出。总误差为：

$$E = \frac{1}{2N}\sum_{k=1}^N E_k \tag{4-7}$$

修正权值为：

$$W_{ij} = W_{ij} - \mu\frac{\partial E}{\partial W_{ij}}, \quad \mu > 0 \tag{4-8}$$

μ 为步长, 其中:

$$\frac{\partial E}{\partial W_{ij}} = \sum_{k=1}^{N} \frac{\partial E}{\partial W_{ij}}, \quad \mu > 0 \tag{4-9}$$

4.4　多航班自动关联技术

多航班自动关联技术实现了进出港航班、共享航班、虚拟航班和混合航班等同一航空器多航班运行的协同处理, 大大简化了航班保障流程, 提高了生产工作效率, 多航班自动关联技术示意图如图 4.17 所示。

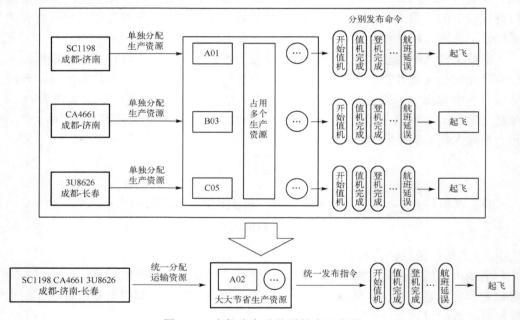

图 4.17　多航班自动关联技术示意图

共享航班使用代码共享实现不同航空公司之间的协作。代码共享(code-sharing) 是指一家航空公司的航班号(即代码)可以用在另一家航空公司的航班上, 即旅客在全程旅行中有一段航程或全程航程是乘坐出票航空公司航班号但非出票航空公司承运的航班。这对航空公司而言, 不仅可以在不投入成本的情况下完善航线网络、扩大市场份额, 而且还能够越过某些相对封闭的航空市场的壁垒; 对于旅客而言, 则可以享受到更加便捷、丰富的服务, 比如众多的航班和时刻选择、一体化的转机服务、优惠的环球票价、共享的休息厅以及常旅客计划等。它也能保证比较公平的竞争规则和"一体化"的旅行服务, 强调保护旅客的个人利益, 价格及竞争实情等越来越透明[69]。比如：假定国航的某个航班和川航进行了代码共享，经过国航系统购置的机票显现的航班号为 CA****，但在川航系统购置的机票的航班号则显示为3U****，但实际上两者是同一航班、同一架飞机。

4.5　航班地面保障服务流程自动控制

4.5.1　航班地面保障服务的概念

航班地面保障服务是指从航空器进港(包括落地、滑行、到位)直到航空器再次离港(包括推出、滑行、起飞)过程中，对航空器、乘客、行李、货物等所做的一系列地面保障服务工作[70]。停机坪为航空器完成泊位、挡轮挡、靠接廊桥或梯车、上下旅客、提供地面电源与空调设备、装卸货物、装卸行李、装卸邮件、加放油、检修与勤务、打扫卫生、清理污水与垃圾、添加清水、供应餐食、撤轮挡、推航空器等必要的保障作业提供了重要的活动场地。地面保障服务是人、设备、信息的合理组合，是保证航空器能够正常执行下一次航班任务所需要的一切资源。高效正常地组织航班地面保障服务工作是机场优质服务的体现，为航空公司提供了航班正常保障，同时有助于尽可能减少因航班延误对原有航班计划的调整，降低航空公司损失[71]。航班地面保障服务常见工作见图 4.18 所示。

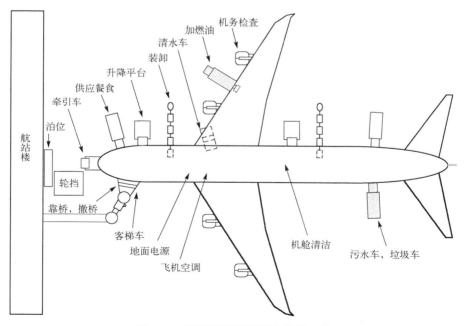

图 4.18　航班地面保障服务常见工作

4.5.2　航班地面保障服务的设计

民航航班地面服务具有保障部门多、关系复杂、航班消息传递实时性要求高等特点，利用实时消息传播体系可以通过每一个航班进程来自动驱动相关服务保障环节，实现了航班地面保障服务流程的自动控制。航班地面保障服务流程自动控制架构图如图 4.19 所示。

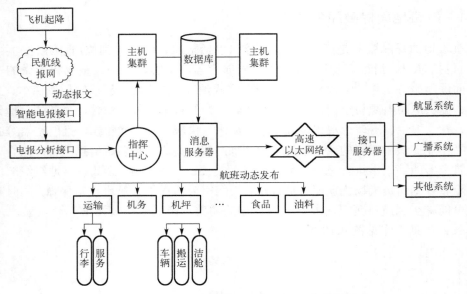

图 4.19　航班地面保障服务流程自动控制架构图

航班地面保障服务系统对机场运行控制具有重要的意义：

（1）提高了机场现场服务保障信息采集的及时性和准确性。建立在一个实时消息传播系统基础之上的航班地面保障服务系统可以很方便地实现生产作业和服务保障等全方位信息的实时共享交换，如图 4.20 所示。

（2）提高了机场运行管理效率。航班地面保障服务流程自动化控制可以整合机场地面服务所有的作业流程，相关信息实现了实时共享，从而大大提高了机场的运行管理效率。

航班地面保障服务系统是一个以指挥调度、旅客服务信息为核心的计算机管理系统，它集成了航显、广播、离港、订座、货运、行李处理、电视监控、楼宇管理等系统。它以航班进程为主线来驱动相关服务进程的实施（如图 4.21 所示），不但加强了航班计划的生成、航班信息的发布、机位的安排、各项地面服务保障工作（油料、机务、保洁、食品、行李处理、配载平衡、安全检查、旅客登机）的综合管理，还建立了顺畅的机场运行工作流程和信息发布流程。另外，它还根据离港、订座、货运

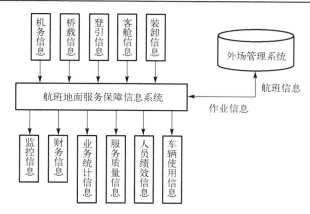

图 4.20　航班地面服务保障系统上的相关共享信息

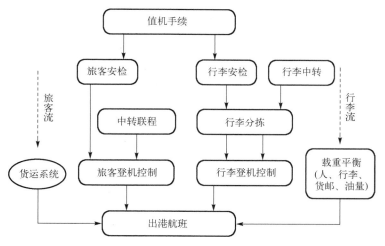

图 4.21　以航班进程为主线的服务提供

等系统提供的旅客动态信息，针对到港、离港、中转、过境旅客服务保障工作的不同特点，实时提供相应的需求信息(如对贵宾、特殊旅客的服务、航班的延误/取消等有关信息的查询服务等)，提高机场的信息查询和对旅客的服务水平[72]。机场服务保障自动化系统的业务流程参见图 4.22。

航班保障服务自动化系统可发挥的作用:

(1)创造了新的生产服务作业信息传递方式，提升信息传递的实时性和准确度，实现了地面作业信息传递的重大突破。传统的生产作业主要通过对讲机传递信息，通过纸张记录相关作业信息，不但记录存在大量重复，还容易出错。航班地面保障服务系统确保了作业人员可随时随地查阅、处理作业信息，确保生产作业信息实时、准确地传输。

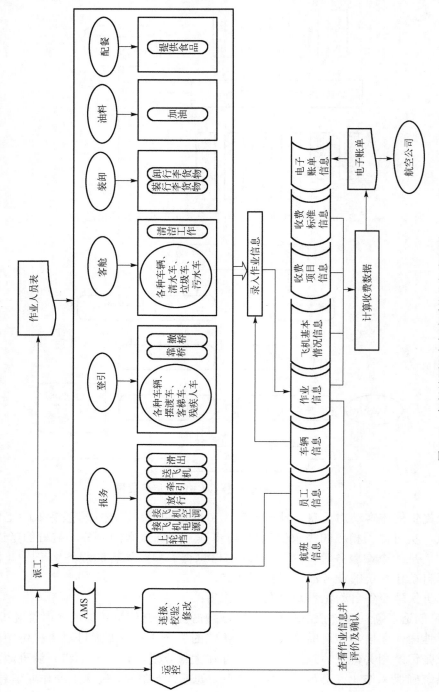

图 4.22　机场地面服务保障系统业务流程图

（2）提升了机场地面运作效率，提高了服务质量。传统方式无法自动更新信息，也无法将信息传递到机坪各个角落，作业人员难以实时获得最新信息，特别对变更的紧急信息难以及时掌握，极易导致服务不及时或出现服务差错。在以航班进程为主线的航班地面保障服务系统实施后，各部门信息不一致及数据不透明的问题得到了有效解决，实现了信息一体化和各环节的自动控制，大大缩短了各服务环节的等待时间，便于协同作业，有效提升了地面运作效率。

（3）提高了结算效率，加快了资金回收。传统的生产作业信息需通过纸质工作单进行记录、传递、确认，这需要大量人员进行工作单信息的二次录入、并检查核对后才能生成财务结算数据，这个时间周期相对较长。新系统在生产作业完毕后即可即时自动生成准确的结算数据，有利于加快资金回收。

4.6　机场无线移动调度技术

利用机场无线移动调度技术可开发并实现民航机场无线移动调度子系统，实现机场范围内移动工作人员的实时调度，淘汰以往只能依靠对讲机询问的落后方式，机场无线移动调度技术示意图如图 4.23 所示。

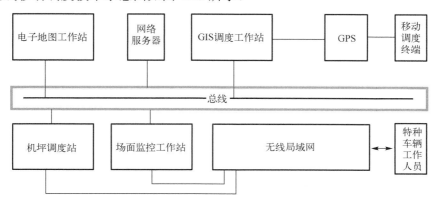

图 4.23　机场无线移动调度技术示意图

其中的宽带无线移动视频调度系统可无缝整合无线移动视频与原有固定视频监控系统，实现了指挥中心对作业终端的音视频调度通信统一管理，提供了多种联动调度机制，包括基于事件或时间触发的可自定义的音视频联动调度机制。宽带无线移动视频调度系统具备优异的灵活性与可扩展性，能够满足突发与应急状态下的联动调度通信的应用需求[73]。

1.　移动视频调度与 GIS 的结合

在原有视频调度操作中，调度员或领导都只能通过文字来识别移动或固定视频监控终端，然后进行相应操作。在发起视频调度时，在甄别现场终端位置和使用者方面耗费了不该耗费的时间和精力，而且还会因为使用者识别错误进一步耽误或浪费时间[74]。而与地理信息系统(Geographic Information System，GIS)电子地图相结合的视频调度可让调度员在调度台上很直观地观看到调度现场的真实场景，机场平面或三维地图可真实展示视频调度终端(固定终端或移动手持设备)的当前位置，这大大提升了调度的准确性。

2. 基于时间、事件触发的联动规则

机场需要根据应急预案预先设置好移动视频联动调度系统的联动规则。常用的联动规则包括[75]：

(1)定时自动开启预定义的一组视频采集设备，采集视频信息，进行自动存储或按预先设置的受众分发；

(2)通过自定义触发事件来自动驱动一组或多组移动或固定采集设备采集视频信息，并自动存储或按预先设置的受众分发；

(3)与航班信息、地面服务信息直接联动，通过联动触发视频、音频作业。

3. 交互式的视频通信

传统监控系统的信息多是单向传输的，无法实现双向的信息交互。但对应急事件处理而言，双向信息交互几乎是必不可少的。移动视频联动调度系统可实现双向信息传输，为指挥部数字指令的传达提供了通道，也为现场工作人员之间的交流提供了快速通道，从而提升了信息传输的效率以及准确度。

4. 应急指挥调度

应急指挥离不开高度整合的音视频调度系统的支持。由于移动音视频联动调度系统实现了从被动调度到主动调度的转变，从而使应急指挥系统变得更加灵敏，也在很大程度上降低了信息传递的复杂性，这大大提升了处理紧急事件的时效性[73]。

4.7 应 用 案 例

大连周水子国际机场是国务院批准的对外开放的国家一级民用国际机场，是辽宁省南北两翼的重要空港之一，也是东北地区四大机场之一。作为东北地区的重要干线机场和首都国际机场的主备降机场，大连周水子国际机场承载了重要的民航运输任务。从 1998 年开始，大连周水子国际机场的旅客、货邮吞吐量和航空器起降架次三项运输生产指标常年位居中国东北地区 12 个民用机场的首位。图 4.24 为大连周水子国际机场的周边环境。

图 4.24　大连周水子国际机场的周边环境

　　在大连周水子国际机场的扩建工程中，为了保障航班运输，机场引进了三级指挥调度模式以减轻指挥调度压力，适应更大的吞吐量。由于大连周水子国际机场也是我国重要的旅游机场，机场的扩建对大连旅游业的发展也起到了十分重要的作用，引入新的指挥控制系统提高了服务质量，这对提高大连在国内外的知名度和形象起到至关重要的作用。大连周水子国际机场扩建工程的建设总体目标是使建成后的"大连周水子国际机场信息集成系统"成为一个建立在计算机信息集成系统基础上，实现机场各相关弱电系统信息相互联网，集先进性和实用性为一体的集成系统。该集成系统通过航班信息将机场各个子系统有效关联在一起，为机场各部门的指挥和调度管理提供了有效手段，为机场实现最优化的生产运行服务和设备运行服务。

　　大连周水子国际机场信息集成系统采用模块化设计，其层次结构示意图如图 4.25 所示。

　　各层次的主要功能如下：

　　(1)基础支持层负责整个系统数据信息的传输，执行系统管理层所提交的网络信息传输请求，具体内容包括网络结构化布线、网络设备等。

　　(2)系统平台层负责管理系统硬件资源、软件资源和数据，具体内容包括客户机和服务器的操作系统、数据库管理系统和网络管理系统。

　　(3)应用数据库为各客户机应用软件提供包括航班信息维护服务、调度指令服务、操作审计服务和内部查询服务等功能。

(4)应用服务层和接口服务层主要依托中间件技术和系统对接相关技术,打通业务系统之间的服务调用渠道,使系统间的业务数据交换通畅,确保应用层的数据显示一致、准确、实时。

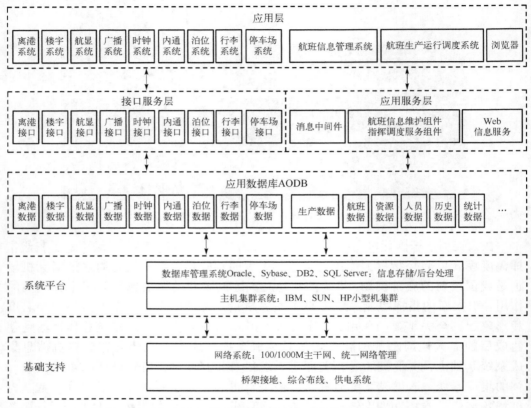

图 4.25　大连周水子国际机场信息集成系统层次结构示意图

(5)应用层通过运用系统平台层、应用数据库 AODB 和应用服务层所提供的功能,直接为前端用户提供服务,包括机场生产运营指挥调度系统、机场管理业务支持系统和机场公众信息服务系统等。

大连周水子国际机场基于三级指挥调度模式结合自身特点衍生出四级调度模式,做出了如下一些改进:首先,在第一级调度之中增加了移动设备,支持领导进行移动调度,加强了对上层决策的支持;其次,将第二级调度分成了运输调度和外场调度,第三级调度也随之做出了相应的调整以更加适应大连周水子国际机场的实际生产;最后,在第三级调度之下实现了无线的第四级调度,全面覆盖了机场的所有盲区。图 4.26 为大连周水子国际机场生产运行调度模型示意图。

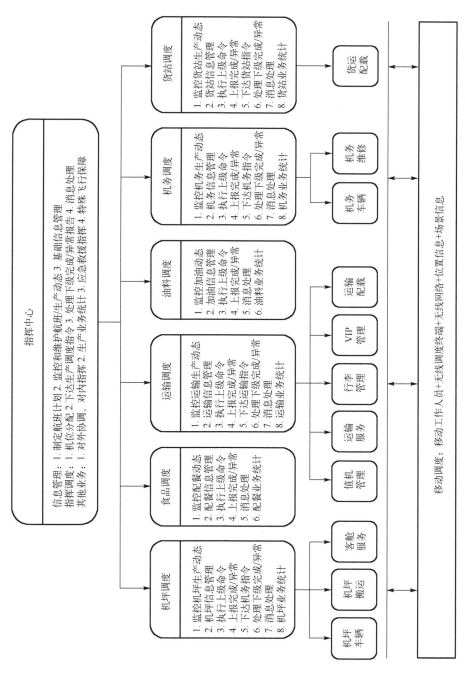

图 4.26　大连周水子国际机场生产运行调度模型示意图

大连周水子国际机场生产运行调度系统应用了民航电报智能分析处理、智能化的实时监控和动态预警和航班保障服务流程自动控制等特色技术，指挥中心与大多数调度模块具有相似的详细设计，可分为四个核心功能：

1) 航班信息报文处理系统

大连周水子国际机场系统还为航班显示系统、指挥调度系统、运营管理系统等提供准确、实时的航班计划、动态信息。图 4.27 展示了大连周水子国际机场航班信息报文处理系统的业务处理流程。

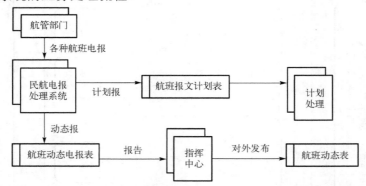

图 4.27　大连周水子国际机场航班信息报文处理系统的处理流程

2) 航班信息管理系统

大连周水子国际机场航班动态处理系统根据民航动态电报处理结果，对航班动态数据进行实时更新，并将准确的航班动态信息及时发布给其他相关的各弱电子系统。图 4.28 展示了大连周水子国际机场航班计划处理系统的业务处理流程。

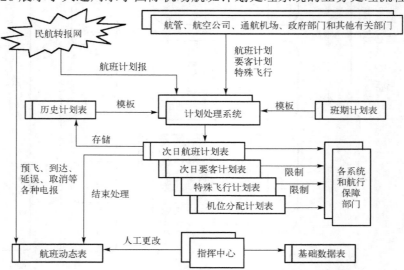

图 4.28　大连周水子国际机场航班计划处理系统的处理流程

3)生产运营流程调度系统

大连周水子国际机场生产运营流程调度系统由于其管理的部门具有相对独立的功能，其管理模块包括：

(1)外场指挥中心调度管理、应急指挥中心管理，如图 4.29 所示。

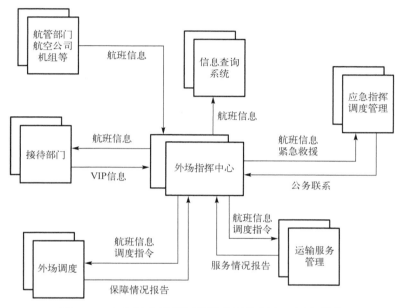

图 4.29　大连周水子国际机场外场指挥中心调度模块

(2)旅客服务中心管理，如图 4.30 所示。

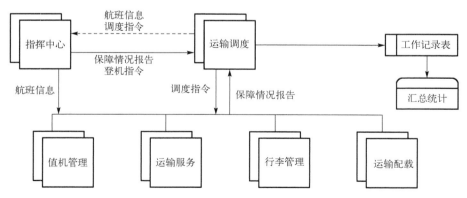

图 4.30　大连周水子国际机场旅客服务管理中心模块

(3)地面服务中心管理，如图 4.31 所示。

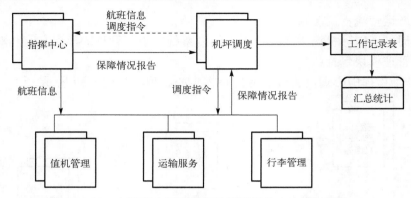

图 4.31　大连周水子国际机场地面服务中心管理模块

4) 生产移动调度系统

大连周水子国际机场系统在现有指挥调度系统的基础上实现了机坪的移动调度，真正实现了信息流在机场航站楼、机坪的实时传递。图 4.32 展示了大连周水子国际机场生产移动调度系统的模块结构。

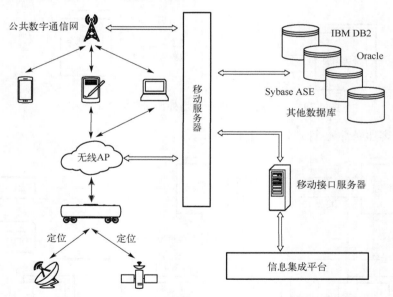

图 4.32　大连周水子国际机场生产移动调度系统功能模块

第5章　基于AOC/TOC运行模式的机场运行控制系统

5.1　AOC/TOC运行模式概述

5.1.1　AOC/TOC的概念

AOC/TOC运行模式的核心思想是"明确区域管理责任"和"专业化分工支持"：①明确区域管理责任，是指由于机场飞行区、航站区、公共区等不同区域的业务场景、业务对象和业务管理重点存在较大的差异，在机场规模不断扩大以后，可以分别设置不同的AOC/TOC管理部门来明确承担这些区域的管理责任。②专业化分工支持，是指由于机场各业务运行场景涉及的专业领域较多(通常包括信息技术及设备、能源供应、安全保障、特种装备等专业领域)，不同机场可根据需要设置相应的管理部门。

AOC/TOC运行模式下的机场业务体系图如图5.1所示。

1)AOC

AOC是机场运行中心(Airport Operation Center)的简称，其主要功能可分解为运行指挥中心、应急指挥中心、信息中心三个核心功能。其中，运行指挥中心的功能主要包括飞行区的资源分配管理、飞行区秩序管理和飞行区保障生产业务常态管理等，同时承担对基地航空公司和空管等对外单位之间的沟通协调工作，以及在业务和资源管理出现业务链断裂或者不清(或者管理范围不明确)状况下的指挥协调工作。应急指挥中心主要实现应急调度功能，即在出现大范围或者影响重大的安全生产事故情况下，AOC将启动应急指挥程序进入非常态的应急指挥管理状态，进行机场全域的指挥调度协调。信息中心集中了机场生产运行的主要IT信息系统，是信息的获取中心以及集中处理中心[17]。

AOC的主要职责如下：

(1)负责整个机场航班生产运行的监控、指挥和协调；

(2)负责机场空防安全管理的监督，保障机场运行的安全；

(3)负责机场航班信息的统一收集、发布和更改；

(4)负责飞行区资源的分配管理，包括机桥位、登机门的资源分配；

(5)负责其他各运行中心之间的运行协调管理；

(6)负责航空公司在机场的运作管理与协调；

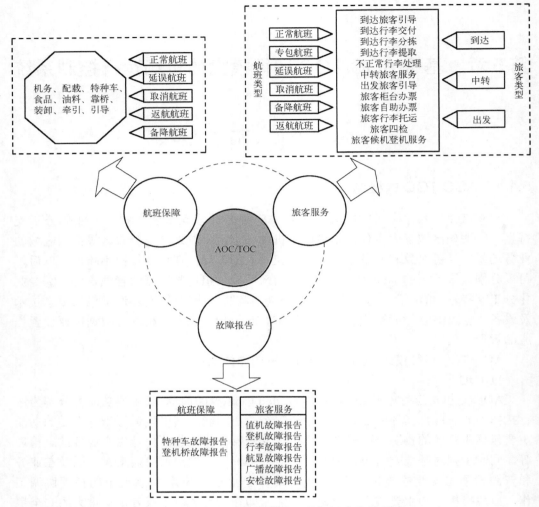

图 5.1　AOC/TOC 运行模式下的机场业务体系图

（7）负责对飞行区域内运行流程和设备设施的改进提出意见和方案并监督执行；

（8）负责重大活动的组织、突发事件的处理以及应急救援指挥；

（9）负责飞行区运行秩序的管理；

（10）负责飞行区场道及助航灯光的运行保障。

2）TOC

TOC 是航站楼运行中心（Terminal Operation Center）的简称，作为航站楼运行管理的核心机构，它集中管理航站楼的各类业务，目的在于提高响应能力、运行效率及服务质量，实现各职能机构之间的及时沟通、信息共享[17]。TOC 作为整个机场运行的关键管理单元从属于 AOC 的统一调度和指挥。TOC 主要负责管辖航站楼的日常生产运行、服务质量监督、安全防范以及所有楼内系统、机电设备的运行、管理、维护和火灾的防范等工作。

TOC 的主要职责包括：

(1)设备设施运行管理；

(2)机场候机楼航班信息发布管理；

(3)值机柜台、行李分拣及到达转盘资源分配及管理；

(4)航站楼空防及安全管理；

(5)服务质量监督管理；

(6)根据应急预案规定完成候机楼突发事件处理等。

TOC 按其功能分为两大部分：核心操作管理区和机房及系统维护管理区。

核心操作管理区由四大区域(包括航站楼协调管理区、航班运行区、安全监管区和设备设施监管区)、两个操作用房(广播操作室和服务报修接听室)及辅助管理用房等组成。其中四大区域承担航站楼的主要管理运行职能如下：

(1)航站楼协调指挥区。作为航站楼生产调度的指挥核心，总体协调航站楼内各部分的生产运作及指挥调度，并负责与 AOC 及其他中心协调处理各项重大事件，负责候机楼内的航空公司与旅客服务、协调和监督等任务。

(2)航班运行区。负责航班信息显示管理、航站楼内资源的分配(包括值机柜台、行李装箱转盘、行李提取转盘)、广播服务、航空业务统计管理等工作。

(3)安全监管区。负责候机楼内安全监控与管理，包括生产安全监督、空防安全监控管理、出入权限管理、消防报警管理等工作。

(4)设备设施监管区。负责候机楼内设备的监控与管理，包括电梯、楼宇自控、登机桥等的监控与管理工作。

TOC 的管理模式主要分为分散型和集中型两种类型[17]：

(1)分散型管理模式。在分散型管理模式中，不同职能的管理单位将派相关人员进入 TOC 实施管理，即派驻人员来自不同的基层单位。在这些派驻人员之上再设立 TOC 的主管人员，由主管人员负责 TOC 的日常工作。分散型管理模式的优点是对不同职能的了解比较深刻，其缺点是可能会引起各自为政的局面，另外 TOC 的主管人员在不同部门之间进行协调时，其效率相对有所降低。其与传统机场管理的不同只是在于 TOC 分散管理模式将不同的职能部门集中在了一起,相互之间的物理距离相对拉近了，但实质上并没有改变其管理理念。

(2)集中型管理模型。在集中型管理模式中，将由专门的 TOC 运行管理单位设置 TOC 管理机构，由 TOC 主管负责航站楼所有日常事务的协调和决策(在其权限范围内)。其下根据各席位的不同设立不同的岗位，负责各自的管理。其他管理部门均作为它的支持部门，听从 TOC 的调度，协同配合 TOC 的工作。

3）AOC/TOC

AOC/TOC 运行模式强调通过自动化方式实现多数据源的数据收集和处理，关注对集成子系统关键事件信息的收集，以航班运行为核心，具体的地面服务运作流程由地面服务单位自行根据航班、资源信息进行处理。AOC/TOC 模式下机场业务流程的角色关系模型图如图 5.2 所示。

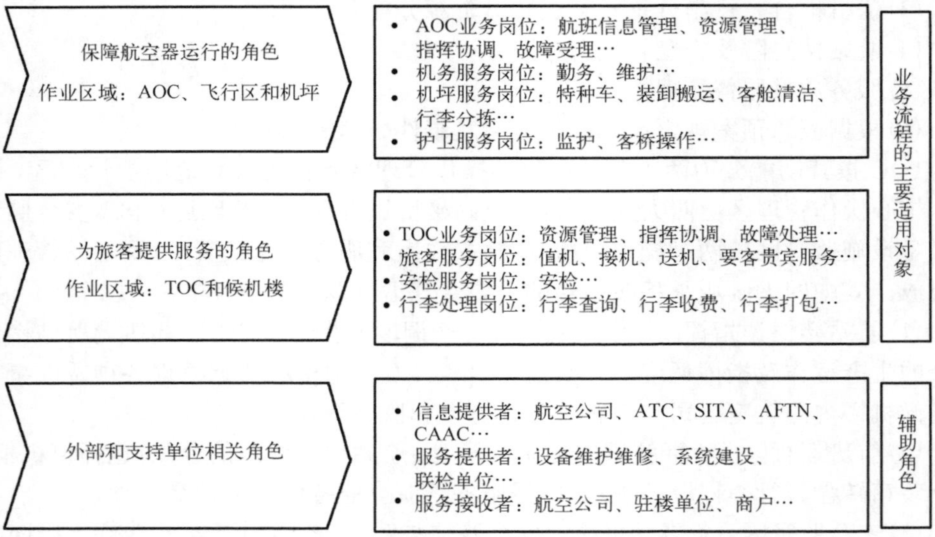

图 5.2　AOC/TOC 模式下机场业务流程的角色关系模型图

AOC/TOC 运行模式具有如下特点：

（1）支持与基地航空公司、空管和驻场单位等的业务交互，实现与空管、航空公司（特别是基地航空公司）的航班计划和航班动态的无缝集成；

（2）支持 7×24 小时不间断运行；

（3）对于关键事件信息的收集和发布，一方面有利于促进各单位业务的开展，另一方面机场运行的数据能够为收费、统计和审计提供数据支持。

AOC/TOC 模式以分块化的运行机制为基础，坚持机场全局层面必要的统一指挥，通过对业务流程的梳理和优化，最大限度地减少多航站楼之间的协调工作量，将区域管理的职能和责任下放给分区管理中心，将适合且必要进行全局统一指挥的职能和资源整合到全局的管理中心[17]。AOC/TOC 运行模式阶段是机场运行控制技术的完善与成熟阶段。

5.1.2　系统概述

基于 IMF 的机场运行控制集成系统旨在建立"三个一"的综合有机体：

（1）一个业务信息高效交互的接入管理平台 IMF；

（2）一个满足生产运行实时需求的数据库集合，即机场运行数据库（Airport Operation Database，AODB）、机场管理数据库（Airport Management Database，AMDB）、航班查询数据库（Flight Query Database，FQDB）；

（3）一个基于生产运行环境可动态调整的业务系统集合。

多级指挥调度系统演变到基于 IMF 的机场运行控制集成系统是随着民航机场发展到一定规模所引发的系统体系架构变革。将原有的指挥调度系统拆分为多个业务系统，连同其他已有的功能系统一起挂接在 IMF 平台上，以统一的接入标准和业务流程驱动规范来满足机场动态生产运营环境的需求。

机场 AOC/TOC 模式中的信息核心和神经中枢是机场运行控制系统，它不仅能实现机场运行子系统在统一航班信息下的自动化运作，还能对机场各部门的生产调度进行统一指挥和分配，从而实现最优的生产运行，为机场获取最大的经济效益。

AOC/TOC 模式给传统的多级指挥调度系统带来了新的挑战：

（1）机场的指挥中心将所有空侧、陆侧以及各个参与航空保障服务的单位纳入到严格的三级调度模式时，对于航空公司而言已经缺少了实际的业务支撑条件；

（2）随着机场规模的扩大，核心业务系统为了迎合不同机场客户的管理需求，变得越来越大而全，造成功能模块/系统/产品之间的界限模糊不清；

（3）数目众多的业务系统并存于同一个架构的生产运营环境中,造成多对多的网状接口大量出现。机场业务系统网状接口示意图如图 5.3 所示。

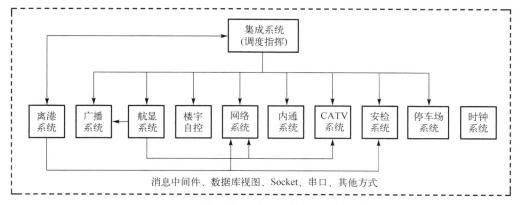

图 5.3　机场业务系统网状接口示意图

如何保证航班信息的准确性、及时性、全面性，如何保障机场资源(值机柜台、案件柜台、登机口、行李提取转盘、停机位等)的高效使用，确保各航班保障业务职能部门与 AOC/TOC 之间以及 AOC 与 TOC 之间的保障信息交换通畅以提高工作效率，是 AOC/TOC 新运行模式下必须解决的问题。仅靠增加业务系统数量、扩展系统功能、扩大信息化范畴，并不能有效解决这些问题。解决这些问题的核心思路在于搭建一个科学的可扩展的平台架构，提升民航机场生产系统的可扩展性。这样，当机场规模和流量进一步扩大时，平台只需通过简单配置就能实现新业务系统的灵活接入和调整。

5.1.3　系统功能

　　IMF 平台、三大应用数据库和业务系统集合共同构成了基于 IMF 的机场运行控制集成系统。以 IMF 平台为核心、应用数据库为支撑，各业务系统为主体组成了一个执行效率高、系统稳定性好，并且具有良好扩展性的体系架构。系统的总体框架如图 5.4 所示。

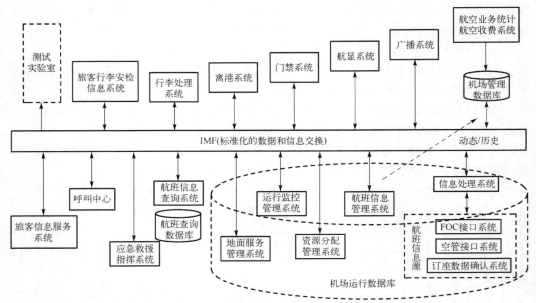

图 5.4　基于 IMF 的机场运行控制集成系统总体框架

1.　IMF 平台

　　IMF 平台是机场运行控制系统集成平台，是机场内部系统和机场外部系统之间通信联系和服务调用的中介平台。基于多层架构的思想，机场运行控制系统通过 IMF 平台实现应用系统之间的数据交互和通信。IMF 平台是机场所有信息系统集成通信的核心。民航机场 IMF 平台系统示意图如图 5.5 所示。

　　民航机场 IMF 平台具有三大功能：消息交互、服务调用、服务重组。

　　(1)消息交互：支持点对点和发布/订阅机制的消息实时传递功能，围绕民航枢纽机场运行场景建立了规范的业务数据传播体系。

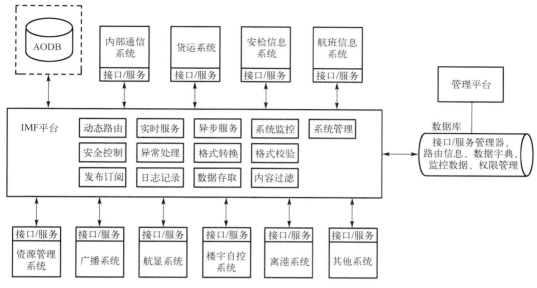

图 5.5　IMF 平台系统示意图

（2）服务调用：挂接在民航机场 IMF 平台上的业务系统能将自己的外部服务逻辑映射到民航机场 IMF 平台上，供其他相关业务系统远程调用。

（3）服务重组：民航枢纽机场的众多高级业务逻辑，可以跨越多个业务系统，甚至需要在平台上重新梳理和再造业务流程来加以实现。

基于 IMF 技术的机场运行控制系统利用面向服务的体系结构（Service-Oriented Architecture，SOA）的设计理念，有效地解决了大型枢纽机场信息系统复杂、层次众多及扩展困难等问题，具备体系结构清晰、信息流转规范和弹性扩展等特点，其业务系统集涵盖国内民航机场所有的业务需求。

2. 应用数据库集合

基于 IMF 的机场运行控制集成系统需要一个满足生产运行实时需求的数据库集合，主要包括以下三大数据库：AODB、AMDB、FQDB。

1）AODB：机场运行数据库

AODB 实际上是一个应用数据库集，属于逻辑概念层面，可以理解为多个业务系统数据库的集合，是机场业务实时数据的存储实现，主要用于存储在机场生产与运行过程中实时产生的各种动态业务数据。根据机场规模和系统架构的具体要求，AODB 不但可以集中部署在一个物理空间，也可以跟随业务支撑子系统分散部署在多个物理空间。对于分散部署在多个物理空间的 AODB，在逻辑处理时可作为一个统一的 AODB 来对待，这并不会影响业务功能的正常实现。机场业务的数据存储实现可以是基于"滑动窗口（时间维度）"范围的业务数据，也可以是传统的按执行日期分段的业务数据。使用 AODB 的业务支撑系统主要进行联机事务处理(On-Line Transaction Processing, OLTP),这就要求在 AODB 的设计上必须有可靠的处理机制和技术手段来确保所有事务处理的原子性、一致性、孤立性和持续性[76]。AODB数据库关系图如图 5.6 所示。

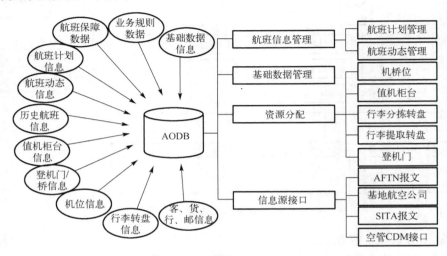

图 5.6 AODB 数据库关系图

2)AMDB:机场管理数据库

AMDB 是机场管理数据库,主要用于存储较长时期内产生的机场生产运行业务数据、行政管理数据和商业数据等,可以看作是机场在生产运行过程中长期业务数据的集合,也可以看作是一个数据仓库(Data Warehouse, DW),其挂接的是统计分析系统、机场计费系统、数据挖掘系统和决策支持系统等。在机场发展到一定规模时,机场的信息化覆盖已经从业务层面扩展到了管理层面,这就必然要将长期数据从 AODB 中分离出来形成独立的 AMDB。使用 AMDB 的业务支撑系统主要包括机场业务统计分析系统、航空业务结算系统、保障服务数据挖掘系统、非航商业收入评估系统和决策支持系统等。AMDB 数据库关系图如图 5.7 所示。

3)FQDB:航班查询数据库

FQDB 是航班查询数据库,可面向机场管理人员、服务人员以及公众的全视图数据库,也就是从不同角度、不同粒度向用户提供详细的机场生产数据。FQDB 数据库关系图如图 5.8 所示。

3. 业务子系统集合

业务子系统集合以航班安全保障和旅客优质服务为目的来驱动各项业务流程,同时通过 IMF 完成系统之间业务数据的实时流转和高效交互。主要包括如下子系统:

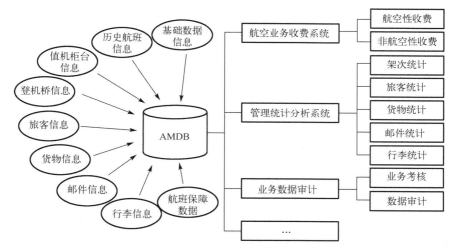

图 5.7　AMDB 数据库关系图

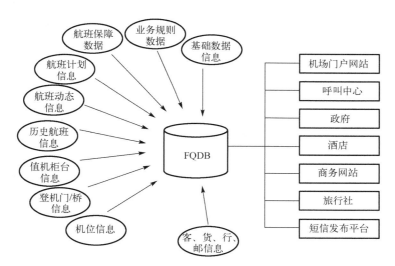

图 5.8　FQDB 数据库关系图

1）信息集成网关

信息集成网关（Integrated Message Gateway，IMG）完成航班信息的多源融合和精确校对，向其他业务系统提供完整一致的航班信息（静态/动态）。可以连接的外部系统有：空中交通管制（Air Traffic Control，ATC）系统，航空公司控制（SOC）系统，民用航空电报（SITA）系统等，IMG 层次图如图 5.9 所示。

如图 5.9 所示，IMG 负责解析上述 4 个外部系统的数据，将集成信息系统组装成 XML 格式的数据信息；根据外部系统的请求，从集成信息系统请求航班数据或

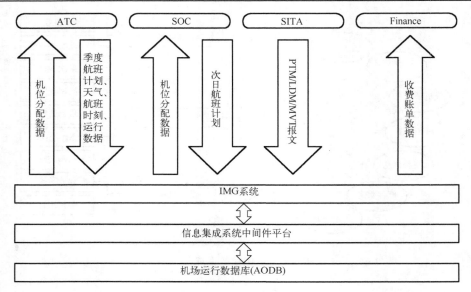

图 5.9　IMG 层次图

生产数据，转换成外部系统需要的格式后发送给对应的系统。对每个外部系统划分了优先级，针对不同的外部系统，如果对相同的航班有修改与删除操作，IMG 能够过滤优先级较低的信息，避免错误数据的出现。

　　IMG 系统由 IMGServer 服务器和 IMGClient 客户端组成。IMGServer 的接收线程接收外部系统传入的消息，并保存到数据库中；IMGServer 的消息处理线程实时把数据库中待处理的消息解析重组再发送给航班信息管理系统（Flight Information Management System，FIMS），最后把处理过的消息保存到历史消息表中，便于审计查询。IMGClient 能够监控 IMGServer 运行状态、查询消息处理状态以及查询历史消息，对不能处理的疑难消息也需要通过 IMGClient 人工处理。

　　2）航班信息管理系统

　　航班信息管理系统（FIMS）：航班信息管理系统是机场信息集成系统的核心系统之一。FIMS 主要负责航班计划和航班动态数据的创建和实时更新，为整个机场集成系统和其他相关业务系统提供全面、准确和及时的航班计划信息、航班动态信息和气象信息等内容。本系统从 IMG 的外部信息源（包括空管报文、航空公司航班管理系统、离港订座系统）提取航班计划和航班动态，根据配置的外部信息优先级对 FIMS 管理的航班计划和航班动态数据进行更新。同时也对航班计划和航班动态提供了人工维护功能。本系统能自动验证航班计划和航班动态的完整性和合法性，能对"飞机晚到"等航班异常状态进行延误预警。FIMS 层次图如图 5.10 所示。

　　航班信息管理系统通过 IMG 的外部信息源获取航班信息，自动实现航班计划和

航班动态数据的创建和实时更新，并将处理
后的航班计划、动态数据通过 IMF 发布给其
他相关系统。

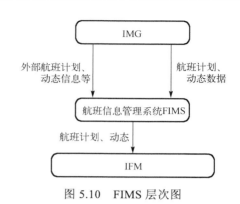

图 5.10　FIMS 层次图

FIMS 实现了航班全生命周期状态信息
的动态管理功能，处理对象为"滑动窗口"
内的航班信息。具体功能如下：

（1）制定次日航班计划数据，校对后发布
航班动态数据；

（2）对航班动态信息的准确性进行监控
和维护；

（3）发布生产调度指令；

（4）对生产保障服务的主要环节进行实时监控；

（5）向下级业务部门发布相应调度命令；

（6）实现机位动态查询，必要时也可以调整机位；

（7）与其他业务部门保持联系，记录、查询消息收发的情况；

（8）实现生产信息（包括航班信息、生产运输信息、特殊旅客信息等）的查询；

（9）进行基础数据（包括通航机场、机位、机型等）的日常维护；

（10）打印各类生产统计报表。

FIMS 可被视为 AODB 复杂体系的一个前端应用界面。它是整个机场信息系统
的航班信息的关键信息管理中心。

3）运行监控管理系统

运行监控管理系统（Operational Monitoring Management System，OMMS）主要包
括国际/国内值机、配载、行李、登机引导、航班引导、机务、客舱清洁、装卸服务
以及运输控制等 11 个功能模块。OMMS 实时从 AODB 获取动态航班的基本数据信
息，并通过各部门使用人员录入运行监控信息。其中，通过地勤引导部录入开始服
务时间及截止时间，通过机务部录入上轮挡时间及机务保障开始时间，通过客舱部
门录入客舱开门时间及客舱关门时间，通过装卸部门录入搬运开始时间及结束时间
等。录入数据完毕，塔台外场监管终端根据 OMMS 数据库中的数据，动态地显示
航班信息，并对生产调度环节进行监控。通过 OMMS 处理航班信息，查看航班动
态和历史，接收航班变更通告，并可定制通告类型，可对航班信息进行过滤和排序，
同时还可查看来自其他子系统的信息。OMMS 系统层次图如图 5.11 所示，具体功能
如下：

（1）实现对站坪上航班保障各个环节进行查询；

（2）实现基础信息查询，包括通航机场、航空公司、航班任务、异常原因、各种
站坪资源（机位、登机口、转盘、值机、柜台等）等信息；

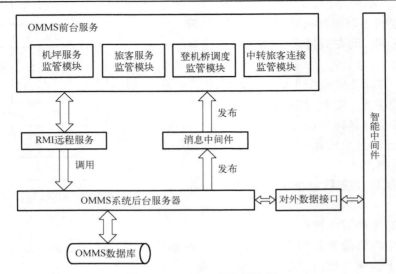

图 5.11　OMMS 系统层次图

（3）实现航班对应的人数信息和配载信息查询；

（4）实现实时消息沟通，站坪各部门之间可点对点发送定制或非定制消息，且客户端支持新消息提示；

（5）实现对站坪航班保障所使用的资源或服务的内容和情况进行采集并加工，为计费系统提供基本数据。

4）资源分配系统

资源分配系统（Operational Resource Management System，ORMS）包含机场资源的实时分配、模拟分配和规划管理等模块，其主要功能是为用户提供合理的运行资源分配方案，并能对各种假设条件下的资源分配方案评估其"分配成本"，通过消息发布/订阅机制实现多用户并发操作的数据同步。运行资源主要包括值机柜台、行李分拣转盘、登机口、机位、行李提取转盘等，如图 5.12 所示。

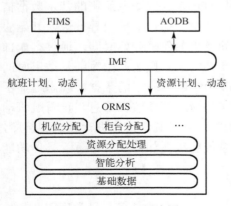

图 5.12　ORMS 层次图

ORMS 通过 IMF 从 FIMS 获取航班季执行计划、日执行计划和航班动态数据。通过系统自动分配和人工手动分配方式，根据资源使用规则和约束条件，实现航班运行资源的预分配和动态实时调整。ORMS 由基础数据模块、智能分析模块、资源分配处理模块，以及在资源分配处理模块上扩展出的机位分配模块、登机口分配模块、值机柜台分配模块等组成。ORMS 以用户席位为基础划分系统操作，能够支持多席位操作，并且拥有灵活的用户权限配置，根据席位的设置不同，所能操作的功能视图也不相同，充分体现了席位职能与系统的功能权限相适应的特点[76]。

ORMS 提供机场代理、航空公司自营、地勤公司代理等多种地面服务运行模式。系统把机场范围内的资源按照所在位置(航站楼)、属性(国内航班、国际航班)、种类(停机位、值机柜台、登机口、行李分拣转盘和提取转盘等)、所属单位(公用、机场、航空公司和地勤公司等)以及类型(如值机柜台分普通、主任、超大行李、晚到旅客和无行李等)等特性进行分类,这些资源的特性确定和使用划分由业主进行统一的管理。航空公司和地勤公司等单位在业主划定的范围内为所辖航班进行资源分配。该系统主要包括如下功能：

(1)动态航班资源管理。对机位及各类资源进行分配和调整,也可以实现航班信息的查询、航班 VIP 设置及航班业务审计等业务操作。

(2)历史航班查询。根据日期查询历史航班。

(3)甘特图呈现。甘特图可以实时直观地显示出航班机位的分配情况,显示出待分配机位的航班和已经分配机位的航班(含各类冲突航班)。甘特图利用其直观性可以实现对机位的分配——包括预分配、自动分配、手动分配和机位回收,也可以实现机位的锁定、确认和 VIP 设置,以及机位分割/合并的功能。此外,甘特图还实现了对纯进港、纯出港、N 分钟内进港航班、待分配机位航班、冲突航班以及各种自定义冲突的航班的分类显示。

(4)规划管理。实现机位规划管理、各类资源的规划管理和基础数据的管理,包括机位分配规则维护、不可用机位管理和基础数据管理功能。

(5)基础数据管理。实现对系统基础数据的操作功能,主要包括基础数据的维护及查询、登机口合约、值机柜台合约、行李转盘合约、机位预分配规则、机位约束、机位运输资源关联以及登机口-廊桥关联等子功能。

(6)系统功能设置。系统的初始设置,在运行时会根据这些设置来决定相应的计算标准和显示界面。它包括消息配置、密码设置、机位配置、字体设置和系统配色等功能。

5)航班查询系统

航班查询系统(Flight Query System,FQS)是基于 Web 架构的查询系统。FQS 以民航机场 IMF 平台系统为基础, 通过 IMF 平台获取 AODB、ORMS、FIMS 等系统的数据, FQS 本身具有航班查询系统数据库(Flight Query System Database,FQSDB), 由 IMF 接收的数据会转存到 FQSDB 内。FQS 系统层次图如图 5.13 所示。

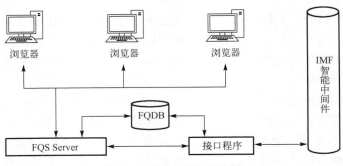

图 5.13　FQS 系统层次图

FQS 主要功能如下：

(1)能够通过 IMF 获得运行所需的航班数据和动态数据，以及其他相关信息，如航空公司、通航机场等信息；

(2)具有用户访问权限功能，并且有足够的安全性来阻止非法用户的访问，权限设置精确到调用方法，粒度更加精细、配置更加灵活；

(3)具有查询缓存功能，由于 FQS 多用于数据的查询，因此将数据缓存到内存，可大幅提高查询速度；

(4)通过后端 Push 模块解决后端主动控制浏览器前端的数据呈现的问题。通过对 IMF 的消息解析，再对前端每个客户端的查询条件进行过滤，将修改过的信息主动 Push 到前端，使得用户不用手动刷新页面，使信息的实时性得到提升；

(5)可作为整个机场集成系统的子系统与其他机场系统一起协调运行，也能够作为一个独立系统运行，在其他系统出现故障的时候依然能够正常运行。

5.2　AOC/TOC 运行模式下的业务流程体系

5.2.1　AOC/TOC 运行现状

目前，国内大多数机场仍采用"统一指挥、统一调度"的传统运营模式，该运营模式在机场只拥有"一个航站楼、一条跑道"的情况，且基地航空公司参与不足时有较为突出的优势：①有利于统一发布航班信息、更新航班动态信息；②有利于统一发布资源分配信息、更新资源动态信息；③有利于各方资源的统一控制、统一协调。

但是随着机场规模的日益扩大，许多机场面临着"多航站楼、多跑道"的管理新格局，越来越多的基地航空公司、地面代理公司参与到航空日常保障事务中来。若仍采用传统的调度模式会凸显部门之间协调困难、流程执行效率低下、指挥中心的工作负荷饱和等众多弊端。纵观国内外先进机场，其管理趋势正在从"统一指挥、统一调度"模式逐步向"统一指挥、分区管理"转变,机场当局的管理职责也从"全面深度管理"向"搭建软、硬件平台,提供资源和服务"的角色转变。机场通过研究国内外先进机场的管理模式,结合自身特点,引入了适合机场发展的功能中心(AOC/TOC)的理念,并在机场范围内全面推广。AOC/TOC 是将机场运行管理划分为不同层次,按照机场全局运行管理、航站楼运行管理、场区运行管理等不同维度,实现分层次的功能中心,既独立运行、又相互协作的管理新格局。被划分出的各功能中心负责相关区域内的业务协调和推进,形成对内和对外明确的责任主体,并对外统一提供服务。从机场全局运行管理的角度来看,AOC 负责机场运行现场和飞行区安全运行管理(图 5.14),它是机场运行管理和应急指挥的核心,是机场日常航班安全生产和旅客服务现场的最高协调管理机构。从航站楼运行管理的角度来看,TOC 负责航站楼相关的日常生产运行、服务质量监督、安全防范以及楼内各类设备的运行管理等,它是航站楼管理的核心,是楼内旅客服务和驻场单位服务的最高协调管理机构。除此之外,机场还可根据实际需要设立诸如交通控制中心、设备管理中心等其他功能中心,负责各自区域的协调管理工作。

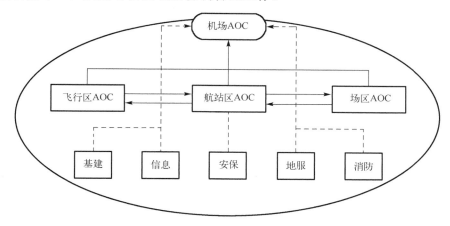

图 5.14 AOC 机场运行图

AOC/TOC 管理模式的核心理念是"集中指挥+分级管理",即以分块化的运行机制为基础,坚持机场群全局层面的统一指挥,通过对业务流程的梳理和优化,最大限度地减少多机场之间协调的工作量,将区域管理的职能和责任下放给分区的管理中心。一般来说,AOC 负责航班信息的发布、机桥位分配、飞行区飞机滑行的调度指挥,所以 AOC 都基本配置了航班信息管理系统、桥位分配系统、二次雷达和场面监视雷达;TOC 负责候机楼内的航显信息、广播的发布以及行李登机桥、电梯、楼宇等设施设备的监控和报修、安全服务质量的监管,所以 TOC 都基本配置了航显发布操作终端、广播控制、行李等设备的监控终端、闭路电视(Closed Circuit

Television，CCTV) 等[17]。机场运行模式直接决定了生产运行环境的构建，也导致了生产过程角色的定义以及角色之间的关系，同样也就决定了运行控制系统的功能划分和边界划分。因此，展开机场运行模式下的业务流程研究是基础和核心。通过研究从单一机场运行模式过渡到面向枢纽机场的多楼多跑道 AOC/TOC 运行模式，建立跨区的多功能中心业务协作流程规范体系，才能更好地为基于 AOC/TOC 运行模式的机场运行控制系统研制提供设计指导基础。

5.2.2　AOC/TOC 特点

AOC 的成立可以说是运行指挥机构的雏形或是试运行，为之后机场指挥机构的建设提供了基础和经验。同时结合国际大型枢纽机场的管理，大体上都以 AOC/TOC 管理模式运行，AOC 主要负责飞行区内的整体运行，包括运行指挥、机坪管理和应急指挥，同时 AOC 具备高度的信息集成系统并且拥有一些高端的设备。有了这样的经验和借鉴，我们更加清楚机场运行指挥未来的发展道路，更加明确运行管理机构为推动机场整体运营效率和长远发展所要承担的职能。

AOC 对机场保障起着重要作用，它具有以下几个特点：

(1)清晰明确的组织架构。AOC 采用扁平化组织结构，使信息传递更加快速有效，更能对机场保障过程中出现的特殊情况做出快速反应，大大提高了管理质量。

(2)完整准确的信息传递渠道。AOC 高效搜集、整理、发布和跟踪涉及航班信息，使信息发布贯穿整个保障过程，做到信息传达的全面准确到位。

(3)合理的人员配置。AOC 采取驻场单位联席办公的模式，整体配备的人员由具有决定权和处置权的机场领导、经验丰富的基层管理人员以及各单位的业务骨干组成。

(4)完善的例会制度。AOC 对航班保障情况进行总结，又对以后的保障工作进行计划布置，以便提高总体运行保障效率。

AOC 的运行模式取得了阶段性的成功，但由于其设立时的时效性和针对性，其运行情况也存在一些局限和不足。首先，AOC 的主要工作内容集中在信息的传递，职能略显单一。其次，席位设立仅包含机场保障单位。

随着枢纽化的不断发展，机场运行指挥部门在机场运营中起到的作用越来越突出，它是机场加强自身建设和全面管理的关键所在。优质高效的运行指挥体系可以为机场的长远发展发挥作用和创造效益。

5.2.3　AOC/TOC 业务流程

机场运行模式直接决定了生产运行环境的构建，也决定了生产过程角色的定义以及角色之间的关系，同样也就决定了运行控制系统的功能划分和边界划分。因此，展开机场运行模式下的业务流程研究是基础和核心。通过研究从单一机场运行模式过渡到面向枢纽机场的多楼多跑道 AOC/TOC 运行模式，建立跨区的多功能中心业务协作流程规范体系，有利于为基于 AOC/TOC 运行模式的机场运行控制系统研制提供设计指导基础。新的运行模式下的业务流程体系应做到[77]：

(1) 反映航班保障和旅客服务的时序性以及航班和旅客属性的多样性。基于 AOC/TOC 运行模式下的业务流程架构的设计，需体现机场生产运行的关键点，即将具有时序性的流程定义为服务导向的流程，体现机场服务价值链的关联关系。服务导向的流程包含航班保障流程、旅客服务流程，按照航班运行的时序性特点和旅客服务的先后顺序特点对流程进行梳理；将不定期出现或贯穿在日常生产运行中时时刻刻都在执行的流程定义为事件导向的流程。事件导向的流程包含故障处理流程和 AOC/TOC 的运行模式流程，这类流程贯穿于航班保障和旅客服务过程之中，随时发生或始终执行。同时，流程体系还需要兼顾航班属性和旅客性质的多样性，分别描述机场在处理不正常航班等不同性质的航班，以及要客贵宾等不同性质的旅客时的生产运行过程。

(2) 跨业务的流程梳理。基于 AOC/TOC 的流程架构是以角色为最小单元，将机场航班保障与旅客服务作业过程中需要处理的事务分配到特定的角色岗位上。如果角色之间存在事务交接或信息交换，则通过业务和信息流向的方式在流程体系中体现，由此来消除业务之间工作衔接的断层。每个角色对应业务活动可以通过合并、分拆的方式与未来实际的职能进行对应。

经过重构，基于 AOC/TOC 运行模式下的业务流程体系主要包括：

1) 航班保障流程

根据 AOC/TOC 运营模式中设计的角色或席位，按照航班的进港、停场和出港的时序过程和航班性质(正常航班和不正常航班)，完成对航班的运营保障流程。航班保障流程包含：

(1) 次日航班保障资源准备流程；
(2) 飞机地面引导流程；
(3) 登机桥靠桥流程；
(4) 登机桥撤桥流程；
(5) 航空器航前勤务保障流程；
(6) 航空器短停勤务保障流程；
(7) 航空器航后勤务保障流程；
(8) 航空器航前维护保障流程；
(9) 航空器短停维护保障流程；
(10) 航空器航后维护保障流程；
(11) 进港行李卸机搬运流程；
(12) 出港行李装机搬运流程；

(13)特种车辆保障流程；

(14)飞机油料保障流程；

(15)客舱清洁保障流程；

(16)航班清舱流程；

(17)专机内部协调处理流程；

(18)航班载重平衡处理流程；

(19)不正常航班载重平衡处理流程。

2)旅客服务保障流程

根据 AOC/TOC 运营模式中设计的角色或席位，以进港旅客和出港旅客为主线，按照旅客性质、特殊航班旅客、中转航班旅客、两舱旅客、不正常航班旅客等完成对旅客服务的保障流程，反映旅客服务过程的时序性。

旅客服务保障流程主要包括以下流程：

(1)国内航班旅客服务内场指挥协调流程；

(2)国内航班旅客到达引导流程；

(3)国内航班值机服务流程；

(4)国内航班登机服务流程；

(5)国内航班要客进港服务流程；

(6)国内航班要客出港服务流程；

(7)国际航班旅客服务内场指挥协调流程；

(8)国际航班旅客到达引导流程；

(9)国际航班值机服务流程；

(10)国际航班登机服务流程；

(11)国际航班要客进港服务流程；

(12)国际航班要客出港服务流程；

(13)地区航班旅客服务内场指挥协调流程；

(14)地区航班旅客到达引导流程；

(15)地区航班值机服务流程；

(16)地区航班登机服务流程；

(17)地区航班要客保障内场指挥协调流程；

(18)地区航班要客进港服务流程；

(19)地区航班要客出港服务流程；

(20)专机旅客进港服务保障流程；

(21)专机旅客出港服务保障流程；

(22)不正常航班内场指挥协调流程；

(23)国内备降航班旅客服务流程；

(24) 国际备降航班旅客服务流程;

(25) 地区备降航班旅客服务流程;

(26) 国内返航航班旅客服务流程;

(27) 国际返航航班旅客服务流程;

(28) 地区返航航班旅客服务流程;

(29) 取消航班旅客服务流程;

(30) 进港延误航班旅客服务流程;

(31) 出港延误航班旅客服务流程;

(32) 中转航班旅客服务流程(国内-本站-国内);

(33) 中转航班旅客服务流程(国内-本站-国际);

(34) 中转航班旅客服务流程(国际-本站-国内);

(35) 中转航班旅客服务流程(国际-本站-国际);

(36) 国内航班两舱旅客出港服务流程;

(37) 国际航班两舱旅客出港服务流程;

(38) 地区航班两舱旅客出港服务流程。

3) AOC/TOC 支持流程

AOC/TOC 的支持流程主要反映功能中心各岗位在日常的生产运作中的指挥、协调、信息处理过程。AOC/TOC 的事务处理过程也是事件导向型,没有特定的时序关系。

AOC 支持流程如下:

(1) 季度航班计划处理流程;

(2) 次日航班计划处理流程;

(3) 要客次日航班计划处理流程;

(4) 航班基础信息维护处理流程;

(5) 次日机位/登机门分配计划处理流程;

(6) 当日机位/登机门调整处理流程;

(7) 大面积航班延误机位/登机门调整处理流程;

(8) 进港航班动态信息处理流程;

(9) 出港航班动态信息处理流程;

(10) 航班进港延误信息处理流程;

(11) 航班出港延误信息处理流程;

(12) 航班备降信息处理流程;

(13) 航班取消信息处理流程;

(14) 航班合并信息处理流程;

(15) 航班滑回/返航信息处理流程;

（16）临时新增航班信息处理流程；

（17）要客信息动态处理流程；

（18）AOC 专机保障流程；

（19）应急指挥处置流程。

4）故障报告流程

机场的故障发生是事件驱动的，不同故障之间并没有明显的次序关系。因此，故障报告流程的结构只按照航班保障、旅客服务和安全防护三大业务类别进行流程分类。故障报告流程与正常情况下的生产作业流程之间存在接口，即在正常的作业环节，如果发生系统或设备故障，就会转入故障报修环节，而这个环节的流程就会反映出生产作业人员如何报告故障并配合故障的维修进行后续的处理。

故障报告流程也是生产作业流程与 AOC/TOC 支持流程之间的一个桥梁。当生产作业人员按照故障报告流程将报修请求传递给 AOC/TOC 的报修处理席位时，报修处理席位就可以按照 AOC/TOC 支持流程中的报修接收处理流程继续对报修请求进行处理，并给生产作业人员相应的反馈。

5.3　异构智能信息交换平台

用于支撑枢纽机场运行的业务系统多达数十个，而不同的业务系统往往由不同的公司开发。由于不同公司所采用的接口标准、软件技术可能不同，往往导致这些业务系统之间无法完成机场业务所必需的大量业务数据交换和服务调用的诉求，这就是所谓的异构系统之间的通信问题。

业界常用 Corba 和 WebService 等远程接入技术解决异构系统之间的通信问题，用 XML 描述语言完成异构信息之间的相互转换。

5.3.1　XML 技术概述

XML（Extensible Markup Language）即可扩展标记语言，是一种具有数据描述功能、高度结构性及可验证性的置标语言，经 W3C 组织审阅已成为 Web 应用标准之一[78]。XML 允许用户自行定义标记和属性，以一定的层次结构化地表示数据，然后依照所定义的标记与属性的语法来开发应用程序。这种灵活的文本数据存储形式可方便地用于任何平台，并为不同语言及组件之间的数据存取、处理、交换与转换等操作提供了方便。

XML 实际上是 Web 上表示结构化信息的一种标准文本格式，它没有复杂的语法和包罗万象的数据定义。XML 同超文本标记语言（HyperText Markup Language，HTML）一样，都来自标准通用标记语言（Standard Generalized Markup Language，SGML）。XML 继承了 SGML 的许多特性[79]：

(1)可扩展性。XML 允许使用者创建和使用他们自己的标记而不是 HTML 的有限词汇表,企业可以用 XML 为电子商务和供应链集成等应用定义自己的标记语言,甚至特定行业一起来定义该领域的特殊标记语言,作为该领域信息共享与数据交换的基础。

(2)灵活性。HTML 很难进一步发展,就是因为它是格式、超文本和图形用户界面语义的混合,要同时发展这些混合在一起的功能是很困难的。而 XML 提供了一种结构化的数据表示方式,使得用户界面分离于结构化数据。所以,Web 用户所追求的许多先进功能在 XML 环境下更容易实现。

(3)自描述性。XML 文档通常包含一个文档类型声明,因而 XML 文档是自描述的。不仅人能读懂 XML 文档,计算机也能处理。XML 表示数据的方式真正做到了独立于应用系统,并且数据能够重用。XML 文档被看作是文档的数据库化和数据的文档化。

此外,由于可以通过标记来描述数据,或配合属性来辅助描述数据,因此十分适合用于对象或者标准的描述语言,并且由于可以借助验证规则来规范一个 XML 文件的内容和结构,所以又很适用于 B2B 或 B2C 的数据交换格式。

5.3.2　XML 技术特性

XML 的出现为信息共享平台的实现提供了一种可行手段。XML 本身所具有的特征使其成为目前信息资源集成的很好的技术和工具,同时由于具有标准的数据格式,可以为多个用户所使用。将 XML 技术应用于信息共享平台具有如下优势[80]:

(1)XML 具有平台无关性,具有良好的可扩展性、跨平台移植性和自描述性等优点。它支持多操作系统、多语言和多部门之间的数据交换,支持不同的开发工具(如 Java,C++等),利用 XML 进行信息共享平台的开发不需要替换现有系统,可以避免各种不同协议、平台、主机和结构带来的不便。

(2)XML 有利于数据集成,可以解决异构数据源之间的兼容问题,便于异构数据源之间的数据交换和共享。目前大多数信息数据库都支持 XML 格式的数据查询和转换,即使数据不支持直接 XML 数据转换,也可以利用应用程序进行基本的转换工作。

(3)XML 独立于平台和设备,具有描述数据内容和格式分开的特性,可以使基于 XML 的方法描述的数据非常适合于在松散耦合的不同系统之间进行数据交换。如果利用 XML 文档作为中间文件来实现异构数据库之间的信息交换,只需要将信息从源数据库中提取出来,转换成 XML 文档,再将 XML 文档中的信息利用一定的工具提取出来存入目的数据库中就完成了信息的迁移。XML 使每个系统都将其内部的数据格式转换成行业标准的基于 XML 的数据格式,因此采用 XML 技术,进行数据的交换和共享。

在信息共享平台的数据交换解决方案中，采取以下技术：

(1)交换的数据均基于 XML 方式进行交换；

(2)在数据的传输过程中对数据进行加密，保证数据的安全；

(3)数据交换模块作为一个独立的应用服务组件，运行于应用服务器中；

(4)数据交换的过程采用基于消息的异步方式，通过消息中间件来实现；

(5)数据交换模块提供 API，供后续开发系统使用。

在数据交换模块的设计中，为每个分平台均配置一个数据交换模块，完成该分平台与其他横向分平台之间的数据交换。数据交换模块主要由三部分组成：XML 解析器、交换终端、消息中间件和网关接口。XML 解析器与监控系统的数据库中心相连，负责数据的采集、转换；交换终端负责消息的加解密、消息的路由管理等；消息中间件负责数据在网络环境下的传输。

基于 XML 的信息共享平台的数据交换模块具有以下技术特点[81]：

(1)简单性。XML 是一个精简的 SGML，XML 的设计初衷之一是避免 SGML 的复杂性，因此 XML 数据格式设计简单，不仅方便计算机处理，人也可以很容易地读懂，格式上的简单便于应用程序编写、浏览、移植和传输。

(2)自描述性。XML 可用于明确地表示一个数据模型的各个部分的意义，这就是自描述性。即可以通过察看 XML 文档中特定数据旁的标记，知道该数据的意义。因为它的自描述性，文档里的数据可以由支持 XML 的应用来创建、查询和更新，与处理传统的关系数据库和面向对象数据库里的数据相似。XML 甚至还能用来表示那些以前不被看作文档但是对传统的数据库来说过于复杂而难以处理的数据。

(3)可扩展性。XML 让使用者创建和使用他们自己的标记，而不仅限于使用有限词汇表。可扩展性是至关重要的，因为不仅企业希望用 XML 为电子商务和供应链集成等应用定义自己的标记语言，甚至各个行业也希望能够定义它们所在行业的标记语言，以作为行业的信息共享和数据交换的标准。

(4)灵活性。XML 提供了一种结构化的数据表示方式，使得用户界面与结构化数据相分离。在 XML 中，可以使用样式表，如可扩展样式语言(Extensible Style Sheet Language，XSL)将数据呈现到浏览器中。另外，XML 文档之间的超链接功能由独立的可扩展链接语言(Extensible Linking Language，Xlink)来支持。所有这些方面都可以相互独立地改进并同时发展。所以，Web 用户所追求的许多先进的功能在 XML 环境下更容易实现。随着简单对象访问协议(Simple Object Access Protocol，SOAP)的引入，XML 可支持各种分布式应用程序。

(5)开放的国际化标准。XML 是由 W3C 定义的，是一种公开的标准，它不依赖于某厂商，而是独立于平台，并且 XML 具有标准的域名说明方法，支持文档对象模型标准、可扩展类型语言标准、可扩展链接语言标准和 XML 指针语言标准。因此使用 XML 可以在不同的计算机系统间交换信息。

5.3.3　XML 技术的运用

XML 的设计目标之一是取代 HTML，为新出现的复杂的 Web 应用提供标准的互联网语言。然而，由于 XML 在可扩展性、可移植性和结构性等方面的突出优点，它的应用范围早已突破了 HTML 所涉及的范围，其应用领域越来越广泛。目前 XML 应用于以下一些方面[81,82]：

(1) 作为行业信息标准化的工具。XML 被广泛地应用于数据格式标准的制定。

(2) 同一数据以多种显示方式应用在不同场合。XML 一大优点是将显示格式从数据内容中独立出来，保存在样式表文件 (Style Sheet) 中。通过将结构、内容和表现分离，同一个 XML 源文档只写一次，可以用不同的方法表现出来。

(3) 数据交换。由于其可扩展性和文档中使用元数据的特点，XML 使得不同计算机应用系统之间交换数据变得非常容易，尤其在电子数据交换 (Electronic Data Interchange，EDI)、Agent (智能体)、软件设计元素的交换等领域有着重要应用。

(4) 数据集成。XML 能用来描述包含在不同应用中的数据，从 Web 页面到数据库中的记录，Web 应用的中间层服务程序将这些用 XML 表示的数据组合起来，然后直接传送给客户端或提交给其他服务程序进行进一步处理。

(5) 分布式计算。可将大量运算负荷分布在客户端，减轻服务器的压力。客户可根据自己的需求，选择制作不同的应用程序来处理数据。而服务器只需发出同一篇 XML 文档，XML 将处理数据的主动权交给客户，服务器所要做的只是尽可能地将数据完整准确地封装成 XML 文档。XML 文档的自解释，使客户端在收到数据的同时也理解数据的逻辑结构含义，从而使广泛通用的分布式计算成为可能。

(6) 作为其他技术的基础。XML Web Service 是通过标准的 Web 协议可编程访问的 Web 组件，它最大的特点是将分布式计算从局域网扩展到 Internet 上。Web Service 成功的关键之一是采用了 XML 语言。

5.3.4　IMF 平台

机场业务系统之间的准实时数据交换、数据服务和多重调用诉求很难用业界常见的技术加以解决，分布式 IMF 平台处理引擎技术能够较好地解决这个问题。

通过开发分布式 IMF 平台处理引擎技术，在 IMF 平台的整体运行框架和管理工具作用下，可同时管理多个平台处理引擎实例。该平台较好地解决了平台的接入数量扩展、平台的高容错性和负载均衡等重大问题。特有的引擎消息重组加速技术，很好地解决了平台接入扩展所带来的接口协议自适应问题。该技术有以下特点：

(1)支持多种接入方式,利于多个异构业务系统的灵活访问。IMF 平台的多协议支持示意图如图 5.15 所示。

(2)支持业务消息发布/订阅,根据业务主题建立消息分发机制,发布订阅模式示意图如图 5.16 所示。

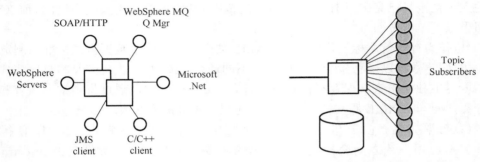

图 5.15　多协议支持示意图　　　　　图 5.16　发布订阅模式示意图

(3)支持 Web Services 访问,采用异构智能信息交换平台可以实现:

①业务系统的合理分解。在需求定义的基础上,业务系统通过领域分析和业务用例识别、发现备选服务(功能);从业务的视角来看,领域包括了一系列功能区域,这些功能区域将是业务系统进行分解时很好的备选。

②业务系统的无缝集成。通过建立面向机场运行的统一异构智能信息交换平台,消除以前信息化建设中"信息孤岛"问题,把机场各业务功能模块有效地联系起来,最大限度地发挥其效能。

③业务系统的可扩展性。通过松耦合的、统一标准的异构智能信息交换平台实现生产系统集成,并且在业务单位之间共享应用业务服务,同时通过加强基于产品的应用系统来提供对业务功能和流程的支持,提高了机场生产系统的可扩展性,同时降低了由于业务变化所带来的成本,结构图如图 5.17 所示。

图 5.17　异构智能信息交换平台结构图

5.4　动态系统体系结构

5.4.1　OSGi 技术概述

　　机场运行信息处理涉及数量众多的业务子系统，且业务范畴划分尚未有符合国际航空运输协会(International Air Transport Association，IATA)的统一规范的定义。因此，从系统架构设计上需要充分考虑其弹性诉求，确保业务逻辑的最小处理单元能在一个通用的装配环境中通过"积木式"构建关系快速搭建出业务系统。上述需求的落地是机场运行智能化的系统底层基础问题。而传统的体系结构过于依赖静态配置文档和业务代码中自定义的非规范接口，无法实现设计之初的"积木式自由装配"。

　　开放服务网关(Open Service Gateway Initiative，OSGi)是一种结构化的框架系统[83]。OSGi 技术一般使用 Java 编程语言进行编写设计系统，以插件化的模式进行模块化的开发，这样设计开发的系统从结构和内容上都是比较容易理解的，这些组件具有非常高的重用性。OSGi 技术良好的特性受到开源组织、研究机构和开发者的喜爱，OSGi 有很多优良的特性，其中最受人追捧的就是软件组件的热插拔性能和非常高的可复用性。到现在为止，越来越多的企业和厂商开始完全支持 OSGi 技术，近些年，由于技术的不断发展和完善，也被越来越多的人称为 Universal Middleware，这样主要是让 OSGi 不再受编程语言的限制，使其变为所有编程语言通用的开发模型。OSGi 主要是以模块化的方式进行设计和开发的，OSGi 中的每个模块都是一个 Buddle，每个 Buddle 都是一个单独的插件系统，每个 Buddle 之间都可以通过 OSGi 的规范化的数据交流方式进行交换和共享，OSGi 中的 Buddle 都可以根据业务的需求进行实时的修改、启动、加载和卸载。OSGi 的技术结构图如图 5.18 所示。

　　OSGi 技术是面向 Java 的动态模型系统，OSGi 服务平台向 Java 提供服务，这些服务使 Java 成为软件集成和软件开发的首选环境。Java 提供在多个平台支持产品的可移植性。OSGi 技术允许应用程序使用精炼、可重用和可协作的组件构建的标准化原语，这些组件能够组装进一个应用和部署中[84]。

　　整个 OSGi 技术涉及三个层面概念：

　　(1)模块(Bundle)。一个独立的 ClassLoader 运行环境，可以动态管理多个组件。

　　(2)组件(Component)。对外提供 Service；使用其他 Component 提供的 Service；交由 OSGi 框架管理生命周期。具备以上三点之一的 Java 对象就可以定义为 Component。

　　(3)服务(Service)。在 OSGi 框架中，Service 是个实际的概念，通过 Service 的

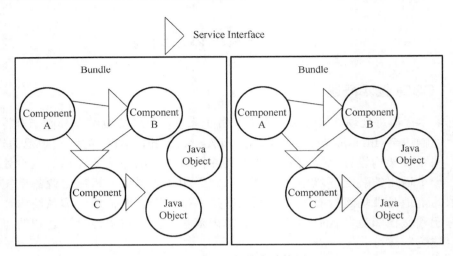

图 5.18　OSGi 的技术结构图

方式来实现 Bundle 之间的依赖，和 Import-Package、Require-Bundle 不同的地方在于通过 Service 获取的是其他 Bundle 中类的实例。

　　通过研制支持热插拔和灵活部署的动态系统，引入 SOA 理念，基于模块化、组件化和服务化的设计思路，将民航机场生产运营业务拆分为多个标准模块(Bundle)以及不可再分解的业务组件集合，在动态容器的环境中，完成可支持热插拔和灵活部署的动态业务系统。动态系统体系结构主要包括：

　　(1)业务逻辑化。按照 SOA 的设计思想，结合对机场生产运营各个业务操作的理解，将粒度划分合理的业务逻辑转化为一个个组件，以达到代码的最大重用率。业务逻辑按照 OSGi 规定的三种粒度来加以实现。

　　(2)业务系统可插拔化。可通过系统指令安装新的组件、更新或停止现有的组件来实现系统功能的插拔。

　　(3)系统行为可动态改变。完全按照面向同一个接口编程的多个具体实现组件，能在执行环境中随时改变实现的行为来真实反映生产运营的场景变化。

5.4.2　OSGi 技术特性

　　目前为止，传统的企业级应用开发已经不能很好地适应当下软件开发的需求了。这些年来，普遍用到的技术为 J2EE，它目前被应用于企业应用系统的开发，但是众所周知，系统的业务需求是不断变化的，而且有时候需要功能大幅度的变动，必然导致软件设计的难度不断地提高，这时候就会难以满足需求。这也是很多企业级应用必然会出现的问题。

　　由于 OSGi 提供的模块化优良特性，可以充分发挥其优势去解决上述难题。OSGi

技术具有很灵活的动态性，上一节也介绍了 OSGi 技术的关键技术是模块和服务。模块是标志性的技术要领，是区别其他技术的明显的分隔符，服务是 OSGi 技术为支撑业务功能所采用的一系列的保护措施。其次，OSGi 框架具有耦合度低、模块插件化的开发结构，实时动态的修改和删除等一系列优良的特性。

由于 OSGi 技术的应用越来越广泛，因此也越来越受开源组织、研究人员的关注。OSGi 还会不定期地举办研讨会，如讨论如何描述各种不可用服务的状态，怎样能够更快速部署和重新部署 OSGi 应用，研究一个像 SSH 一样通用的架构如何用于开发，以及怎么更加合理地利用资源文件，还将在研究 OSGi 的基础上讨论跨越该框架的子系统。OSGi 之所以这么受关注，是因为其拥有软件模块化设计的优良特征，如模块化、动态性等。

OSGi 技术规范中明确定义了模块的交互方式。OSGi 中每一个模块称为一个包，即 Bundle，OSGi 通过使用标识号进行服务的调用和发布，这个具体的代码标志符号将在后面的实现部分进行详细的说明，包括对除了自己之外的 Bundle 提供 Service，也可以使用别的包提供的对外服务，这样可以方便地进行信息的交互和实现，这里所谓的服务就是一个模型、一个服务库，其中的对象可以通过所提供的接口进行传递。服务库和 OSGi 规范一样是动态的，是可以根据需求进行实时调整和改变的，服务用户可以在服务被删除以及切换后立即换到另一个服务的状态中去。Bundle 中的模块可以将自己与业务需求有关的部分注册成为服务，并利用 OSGi 技术的内核框架来管理这些注册成功的服务。OSGi 还是动态化的，开发者在使用 OSGi 技术规范进行开发时，可以利用 OSGi 良好的动态性实时修改任何一个模块，而且不需要重启服务器。

目前，许多公司都在用 J2EE 做企业级的应用，由于需求的不确定性，使得系统有些方面的功能难以满足现实需要，并且这也是很多企业级应用不可避免的问题。如果出现了这个问题，此时需要反过来改动系统，通常一个很小的需求变化，可能需要对整个系统进行重新构建。另外，使用系统的用户不是一成不变的，随着系统的使用，用户量也会慢慢地增加，这时候系统的响应速度就是一个必须面对的问题。通过研究 OSGi 技术发现，OSGi 技术的动态性很好地解决了上述问题。首先，OSGi 技术的主要核心内容是核心和服务，核心即支持运行的部分，服务是 OSGi 技术工作的保障；其次，OSGi 框架的特点就是插件化、松耦合、可扩展和动态性；面向 OSGi 服务也是一个非常重要的特性，这也很好地解决了动态加载服务的问题。OSGi 技术的这些特性使得基于 OSGi 开发企业级应用越来越受到人们的重视。由于 OSGi 技术开发的构件是工程级别，具有高度的自治性和一致性。对于软件公司而言，所有项目以统一的基础、开发方式和部署方式来完成，不仅有利于软件构件知识的积累和复用，也有利于公司建立培训知识体系。基于 OSGi 构件能快捷地适应市场，将产品或模块设计成可插拔的、可动态改变行为的、稳定的、高效的、规范的、可扩展的模块，以达到最大程度的复用，并提高开发、测试效率。OSGi 最主要的特性包括模块化和动态化^[85]：

1）模块化

OSGi 明确定义了模块的交互方式。第一种是以 package 方式交互：每个 Buddle 都可以通过信息描述来声明 import 或者 export 来实现代码和资源的共享，OSGi 框架的作用是对这些相互依赖关系进行剖析，并使这些代码能够相互结合正常工作。通过 export-package（导出包）对外提供 packages；通过 import-package 使用其他模块的 packages。第二种是以 service（服务）的方式进行交互：每一个模块会将服务进行注册，这些注册成功的服务是由 OSGi 内核框架进行管理的，其他的模块可以动态地加载这些服务，也就是说在这些服务被使用的时候才去动态地寻找需要的服务，找到这些服务之后再进行加载。一个模块实现一个接口，可以将这个接口发布为服务，当其他的模块使用到这个模块的服务时，通过服务注入和引用的方式实现服务的调用。

2）动态化

（1）OSGi 技术的生命周期可以进行动态地管理。这种动态管理指在开发中可以动态地管理模块的各个生命周期的状态，而不用重新启动容器。如果需要开发一个复杂的应用，由于应用的复杂性，开发者势必将对这个应用进行功能模块的划分，传统的应用开发中如果需要改变任何一个模块都需要重新启动服务器而使得改变生效。然而 OSGi 技术的动态性会让开发者随时改变任何一个模块并且不需要重启服务器。前提是开发者的应用是完全符合 OSGi 规范的。模块只有在需要的时候才会去寻找和加载，极大地减轻了开发者的负担。从一定程度上讲，OSGi 技术非常适合开发模块化的 Java 应用。

（2）OSGi 技术支持模块生命周期的自动管理。在项目开发中，OSGi 能动态地发现所需的服务并自动注入，当所注入的服务不再可用时则将其自动删除。开发者不需要关心服务使用完成之后是否仍然占用资源的问题，OSGi 会动态地发现这些不使用的服务并主动将其删除。

（3）OSGi 技术支持动态的配置管理。动态配置管理是指在开发中，可以在模块的运行期动态地调整配置，在配置动态调整的过程中，会自动通知相应感兴趣的组件。

5.4.3　OSGi 技术构件开发

OSGi 技术所具有的模块化特性使其能够基于构件进行软件开发。构件的开发即插件工程的开发，每一个插件工程的信息都会在这个插件的配置文件中进行详细的配置。在开发的构件中，会根据业务功能进行服务的发布和插件包的导出，在另外的插件中如果使用到了其他插件的服务，就可以通过前面介绍的包导入的方式或者服务引用的方式进行交互使用。一个功能模块中可能会包括多个插件，这些插件交互配合进行工作。基于构件的开发可以模块化地开发机场信息集成系统，并且可以重构机场信息集成系统的功能，通过对构件的组装来完成系统功能的变化，甚至可以满足机场信息集成系统定制化的需求[85]。

OSGi 规范中最为重要的部分是框架规范，它不仅为 OSGi 技术框架系统制定了规范的运行环境，而且还保证了 OSGi 规范化的系统开发和动态的系统部署。OSGi框架分为 4 层：L0 运行环境、L1 模块、L2 生命周期管理、L3 服务注册，同时安全系统包含在所有层中。OSGi 技术架构如图 5.19 所示。

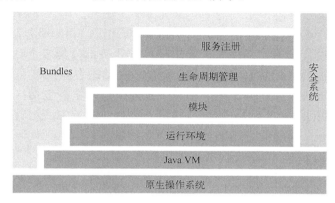

图 5.19　OSGi 技术框架

L0 层执行环境是 Java 环境的规范，如 J2SE、MIDP、CDC、CLDC 等，都是符合标准的执行环境。OSGi 技术平台现在已经规范化了一个执行条件，它是基于基础的技术轮廓，以及在执行环境中已经确定的最小需求的一个相对微小的变形方案，该执行方案对 OSGi 技术组件化是非常有用的。

L1 模块层定义 OSGi 中 Java 类的类加载过程。OSGi 框架基于 Java 语言，但是通过封装增强了模块化的功能。在 Java 中，一般的情况下都需要包含一个所有类和资源的路径字符串。OSGi 模块层不仅为一个模块增加了私有类，同时也可以控制模块间的联系。模块层和安全架构良好地集成在一起，所以使用者可以考虑把系统部署到 Java 服务器系统，构建一个封闭的、防御的系统，或者由厂商自行决定的系统。

L2 生命周期层增加了 Buddle 的管理，这些 Buddle 可以动态安装、加载、关闭、更新和删除。它依附于具有类加载功能的模块层，但是又增加了模块化的 API 来增强模块的管理。生命周期层加入了动态扩展性，但是正常情况下它却不属于任何一个存在的应用程序。扩展依赖机制用于保证系统环境的正确性。

L3 层增加了服务注册。服务注册主要是考虑到动态的协作，它提供了一个面向

Buddle 的协作模型。Buddle 之间通过传统的 Java 类来实现相互的共享交流，但是类共享和动态安装、卸载的代码之间是不能很好兼容的。服务注册定义了大量的类和方法来处理服务的注册和销毁。

安全系统为各个层次提供安全保障，其安全机制是建立在 Java 编程语言的安全模型基础上的。语言的设计限制了很多结构。Java 语言通过使用访问控制符来设置代码可见的级别。OSGi 平台通过使用 Private 类（在 Java 中是对外部的类不可见的）来扩展该模型。Java 安全模型针对资源的可访问性提供了一个完整模块的检查代码。在 OSGi 技术中增添了完全动态的权限管理方法，从操作层面上简化了使用者的工作量，并降低了工作难度。

通过研制支持热插拔和灵活部署的动态系统，引入 SOA 理念，基于模块化、组件化和服务化的设计思路，将民航机场生产运营业务拆分为多个标准模块（Bundle）以及不可再分解的业务组件（Component）集合，在动态容器的环境中，完成可支持热插拔和灵活部署的动态业务系统。动态系统体系结构主要包括：

（1）业务逻辑化。按照 SOA 的设计思想，结合对机场生产运营各个业务操作的理解，将粒度划分合理的业务逻辑转化为一个个组件，以达到代码的最大重用率。业务逻辑按照 OSGi 规定的三种粒度来加以实现。

（2）业务系统可插拔化。可通过系统指令安装新的组件，更新或停止现有的组件来实现系统功能的插拔。

（3）系统行为可动态改变。完全按照面向同一个接口编程的多个具体组件，能在执行环境中随时改变实现的行为来真实反映生产营运的场景变化。

5.4.4　OSGi 技术的优势

对于不断增长的航空旅客客运量，航空公司不仅亟须扩大运营管理能力，而且还要对机场生产管理做出适应性的调整，以确保机场日常的生产管理功能正常运作。随着信息技术的快速发展，机场信息化管理是解决机场目前问题的重中之重，所以为了确保机场高效完成日常的业务，有必要建立高效的信息化管理系统。机场出现的问题需要通过现代化的科技手段一步步解决，首先要充分地研究和学习机场业务的需求，对机场实际业务的功能进行详尽地调研分析，从而发现机场生产管理系统的核心业务功能，同时系统每个模块的数据都非常集中和易划分，所以选择模块化的开发模式非常符合机场业务系统开发的需求，而且可以完美解决开发完成的机场业务系统模块之间的开发和更新等问题。

综合以上机场生产运营系统出现的问题，可以发现，OSGi 技术非常适合模块化系统的设计和开发，以前开发的工作人员需要为每个系统设计不同的模块化的系统方案，但是这种模块化系统开发模式只是在应用层面上进行模块分割，需要在软件设计的时候充分考虑到系统设计的模块分割，也就是说模块只是应用层设计，应用层以下部分是非常臃肿的，一旦需求发生改变，会造成整体的大变动，这对于开发者无疑是个大灾难，OSGi 技术可以很好地解决目前软件设计的缺点，而且很适合机场生产管理系统的设计。由于 OSGi 技术框架拥有无可比拟的模块化结构特性，使得 OSGi 出现以后快速地发展和推广开来，相对于现在在逻辑层面普遍使用的模块化分离而言，OSGi 技术把模块化从一个只存在于文档中的模块分割变成一个真正的编程实体 Buddle。Buddle 以传统的 Java 工程文件或 JAR 包的形式展现出来，它通过在特定名字的文件中配置模块化的描述信息即可。

随着软件技术和硬件设备的快速发展，快速变化的商业环境使得软件功能变得越来越复杂、软件规模不断变大、软件需求变更更加频繁，而且及时响应新的需求、动态部署新的模块已经成为全世界软件公司面临的共同问题。OSGi 的出现让这些问题变得简单起来。OSGi 技术是一个轻量级、低耦合度、面向应用服务的程序开发框架，与其他架构相比而言，在需求实现方面，OSGi 可以动态地扩展新功能、实时修改现有系统功能和改变系统的行为；在技术实现方面，OSGi 可以规范模块的组织形式和统一软件的开发方式。使用 OSGi 框架技术开发的系统具有很多传统开发模式无法比拟的优点，包括动态地变更和修改系统功能模块，即插即用的插件构件，还有可复用性强、效率高等。因此 OSGi 技术受到了越来越多的世界开源组织、软件公司、科研单位和高级软件开发工作人员的关注，也越来越多地被应用于企业的应用开发中。

总之，OSGi 技术可利用其模块化、可重构的特点很好地应用到机场信息集成系统的开发中去。

5.5　应用案例

西安咸阳国际机场，如图 5.20 所示，是《中国民用航空发展第十一个五年计划》中确定的国内区域性枢纽机场之一和八个国内大型机场之一。西安咸阳国际机场自 1991 年 9 月 1 日通航，2019 年机场旅客吞吐量达到 4722 万人次，现机场各项基础设施是按照满足 2010 年旅客吞吐量 750 万人次、高峰小时 3200 人次的需求建设。随着航空业务量的快速增长，机场基础设施现已趋近饱和。

西安咸阳国际机场二期扩建工程将机场的运行模式由传统的多级指挥调度模式切换为基于 AOC/TOC 的多功能中心运行模式，在航站楼内设置航站楼运控中心（TOC），在信息大楼设置机场运控中心（AOC）、安保和交通中心、信息管理中心、能源管理中心，其中机场运控中心兼作应急指挥中心，如图 5.21 所示。

西安咸阳国际机场二期扩建工程信息集成系统是以 IMF 平台为核心，依靠高效的 AODB、AMDB，遵循民航机场生产运行业务流程来驱动相关业务子系统集合而构成的一个大型、复杂的信息系统。其系统结构图如图 5.22 所示。

图 5.20　西安咸阳国际机场

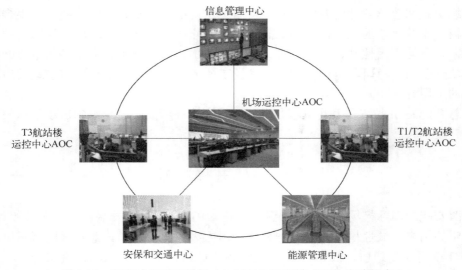

图 5.21　西安咸阳国际机场 AOC/TOC 运行模式下的多功能中心

　　IMF 平台作为一个双向通道，为每个业务系统的接入程序提供所需的业务数据以及传递该系统对外发布的数据。该接口形式是一个通用的数据交换模型，为众多业务系统所使用，主要包括内部和外部以及与 T1/T2 的信息接口。

　　内部接口包括：

　　(1)安检信息管理系统；

　　(2)行李分拣系统；

　　(3)航班信息显示系统；

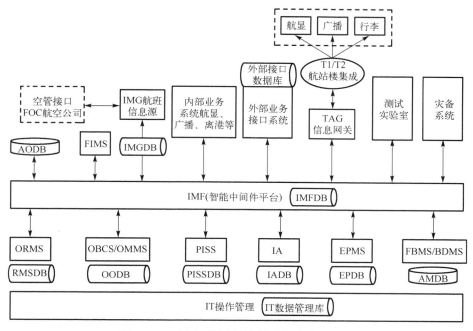

图 5.22　西安机场运行控制系统总体结构图

(4) 公共广播系统；

(5) 安防系统；

(6) 离港控制系统；

(7) 楼宇控制系统；

(8) 停车场收费管理系统；

(9) 商业 POS 系统。

外部接口包括：

(1) 空管 ATC；

(2) 中航信；

(3) 基地航空公司；

(4) 非基地航空公司；

(5) 货运代理公司；

(6) 地面服务代理公司；

(7) 联检单位(海关/边防/检疫/安全)；

(8) 公交公司/出租车公司；

(9) 其他信息服务提供商；

(10) 信息大楼数据中心。

西安咸阳国际机场二期扩建工程信息集成系统启用以来，系统运行正常、稳定可靠，达到和实现了以下技术指标：

(1)后台处理能力满足年 3100 万人次和年 23 万起降架次。高峰小时不少于11147 人次的旅客吞吐量和高峰小时不少于 72 起降架次航班；

(2)工作容量≥300 台工作站；

(3)信息交互平均响应时间<1 秒、信息集成系统处理的平均响应时间<1 秒；

(4)系统确保连续并大于 10 年的工作时间，每天能连续运行 24 小时；

(5)设备平均无故障时间>100000 小时；

(6)对于热备系统，在热备切换时，平均切换时间≤2 分钟，最大切换时间=5 分钟，通过事务来保证数据和业务运行的完整性和连续性；

(7)核心部件发生故障时，能在不停机的情况下自动切换到备用核心部件；

(8)灾备系统能在 30 分钟内接管所有工作，保证数据不丢失；

(9)平均故障恢复时间(MTTR)≤30 分钟。

该系统的应用实现了西安咸阳国际机场各生产运营部门在指挥中心的协调指挥下的统一调度管理以及最优化的生产运营和设备运行，为航站楼安全高效的生产管理提供信息化、自动化手段，同时为旅客、航空公司以及机场自身的业务管理提供及时、准确、系统、完整的航班信息服务。该项目的成功实施，极大地提高了西安咸阳国际机场的生产运行保障效率，产生了显著的社会效益和经济效益。

第 6 章　先进的场面活动引导控制系统

6.1　先进的场面活动引导与控制系统概述

先进的场面活动引导与控制系统，即机场综合交通控制与引导系统（Advanced Surface Movement Guidance and Control System，A-SMGCS），是国际上近年提出的一种解决机场场面运行安全性不高、效率低下和容量不足问题的新型运控系统[86]。A-SMGCS 能够在高密度航班流量和复杂机场环境条件下，实现对在机场场面上活动的航空器和车辆全天候实时监控和引导，从而有效地避免在机场场面上活动目标之间的冲突发生，显著地增强机场的安全保障能力[87]。特别是在能见度比较低的情况下，使用 A-SMGCS 能大幅度地提高机场运行的安全与效率。

6.1.1　A-SMGCS 系统概念

A-SMGCS 技术的前身是场面活动引导控制系统（Surface Movement Guidance and Control System，SMGCS）。1974 年国际民航组织在第 8 次空中导航会议上正式提出了 SMGCS 的概念，并明确了相应的运行要求。SMGCS 是建立在管制员、飞行员和车辆驾驶员通过目视"看见和被看见"的基础上的场面管理系统[88]。

在 20 世纪 80 年代末期，由于空中交通流量增大、跑道入侵等机场安全事故的增加，再加之新技术的出现，国际民航界在总结了 SMGCS 不足的基础上，结合当时和未来空管技术的发展，提出了 A-SMGCS 概念和构思。图 6.1 展示了欧洲制定的 A-SMGCS 实施计划。

2000	01	02	03	04	05	06	07	08	09	10	11	12	13	14	15
开始															

等级		I				II		III		IV					
监视															
控制															
路由计划															
引导															

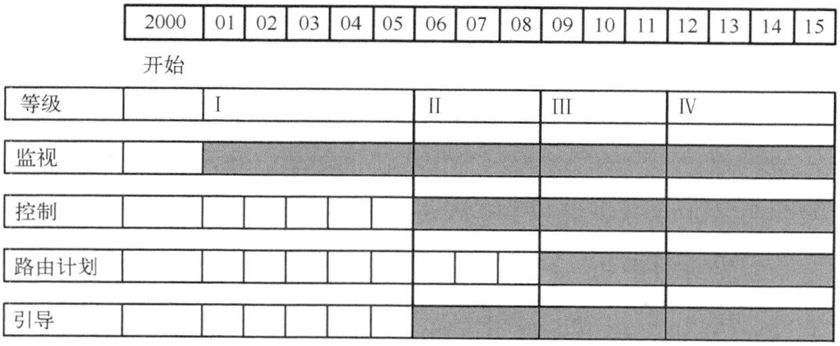

图 6.1　欧洲制定的 A-SMGCS 实施计划

A-SMGCS 的架构如图 6.2 所示。

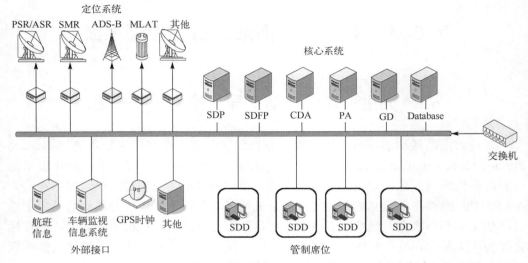

图 6.2　A-SMGCS 的架构图

A-SMGCS 主要由定位系统、外部接口、A-SMGCS 核心系统和综合数据显示终端(Synthesis Data Display，SDD)管制席位等组成。

定位系统从一次雷达(Primary Surveillance Radar，PSR)、二次雷达(Secondary Surveillance Radar，SSR)、场面监视雷达(Surface Movement Radar，SMR)、广播式自动相关监视系统(Broadcast Automatic Dependent Surveillance，ADS-B)和多点定位系统(Multilateration，MLAT)等收集定位数据，并统一数据接口网关，传送给 A-SMGCS 核心系统处理。

外部接口主要有航班信息接口，负责航班动态的接入；车辆监视信息系统，负责提供车辆的定位运行数据；全球定位系统(Global Positioning System，GPS)时钟系统提供时钟校准数据，以及其他数据信息等，为 A-SMGCS 核心系统和 SDD 管制席位提供信息服务。

A-SMGCS 核心系统中监视数据接口(Surveilance Data Port，SDP)模块负责监视数据接收及数据解码处理；监视数据融合接口(Surveilance Data fusion Port，SDFP)模块负责接收航空器与车辆监视数据、飞行计划数据、停机位数据，通过相关融合算法后，输出综合航迹信息，供 SDD 终端及冲突告警使用；冲突检测与告警(Conflict Detection and Alarm，CDA)模块负责滑行道、跑道等区域的冲突检测与告警；路径规划(Planning，PA)模块负责为航空器和车辆规划最优活动路径；引导(Guidance，GD)模块负责通过机场场面灯光系统等其他手段为航空器和车辆引导路线；数据库服务模块负责存储飞行计划数据、进程单数据等。

SDD 管制席位功能主要为地理信息显示、交通态势显示、告警显示、气象、时间信息显示、进程单操作、地图编辑、限制区域定义和用户管理等。

国际民航组织(International Civil Aviation Organization，ICAO)在 2004 年发布了《A-SMGCS 手册》[41]。此手册描述 A-SMGCS 是由监视、路由、引导和控制四个不同功能单元组成的模块化系统，可以在全天候气象条件、车辆密度及机场布局情况下，同时为航空器和车辆提供完全独立的服务，使航空器和机场场面特种车辆安全、有序地运行，提高机场场面容量和运行效率。A-SMGCS 的运行原理框图如图 6.3 所示。

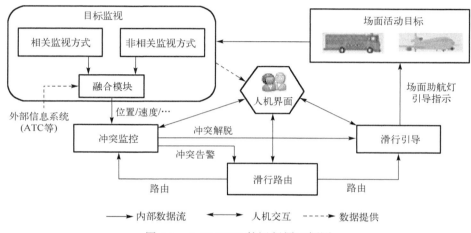

图 6.3　A-SMGCS 的运行原理框图

6.1.2　A-SMGCS 系统功能

在 2004 年，国际民航组织在其所发布的 A-SMGCS 手册中指出，A-SMGCS 应该支持的主要功能有监视、路由、引导和控制[41]。图 6.4 展示了 A-SMGCS 的各个基本功能及其相互联系。

1) A-SMGCS 监视功能[41]

(1) 提供运动区域中所有运动的精确位置信息；

(2) 对授权运动提供识别及标注；

(3) 处理监视功能覆盖区域运动的及静止的航空器和车辆；

(4) 根据引导与控制需求，能对沿路径的时间与位置数据进行更新。

此外，所有监视设备的工作状态都受系统监控，并适当地提供告警；机场需监视区域的监视数据应该提供给所有相关的管制部门；对机场需监视区域，监视需要达到一定的高度以覆盖未觉察的进近及低空直升机；进近至每条跑道的航空器应该以一定距离进行监视，在这样的距离下，进场航空器可以统一到 A-SMGCS 的操作

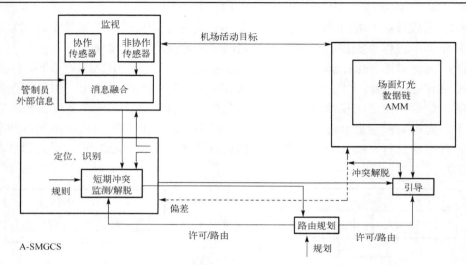

图 6.4　A-SMGCS 目标功能图

中，使得机场运行（包括航空器起飞或航空器穿越运行跑道）能得到管理；在 A-SMGCS 监视与机场邻近区域车辆监视之间应该实现无缝过渡；A-SMGCS 应该检测到任何入侵，包括对航空器运行区域的入侵，对跑道带的入侵，以及对机场管理局要求的任何指定保护区域的入侵，监视系统还应能够连续显示以上区域中未授权航空器、车辆及障碍物的位置[88]。

总之，监视功能目标为：在任何天气条件下，为 A-SMGCS 提供在机场中的所有移动车辆人员和航空器的位置与身份信息。A-SMGCS 提供的态势感知信息不仅可以提供给管制员、飞行员、驾驶者使用，还能用来激活 A-SMGCS 的引导和控制等其他功能模块。

2）A-SMGCS 路由功能[41]

（1）能够为运动区域中的每一架航空器或每一辆车辆指派行驶路线；

（2）允许在任何时候改变目的地；

（3）允许改变路线；

（4）能够满足复杂机场密集车辆的要求；

（5）不限制着陆后飞行员对跑道出口的选择。

此外，在半自动模式下，路由功能应该为管制部门指定路由提供建议信息。在自动模式下，路由功能在分配路由时，应提供充分信息以使得出现故障时或管制部门认为需要时可以进行人工干预。分派路由时，A-SMGCS 应该依照最有效的运行配置，最小化滑行距离；与控制功能交互以最小化穿越冲突；对操作变更做出响应（如跑道变更、线路维护关闭、跑道暂时危险或障碍）；采用标准化的术语或标记；能够按所有授权用户的要求提供路由；提供确认路由的方法。

　　总之，路由功能的目标为：为每一台移动车辆或航空器指明一条行进路线。在人工模式下，该条行进路线需要经由管制者接受后才能将信息传送给相关的车辆或航空器；而在自动模式下，该条行进路线将被直接传送给相关的车辆或航空器。为了路径选择的准确无误，A-SMGCS 考虑到了系统中的所有数据以及相应的参数，并且能实时地对发生的每一次变化进行反馈[89]。

　　3) A-SMGCS 引导功能[41]

　　(1) 为任何授权运动提供必需的引导；

　　(2) 为飞行员和驾驶员提供清晰的指示以允许他们沿指派的路径行进；

　　(3) 让所有飞行员和驾驶员对其指定路径保持态势感知；

　　(4) 能够接受路由的随时改变；

　　(5) 能够显示受限或不可用的路径及区域；

　　(6) 允许对所有引导辅助设备的运行状态进行监控。

　　总之，引导功能的目标为：为飞行员和车辆驾驶员提供准确、及时、清楚的指示，引导其按照路径选择模块提供的路线行进。当视觉条件允许安全、有序、快速的运输行为时，引导功能模块将提供基于标准化的可视帮助。当运输周期因为能见度低而不得不延长时，其他的地面或空中装备将有必要提供可视帮助，以保持交通流的速度，并支持引导功能[89]。

　　4) A-SMGCS 控制功能[41]

　　(1) 具有充分能力使授权运动速度最大化(动态能力)；

　　(2) 具有充分能力对时段达到一个小时的请求运动制定机场计划(静态能力)；

　　(3) 检测冲突及提供解决方案；

　　(4) 能够按预定值提供纵向间距；

　　(5) 对跑道入侵提供告警并启动保护装置(如停止牌或警报器)；

　　(6) 对滑行道入侵提供告警并启动保护装置(如停止牌或警报器)；

　　(7) 对为无线导航助航设备设立的关键及敏感区域入侵提供告警；

　　(8) 对紧急区域入侵提供告警；

　　(9) 能够利用计算机辅助管理工具；

　　(10) 保持管制员、飞行员和驾驶员在决策圈内；

　　(11) 控制一定速度范围内的运动以覆盖所有需求情况下的运行，同时考虑到运动类型；

　　(12) 在低至机场能见度运行等级的所有能见度条件下，能够保障运行；

　　(13) 能够对管制活动分配优先权。

　　除此之外，A-SMGCS 的控制功能还应该提供[41]：

　　(1) 着陆后航空器的滑入顺序或起飞航空器的滑出顺序，以保证最小延迟及对机场可用容量的最大利用；

(2) 按需要从运行活动中隔离开保障车辆与维护车辆;

(3) 按预定最小值划出机场运动间隔;

(4) 运动相对障碍物的隔离;

(5) 为了安全,按预定最小距离将所有航空器与某一特定航空器隔离。

此外,A-SMGCS 应提供足够时间的以下短期告警以便采取相应的紧急行动[41]。

(1) 短期冲突告警:当预测间距将要低于预设/预定最小值时,告警触发。

(2) 区域穿越告警:当检测到运动可能进入关键或限制区域时,告警触发。

(3) 偏离告警:当计算出的偏离将要大于预设/预定最大偏离时,告警触发。

(4) 跑道入侵告警:当检测到运动可能进入运行跑道(跑道带)时,告警触发。

(5) 滑行道(或用作滑行道的非运行跑道)或停机坪入侵告警:当检测到运动可能进入使用中的滑行道或停机坪,而其又不属于运动指定路径时,告警触发。

针对冲突预测、冲突检测和冲突解脱的情况,需要预先提供特别的中期告警以采取适当的补救措施。

总之,控制功能目标为:帮助管制员保障安全。控制功能模块必须提供对机场场面所有交通工具的控制能力,以确保移动车辆、人员、航空器之间的必要的安全距离,提供检测各种类型的冲突并解决这些冲突的能力。控制功能模块还能够触发中期和短期警报信号,中期警报信号能在警报中被修正,但短期警报信号则需要立即处理。在半自动模式中,这些警报信号可以通过管制员传送,但这需要一定的反应时间;在自动模式中,这些警报信号则可以直接传送到相关的移动车辆或航空器上[89]。一旦检测到冲突,A-SMGCS 应该自动解除冲突,或者按管制员要求,提供最为合适的解决方案。

6.2　监视数据融合技术

A-SMGCS 是一个复杂的系统,其包含四个关键技术(监视数据融合技术、冲突检测技术、路径规划技术和灯光引导技术),而监视技术为其核心技术,也是实现其他功能的前提。为了达到这些目标,大型机场监视系统通过一次监视雷达(PSR)、二次监视雷达(SSR)、地面活动监视雷达(SMR)、增强视景系统(EVS)、多点定位系统(MLAT)和差分全球定位系统(DGPS)等多种传感器对机场活动目标进行监视,以获得覆盖整个监视区域(包括跑道、滑行道和停机坪等)的活动目标的准确可靠信息,并向路由、引导和控制功能单元提供这些信息。

大型机场监视系统是一个综合了多种传感器的复杂系统,各传感器由于其功能定位的不同,获取的信息之间存在极大的互补性和冗余性,必须依据一定的规则对各传感器的接收信号和数据进行多源数据融合处理,才能获得比单一传感器数据更为精确可靠的活动目标信息[90]。因此,多种监视传感器的数据融合技术是实现监视功能的核心。

数据融合负责接收航空器与车辆监视数据、飞行计划数据、停机位数据，通过相关融合算法后，输出综合航迹信息，供 A-SMGCS 其他功能使用。融合系统内主要包括网络接收处理、飞行计划数据管理、停机位信息管理、多源数据融合处理、数据发送及数据记录功能模块。融合功能模块示意图和模块间数据流示意图分别如图 6.5 和图 6.6 所示。

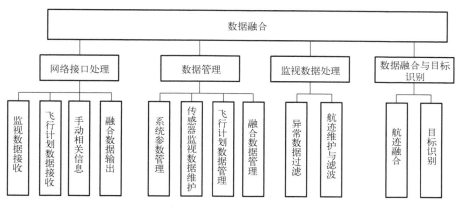

图 6.5　融合功能模块

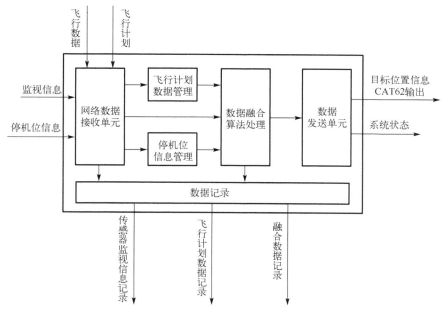

图 6.6　模块间数据流

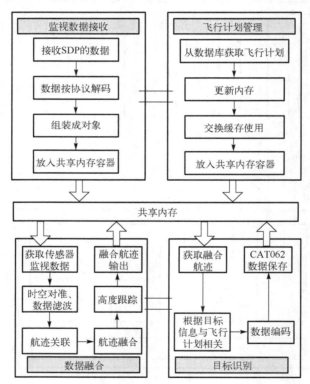

网络接口单元负责处理融合子系统与其他子系统间的数据通信。其中传感器数据接收后放在系统共享内存中，传感器数据处理模块接收数据进行过滤、滤波、航迹维护等处理，融合模块将根据各传感器数据预测当前时刻目标位置，并根据目标位置、速度、身份识别等信息确定同一目标，依据传感器数据的误差情况进行加权融合，融合后的目标根据呼号、SSR 代码、地址码及目标位置等信息与飞行计划进行关联，最终通过网络接口输出综合航迹供人机接口（Human Machine Interface，HMI）显示及冲突检测。

系统中各模块采用多线程并行运行方式，保证系统处理实时高效，各线程模块间通过共享内存块方式进行通信。系统各模块处理流程如图 6.7 所示。

图 6.7　各模块运行流程

融合系统需要考虑到数据源及传感器特性，并作有针对性的处理。在这些传感器中，数据输出对通信能力的要求各异。ADS-B、MLAT 和 DGPS 的数据输出相对较小，对通信的要求相对较低；而 EVS、SMR 则具有海量的数据输出，如 EVS 处理帧频通常在 25Hz 左右，SMR 的数据输出在 50Mbps 左右，如果对其获得的原始结果进行数据级的融合，需要非常大的计算量和通信带宽，难以满足实时处理的需要。与之对应特征级的处理主要是建立在对目标的位置、特征等数据进行的估计基础上，不仅数据量相对于数据级融合大量减少，而且计算复杂度也远远小于数据级融合，可以满足跟踪实时性要求，因此将场面监视系统的数据融合系统定位在特征级的目标状态估计是比较合适的。

对数据融合处理结构的分析可以发现，集中式融合结构理论上可以达到最佳的融合状态，对于同类测量系统而言，完全可以将所有量测值直接发送给数据处理模块进行融合处理，实现最优估计，这种方式称为量测融合方式。然而在工程实践时发现，集中式的量测融合方式需要对原有单传感器处理方式进行相应的接口和处理流程的更改，当增加新的传感器或者数据源，特别是不同类型的传感器或数据时，需要对整个融合结构进行调整，不利于工程实现和系统维护。此外，当某个传感器发生故障或者跟踪精度下降时，整个系统都将很快受到影响，且较难发现问题传感器。因此，集中式融合方式虽然在理论上可以获得最佳的效果，但在工程实现时会遇到较多的困难，在实际工程中的应用有一定局限。实际上，随着分布式融合系统的迅速发展，通过一些技术处理，分布式融合系统已经可以达到与集中式相差无几的跟踪精度。与此同时，采用分布式跟踪方式只需要在原有数据处理算法的基础上增加融合模块，而且系统的扩充性和兼容性都比较好，因此选择分布式的跟踪结构是异类数据融合的较好选择。综上考虑，一般采用混合多级式的融合结构来进行场面监视的数据融合，如图 6.8 所示。

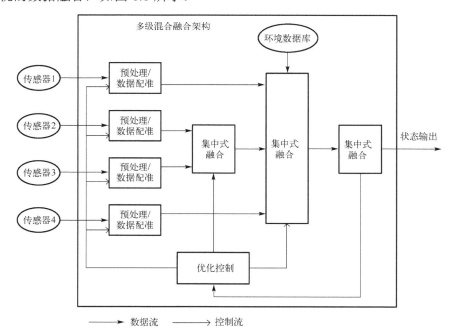

图 6.8　基于闭环回路的混合多级融合构架

6.3　冲突检测技术

A-SMGCS 中的冲突检测，是指利用获取到的活动目标监视数据，对场面运行态势进行分析并及时发布冲突告警，以防止活动目标之间以及活动目标与其他物体之间出现违背管制规则的情形[90]。

机场场面冲突检测技术主要分为跑道冲突检测技术和滑行道冲突检测技术。

6.3.1　跑道冲突检测技术

1. 跑道冲突定义

跑道冲突主要包括：

1）没有落地航空器时

· 当地面第一个航空器进入跑道后，第二个航空器或物体从其后方等待点进入跑道，第一航空器未进行起飞滑跑时，产生告警提示；

· 当地面第一个航空器进入跑道后，第二个航空器或物体从其后方等待点进入跑道，第一航空器已进行起飞滑跑时，第二航空器在小于设定间隔时间时进行起飞滑跑，产生告警提示；

· 当地面第一个航空器进入跑道后，第二个航空器或物体从其前方等待点进入跑道，第一航空器未进行起飞滑跑时，产生告警提示；

· 当地面第一个航空器进入跑道后，第二个航空器或物体从其前方等待点进入跑道，第一航空器已进行起飞滑跑时，产生告警提示。

2）有落地航空器时

· 当地面第一个航空器进入跑道后，当落地航空器距离跑道入口小于设定时间或者设定距离，地面航空器尚未进行起飞滑跑时，产生告警提示，当在设定时间或设定距离内没有消除跑道内的航空器或障碍物信息时产生告警提示；

· 当落地航空器距离跑道入口时间小于设定时间或设定距离时，只要有任何进入跑道保护区的航空器，进行告警提示；

· 在落地航空器距离跑道头 4km 以内的时候，系统是不允许其他航空器、车辆等通过等待点等位置再进入跑道，如果有，则系统给出相应告警提示；

· 当落地航空器距离跑道头 4km 以内的时候如果起飞航空器未滑跑，系统进行相应告警提示。

2. 跑道检测区模型

跑道区域的冲突检测主要是针对跑道入侵的问题。入侵检测主要包括对跑道保护区侵入的检测，其中保护区主要通过目标位置监视数据与机场配置数据进行比较来实现。

　　利用跑道保护区的概念，划分跑道保护区，从而确定目标与跑道位置关系。为了降低跑道冲突预处理的计算复杂度，并考虑到监视数据误差问题，将跑道入侵保护区进行扩展，提出了一种多级跑道保护区的划分方法。检测区域共分为三个主要区域：跑道区、跑道保护区和进近检测区。区域划分如图 6.9 所示：

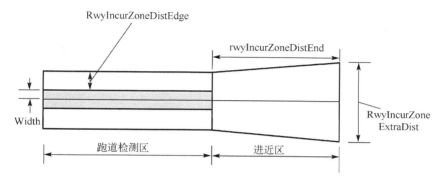

图 6.9　跑道检测区示意图

　　跑道区覆盖了整个跑道，其长度和宽度基本与跑道一致；跑道保护区宽度比跑道稍宽，在入跑道等待线的位置，用于检测目标是否有可能进入跑道；进近检测区是一个三维的检测区域，长度上长于跑道，用于检测即将在跑道上着陆的目标。对于不同机场来说，确定了跑道两端入口点坐标后，以下参数可以根据机场实际情况进行配置，通过跑道入口点坐标和下列参数即可计算出入侵检测区多边形。

　　（1）Width：跑道中心线距离跑道边的宽度。

　　（2）RwyIncurZoneDistEdge：跑道保护区距离跑道边的宽度，该区域应与航空器入跑道等待点位置吻合。

　　（3）RwyIncurZoneDistEnd：进近区尽头距离跑道入口距离。

　　（4）RwyIncurZoneExtraDist：进近区入口宽度。

　3.　目标运行状态

　　在检测时，利用航空器的运动信息和飞行数据，将保护区内使用跑道的航空器划分为不同的状态，这样有利于离散和定量地描述目标行为，简化计算过程：

　　（1）Approaching：进近着陆的航空器。

（2）Landing：对准跑道着陆的航空器。

（3）Landed：进港落地的航空器。

（4）Taxiing：在跑道上滑行的航空器。

（5）Line-up：进跑道准备起飞的航空器。

（6）Rolling：起飞滑跑的航空器。

（7）Departing：起飞的航空器。

（8）Departed：已经离港的航空器。

当某个条件满足时，航空器就会从一个状态迁移到另一个状态。这些条件的判断依据主要是根据航空器的三维位置、速度和方向等信息，信息的变化将驱动状态发生变化。典型的状态变化如图 6.10 和图 6.11 所示。

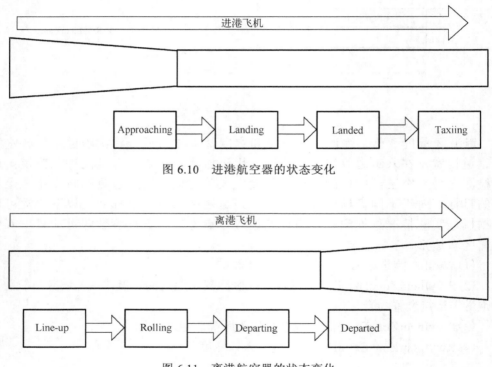

图 6.10　进港航空器的状态变化

图 6.11　离港航空器的状态变化

4. 检测计算

在明确了目标的运行状态之后，通过规则检测计算，再结合目标运动信息的分析，可确定目标航空器与其他航空器之间是否存在冲突。跑道冲突检测的处理流程如图 6.12 所示。

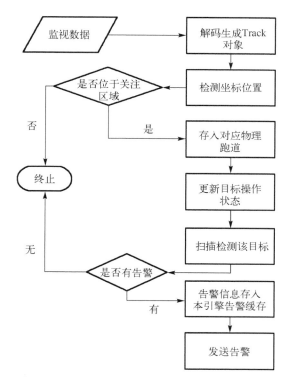

图 6.12　跑道冲突检测处理流程

6.3.2　滑行道冲突检测技术

滑行道部分的检测不同于空域和跑道部分的冲突检测，地面滑行航空器的运动轨迹被限定在滑行道的路径结构当中，并且由于物体处于低速运动的模式，可能随时改变运动方向和速度。

1.　滑行道冲突定义

航空器在滑行过程中可能会遇到以下四类滑行冲突[91]。

（1）交叉冲突：两架或多架航空器同时请求使用同一个滑行道交叉口，两架或多架航班在同一个滑行交叉点相遇。

（2）追尾冲突：两架或多架航空器同时请求使用同一滑行路段，且滑行间隔不满足最小安全间隔标准，即两架或多架航空器滑行路径与滑行方向均相同。

（3）对头冲突：两架航空器在同一滑行路段上相向滑行，导致两机对头相遇，造成两个航空器在同一滑行段对头滑行冲突。

（4）"闭塞"（路口僵局）冲突：所有目标都对准了没有出口的路口，造成堵塞。各种冲突示意图如图 6.13 所示。

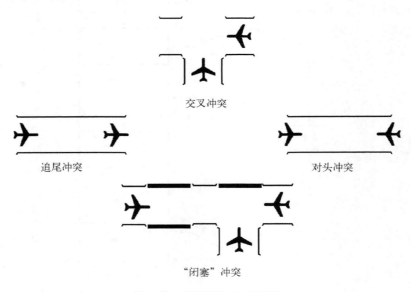

图 6.13　滑行道冲突示意图

及时性是检测滑行道冲突最重要的要求，根据机场滑行道、联络道布局分析潜在冲突才能尽可能早地预发现冲突，给出正确预警，有利于管制在极为主动的情况下对机场的航空器、车辆、人员的活动情况进行及时合理的控制。

2．滑行道检测区模型

滑行道区域不同于空域和跑道，主要原因是地面运动的航空器其运动规律更为复杂，对于目标的加速、减速、转向和停止等意图难以预测，传统的冲突检测方法计算量大、虚警率高，且不能有效检测大范围的滑行道对头冲突，无法有效应用于地面滑行道。目前针对地面的滑行目标，在未知目标滑行路线的情况下，并没有一种有效的滑行道冲突检测方法。根据滑行道的运行特点，提出了一种基于"气泡"网格的滑行道模型，可以对设定时间内目标经过路口的未来路径进行预测。

该模型将整个场面的滑行道道面划分成像"传播气泡"一样的网络，完全覆盖滑行道区域，并且气泡之间不能重叠，气泡网络结构是依赖于机场地理属性的，按照机场路径元素对每个气泡设定出口。图 6.14 展示了在机场滑行道口的气泡路径模型：

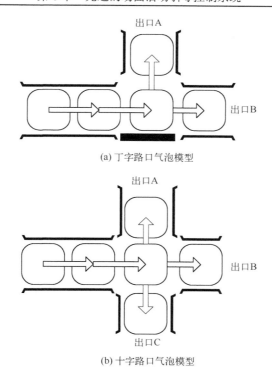

(a) 丁字路口气泡模型

(b) 十字路口气泡模型

图 6.14　道口气泡路径模型

由于机场规模的不同，气泡单元的个数会随之增加或减少，对于某些大型复杂机场，在进行目标搜索的时候会耗费较多的时间。为了解决目标搜索定位的问题，在这里又提出了一种"道路"和"节点"的划分方法，将整个滑行道划分为"道路"和"节点"，每个区域都是一个简单多边形，通过航空器的实时定位数据可以确定每一架航空器正位于哪个区域当中。对于较长的"道路"区域，可用互相连接的多边形来进行简化，在实际工程中这种方法可大大提高目标的搜索和探路效率。

3.　目标探测

在实际的运行过程中，由于航空器只能前进不能倒退，可根据航空器的运行方向动态确定运行线路。在"道路"中，利用气泡单元进行传播计算，目标只能按原有方向继续向前运行。在"节点"中，目标可以运行到前方的任何一个"道路"单元，"节点"运行方向示意图如图 6.15 所示。

图 6.15 中灰色的区域就是预测出的路径区域，也可以视为航空器在滑行道上滑行的"保护区"（保

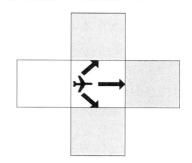

图 6.15　"节点"运行方向

护区包括自己正位于的单元格区域),位于这些区域的其他航空器会被加入预检测列表。在"道路"类型的路径搜寻中,航空器搜寻距离为两个"气泡"单元格,目的是找到可能与其在"节点"相遇的航空器,从而检测潜在的冲突。

6.4　路径规划技术

在机场场面运行过程中,根据航班计划和当前运行环境,综合考虑航空器地面保障和旅客服务因素,按照一定的规则和要求,为活动目标规划一条滑行路径的过程即为路径规划[92]。

航空器场面滑行路由问题不同于传统道路网络中的车辆路径规划问题,具体表现在[93]:①机场场面交通网络规模远小于道路网络规模,从安全性角度而言,航空器的物理尺寸必须考虑,而道路网络车辆路径规划问题通常将车辆视为质点;②场面滑行路由应考虑冲突避让,而道路网络中车辆路径规划则不用考虑车辆之间的冲突;③由于管制规则约束,场面滑行的最优路径不一定是最短滑行路径(时间最短或距离最短),而道路网络车辆路径规划的最优路径一般取最短滑行路径;④场面滑行路由应考虑运行条件的不断变化(如滑行道临时关闭、除冰区启用等),而道路网络车辆路径规划则通常假设路网运行条件不变。因此,航空器场面滑行路由具有全局性、动态性要求。其中全局性是指滑行路由应考虑场面上所有航班的滑行需求,提出合理的滑行路由;动态性是指滑行路由应考虑当前场面运行态势、管制员的干预(如管制指令)、场面资源占用冲突等,实时动态地提供合理路由。

6.4.1　机场活动区运行建模

1. 机场活动区建模

机场场面交通系统是由航空器、道路、跑道、停机坪网络组成的复杂大系统,具有分布式、并发性的特点,对机场活动区建模是场面路径规划的基础[94]。将场面活动区分为若干个典型运行单元,包括跑道、滑行道直线段和交叉口、机位、机坪滑行单元,各单元构型如图 6.16 所示。其中,跑道单元(图 6.16(a))为场面交通系统核心,进离港航班在该单元内完成降落和起飞过程,且在不同的气象条件下跑道运行方向可能会进行调整;滑行道直线段单元(图 6.16(b))是组成滑行道系统的主要部分,航班进离港滑行大部分在直线段上进行,且通常具有一定的运行方向等管制规则约束;交叉口单元是航空器场面滑行过程中改变航向的场所,图 6.16(c)为一种典型的连接四个滑行路段的交叉口;根据航空器停放位置相对航站楼样式以及进出机位方式的不同,机位(包括远机位和近机位)有不同构型,图 6.16(d)中虚线框所示为远机位或机头相对于航站楼向内停放的近机位单元。机坪滑行单元为机位附近的机坪滑行线，航空器可通过该单元转入或离开某一机位单元，如图 6.16(e)虚线框所示[95]。

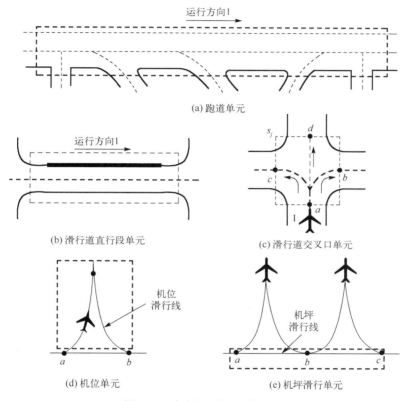

(a) 跑道单元

(b) 滑行道直行段单元

(c) 滑行道交叉口单元

机位滑行线

(d) 机位单元

机坪滑行线

(e) 机坪滑行单元

图 6.16　机场活动区各单元图

2. 航空器滑行属性建模

航空器滑行属性建模包括静态属性建模和动态属性建模。其中，静态属性可通过航班计划(航班号、进离港时间、停靠机位、占用跑道等)来描述；在滑行路径规划中，航空器滑行动态属性建模可通过航空器滑行速度特性描述来实现。

依据航空器场面滑行的业务场景表现形式，可将其分为直线滑行和弯道滑行两种。通常情况下，A-SMGCS 控制下的航空器场面滑行动态属性具有以下特征[93]：

(1)对航班初始滑行阶段而言，进港航班通常会在脱离道上减速到某一速度，而离港航班则会从推出等待位置开始进行加速，直至加速到某一速度。

(2)对航班中间滑行阶段而言，当航空器先后通过的两路段均为同一类型(直线或弯道)时，无须加减速；当航空器从弯道滑入直线段时，需启动加速过程；当航空器从直线段滑入弯道时，减速过程通常在进入弯道前完成。

(3)对航班终止滑行阶段而言，进离港航班均会减速直到停止。

以图 6.17 所示航空器的中间滑行阶段为例，在航空器从直线段单元 Z_j 进入并通过交叉口 S_j 的过程中，选择交叉口直线段 bd 段或弯道 bc 段滑行时，具有不同的速度调整特性(如果选择 bd 段通过交叉口，则无须减速；而如果选择 bc 段通过交叉口，则需要在直线段 ab 上减速)。在这两种情形下，航空器占用直线段单元 Z_j 和交叉口 S_j 单元的时间会因 ab 段减速过程而不一样。鉴于此，为使得 A-SMGCS 路由尽可能支持对航空器滑行实施精确引导，在路由算法设计时应考虑上述速度调整特性[96]。

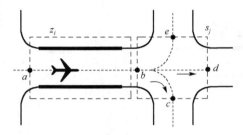

图 6.17　航空器滑行过程

A-SMGCS 利用速度特性曲线来描述航空器在场面不同路段的滑行动态属性，该曲线主要包括两个要素：①航空器在各路段的滑行速度大小特征；②航空器在路段之间滑行的速度调整特征(表现为加速度或减速度大小)。由于飞行员操纵误差和其他外在因素影响，上述两个要素通常会保持在一定范围内上下波动，而不会维持一个恒定值。但为简化问题，假设航班严格遵循滑行道中线滑行，且在任一路段的滑行速度大小恒定、加(减)速度大小恒定，虽然不能完全逼真地反映航班滑行速度调整特性，但由于考虑了速度调整过程，相比于以往"采用单一固定滑行速度"的方式能更准确地确定滑行时间，因而仍然具有一定的优势[96]。另一方面，由于 A-SMGCS 三阶段路由规划机制可以通过路由更新对航空器滑行路由的执行实现闭环控制，因而在初始路径规划阶段做出上述假设是可接受的。

6.4.2　静态路径规划

在对目标航空器进行动态路径规划前，需要预先知道该航空器自起始点至终止点之间的最短路径，当进行动态路径规划时，由于目标航空器会受到场面其他运行环境的影响，在最短路径上滑行和等待的总时间有可能比非最短路径所花费的总时间要长。因此，需要将其每一时刻的起始点至终止点的相对较短路径提前计算出来并预存在计算机中，供动态路径规划使用，该寻找较短路径的过程称为航空器的静态路径规划[97]。

利用 Petri 网理论对机场场面活动展开定性和定量分析，建立符合机场场面物理特性和运行规则要求的机场场面活动模型。综合场面运行规则，利用场面结构信息和最短路径算法，离线生成航空器从每个活动区域到其他所有活动区域的多条最优的路径集合，形成静态路径数据库。航空器滑行静态路径规划框图如图 6.18 所示。

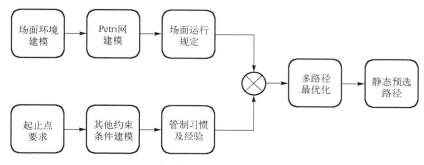

图 6.18　航空器滑行静态路径规划框图

基于机场活动区运行模型和遗传算法的机场场面初始路径规划方法总体思想如图 6.19 所示。

步骤 1：建立机场场面活动区各典型运行单元数学模型，同时将场面管制规则约束集成到 Petri 网元素中，最终得到场面模型。

步骤 2：采用遗传算法并设计合适的染色体编解码方法以及遗传算子，求解初始滑行路径集合(包括最优和 $s-1$ 个次优滑行路径)。

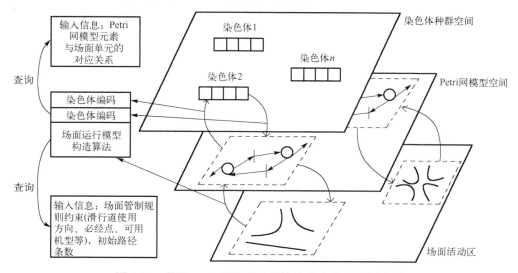

图 6.19　基于 Petri 网和遗传算法的静态路径规划方法

6.4.3　动态路径规划

1. 机场运行管制规则

机场运行管制规则主要包括跑道使用规定、滑行道使用规定、联络道使用规定、航空器滑行规定、航空器地面滑行避让规定[24, 97, 98]：

1) 跑道使用规定

(1) 航空器应当使用全跑道进行起飞。准备起飞的航空器，在起落航线第四转弯后无其他航空器进入着陆时，经空中交通管制员或者飞行指挥员许可，方可滑进跑道；跑道上无障碍物，方准起飞。

(2) 航空器进入着陆，应当经空中交通管制员或者飞行指挥员许可；不具备着陆条件的，不得勉强着陆。航空器着陆后，应当迅速脱离跑道。

(3) 考虑着陆优先，在地面运行的航空器，应避让正在执行起飞和即将起飞的其他航空器。准备起飞的航空器应避让正在执行着陆和进入着陆最后阶段的其他航空器。禁止指挥或驾驶航空器进入已关闭的跑道。

2) 滑行道使用规定

(1) 当航空器在滑行道上发生故障时，航空器营运人或代理人应当及时将该航空器拖离滑行道，禁止航空器维护作业人员在滑行道上维修航空器和航空器试车。

(2) 塔台管制室管制人员和航空器驾驶人员应遵守已发布的航行通告，禁止指挥或驾驶航空器进入已关闭的滑行道。

(3) 由于道面强度和宽度的约束，某些滑行道对航空器的类型设置了一定的限制。

3) 联络道使用规定

(1) 某一联络道仅供进、出某些停机位的航空器使用。

(2) 禁止进、出港航空器在联络道里等待。

4) 航空器滑行规定

(1) 按照规定的或者场面管制员、飞行指挥员指定的路线滑行或者牵引；航空器在滑行道上的滑行速度不得超过 50 千米/小时；航空器在进入客机坪和停机坪后只准慢速滑行，保证随时能使航空器停住。

(2) 两架以上航空器跟进滑行，后航空器不得超越前航空器，后机与前机的距离应符合尾流间隔规定中的最低间隔标准：

①距滑行中的轻型航空器尾部 100 米（轻型：起飞全重≤7 吨的航空器）。

②距滑行中的中型航空器尾部 200 米（中型：起飞全重为 7～134 吨的航空器）。

③距滑行中的重型航空器尾部 300 米（重型：起飞全重>134 吨的航空器）。

5) 航空器地面滑行避让规定

(1) 航空器地面滑行避让规则：①进入停机坪的航空器应避让滑出停机坪的航空

器。②准备起飞的航空器应避让脱离跑道的航空器。

（2）航空器对头相遇，应当各自靠右侧滑行，并且保持必要的安全间隔；航空器交叉相遇，飞行员从座舱左侧看到另一架航空器时应当停止滑行，主动避让。

2. 动态滑行路径规划

为了降低了系统的复杂性，提高计算效率，借鉴"先到先服务"的思想，根据请求场面指挥的先后顺序分别单独对每架航空器进行最优路径规划。假设场面内正在活动的航空器的滑行路径既定，即滑行路径不受当前航空器的影响，仅需要为有路径需求的航空器规划最优路径。但是在规划过程中，需要考虑场面上正在运行的航空器的影响，避免与其他航空器发生冲突，为航空器规划出一条时间最优的路径，这样规划出的路径才是合理、有效的。为此，在静态路径库的基础上实现动态路径规划，具体思想如下[99]：

（1）在研究动态路径规划时,航空进离港时刻一般都采用航班飞行计划报中的预计落地时间（Estimated Time of Arrival，ETOA）。在对场面航空器滑行动态路径进行实际规划时，则需要场面上所有航空器在未来关键时刻的预计位置。由于进离港航空器的时刻会影响到其关键时刻的位置计算，若进离港时刻不准确则会产生一定的计算误差，从而有可能导致所规划的动态路径并不是最佳的。因此，对动态路径规划而言,精确的进离港时刻推算是十分重要的。航空器进离港时刻推算框图如图 6.20所示。

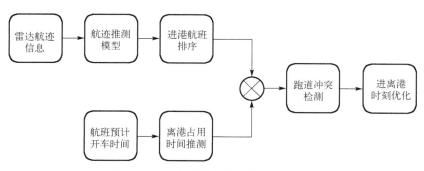

图 6.20　航空器进离港时刻推算框图

（2）提取数据库的在线信息，查询场面上活动区域状况信息，即活动区域通行状态（允许或不允许通行），并计算当前航空器从起点到终点的 s 条静态预选路径。

（3）计算场面上活动的航空器的滑行路径及滑行临界时刻向量。

（4）选择 s 条预选路径中使得全局等待时间最短路径作为当前规划航空器的最优动态路径。

由于机场场面具有复杂的运行场景和运行环境，当航空器在场面上运行时，必须按照一定的场面运行规范和行业准则来执行，否则会引起场面秩序的混乱甚至是

安全事故的发生，因此需要基于机场场面运行的规范要求对航空器的运行路径进行
规划。在此规范下约束场面滑行的航空器动态行为，将静态预选路径作为可行解对
滑行路径进行动态优化。针对滑行中出现的时间偏差而产生的新冲突，采用时间窗
调整或再规划策略手段来更新滑行路径[100]。航空器动态路径规划流程图如图 6.21
所示。

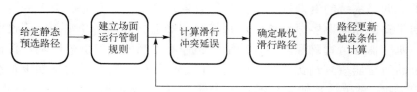

图 6.21　航空器动态路径规流程图

　　在理想情况下，每个航空器执行动态指派的滑行路由完成对路段上各场面运行
单元的占用。但在实际场面运行过程中，由于诸多不确定因素的干扰，航班不一定
严格按照指派的路由占用某些单元，从而可能影响其在后续路段上的滑行以及其他
航空器的滑行，甚至导致原先指派的路由方案不可行。以图 6.22 所示航班场面滑行
过程为例，航空器 a_1、a_2、a_3 在该区域的连续滑行过程分别通过单元 $(p_3, p_5,$
$p_6, p_7, p_8)$、(p_3, p_4)、(p_5, p_6, p_7, p_8)。若由于不确定事件的干扰，航空器 a_1 未按照
原指派路由中对应 p_1 的时间窗占用 p_1，而各航空器仍按原指派路由在该区域内展开
滑行，则有可能出现滑行冲突，比如 a_1 与 a_2 在单元 p_3、或 a_1 与 a_3 在 p_5、p_6、p_7、
p_8 中的某个单元出现冲突。因此，为保证场面资源的安全和高效利用，在出现场面
运行不确定事件时，需要及时更新相关航班的滑行路由[101]。

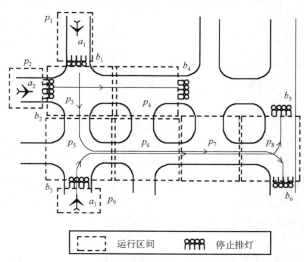

图 6.22　航空器场面滑行过程

A-SMGCS 控制下的场面运行过程中，可利用监视模块获得航空器场面滑行态势并将其充分利用。解决不确定环境下滑行路由实时更新的指导思想是：将目标优化与反馈机制结合，利用实时获取的场面态势感知信息来驱动路由更新，然后利用针对不同情形设计的路由更新算法完成滑行路由实时更新[101]。当出现以下两类运行状态时，需要对滑行路由进行实时更新：

（1）状态 1，A-SMGCS 监测到航班结束对某一场面运行单元的占用；

（2）状态 2，A-SMGCS 监测到场面运行的各种不确定情形。

前者称为常态路由更新，后者称为非常态路由更新。A-SMGCS 滑行路由实时更新方法如图 6.23 所示。

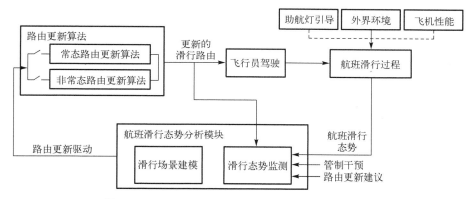

图 6.23　A-SMGCS 滑行路由实时更新方法示意图

以上具体过程包括航班滑行、滑行态势监测、滑行场景建模和滑行路由更新[93,101]：

（1）航班滑行过程。Ⅳ级 A-SMGCS 控制下的场面运行过程中，航空器滑行在飞行员的操纵下展开，并遵循助航灯引导指令，同时受到自身性能或外界环境（如各种不确定情形）的影响。

（2）滑行态势监测。实时监测航班滑行态势并综合考虑管制干预和路由更新建议，判断当前场面运行是否处于状态Ⅰ或状态Ⅱ。若是，则驱动展开滑行场景建模。

（3）滑行场景建模。采用合适的建模方式得到当前场面运行场景模型，以体现航班滑行态势信息（包括当前滑行环境，相关航班所在位置、滑行路由、速度），从而为相关航班的路由更新以所建模型特有的语义来提供实时的场面运行信息。

（4）滑行路由更新。采用事件驱动的方式，在每一次路由更新时，基于所建滑行场景模型，采用常态路由更新算法（对状态Ⅰ）或非常态路由更新算法（对状态Ⅱ），完成滑行路由实时更新。各航班按更新后的路由滑行，直到下一次路由更新事件触发。

6.5　灯光引导技术

国际民航组织指出高级别 A-SMGCS 应具有灯光引导功能，是指在能见度低于机场能见度运行等级（Aerodrome Visibility Operational Level，AVOL）时，融合通过多种传感技术获取的航空器场面位置信息，利用滑行道中线灯蠕动式点亮和交叉口停止排灯切换的方式来引导航空器滑行。与传统的引导滑行方式相比，A-SMGCS 将场面活动冲突解决方案通过助航灯引导直接传递给飞行员，使得飞行员有足够的预留时间执行解决方案，提高了场面运行的安全性和效率。

滑行道中线灯和交叉口停止排灯等都属于机场助航灯光的类别。机场助航灯光系统基本包括恒流调光器（CCR）、独立的变压器房、柴油机房、灯光电缆、灯箱、隔离变压器、各种助航灯具；恒流调光器包括外围电路、检测与采样电路、液晶显示电路及相关保护电路等；在设计过程中采用了积木化设计的思想，各部分电路相互协调、共同运行，组成了调光器的硬件系统，恒流调光器（CCR）在灯光系统中是核心设备。图 6.24 为助航灯光系统示意图。

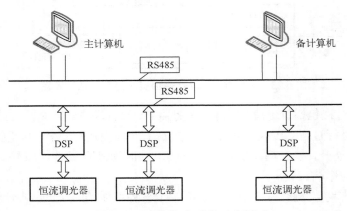

图 6.24　助航灯光系统示意图

现在全世界绝大部分机场用的恒流调光器（CCR）采用的是模拟电子技术或是数字、模拟混合的单片机控制方式，机场助航灯光系统是通过每一个恒流调光器来控制每一路灯光回路，它发出 1 级到 5 级光的其中一个光级的命令，并且会根据实际输出调节输出信号，保持光级稳定输出，可靠地控制着一路助航灯光，比如进近回路、跑道边灯等，而对另一个回路的灯光不具有控制调节作用。不同的恒流调光器负载着不同的负载，而每个回路的负载并不是一成不变的，它会随着灯具的老化、损坏进行变化，并会根据实际情况进行输出调节，使每个回路稳定输出在设定的电流值上，这样就达到了恒流和光强可调的目的。现代机场助航灯光系统由很多个隔离变压器串联成一个回路，只有保持通过灯泡的电流一致，才能保持灯泡的光强一致；假如系统采用并联回路，由于一般机场较长，电压传输距离较远，电压降也不同，到最远位置的灯光就几乎没有什么光强了，与离电源近的灯泡亮度差别太大，达不到通航要求，因此现代机场助航灯光一般采用串联回路。

　　助航灯光是接在隔离变压器的二次侧，它的光强与电流成正比，调节电流的大小就会改变灯光的光强，电流稳定，光强恒定。从图 6.24 中可以看出，如果把电直接接到升压变压器的一次侧，灯光也会亮，优点是接线方便，缺点是光级不能调节，最不能令终端客户接受的是电网或负载有干扰时，系统对此毫无解决办法，既不能保持电流不变，也不能调节光强。

　　恒流调光器起的是承上启下的作用，对上接受助航灯光计算机监控系统的命令并把各种数据上传到监控系统中，对下则是把各个光级的信号源进行电压和电流放大，升压并把合适的电压电流送到灯光回路中，并把回路中各种电流、电压实时数据检测出来上传进行显示反馈等各种处理。调光系统原理框图如图 6.25 所示。

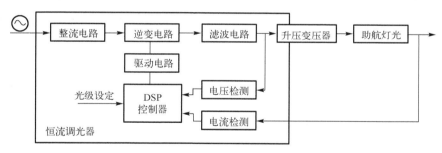

图 6.25　机场助航灯调光器控制系统框图

　　助航灯光的控制系统由测量部分、控制部分和执行部分组成；调光系统作为一个能调整灯光强弱的控制系统，也是由以上三部分组成；电流互感器是串联接进助航灯光回路中的，它的作用是把大电流转换为一定比例的小电流，以提供测量和继电保护作用；电压互感器是并联在恒流调光器的输出变压器初级线圈上的，它的作用也是把采样电压输出到显示回路和反馈回路；助航灯光系统控制器的核心是微控制单元(Microcontroller Unit，MCU)，它在其软件中设计了开机输入电流从零到规定电流变化的时间，使得电流以较慢的速率变化，但也不能无限制地变慢，经过无数次的实验证明，设计时间长短足以避免冲击电压电流，这样在升压中或在光级转换过程中电流电压变化平缓，保护了线路、设备和灯泡，就会相应延长线路、设备和灯泡的寿命。

　　根据调光器五个调光级别的要求，1 级至 5 级恒流调整相应电流如表 6-1 所示。

表 6-1　5 级恒流调整相应电流值

给定光级	电流有效值(单位：A)
一级光	2.8
二级光	3.4
三级光	4.1
四级光	5.2
五级光	6.6

A-SMGCS 滑行道交叉口引导灯控制，是由离散的灯光控制信号和连续的航空器滑行位置相互作用的过程，属于混杂控制理论的研究范畴[87]。利用 Petri 网控制器作为助航灯离散控制器，通过传感器实时探测航空器在场面的滑行位置，根据接收对应的模型标识信息自动决策助航灯控制指令，并通过助航灯执行器驱动灯光进行信号切换，实现航空器场面滑行引导。以 Petri 网控制器作为引导灯离散控制器，并通过接口部分实现与航空器连续滑行状态的信息交互。在滑行道运行过程中，Petri 网控制器利用滑行位置辨识器对航空器实时滑行位置进行辨识，然后自动决策引导灯光控制指令，并通过引导灯执行器驱动灯光信号切换，从而达到引导航空器在滑行道运行动态的目的[101]。A-SMGCS 滑行道交叉口引导灯光控制决策结构示意图如图 6.26 所示。

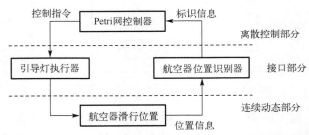

图 6.26　A-SMGCS 滑行道引导灯光控制决策结构示意图

6.6　应　用　案　例

桂林两江国际机场装备有导航、通信、监视和后勤保障等系统，能提供 24 小时全天候服务。但随着桂林两江国际机场航班量、旅客量的增加，机场场面活动目标也相应增多，导致塔台管制员工作量增加，机场场面运行效率下降明显。桂林两江国际机场急需场面活动引导与控制系统，以减轻塔台管制员工作量、提高机场场面运行效率。

高级场面活动引导与控制系统实现 A-SMGCS 二级功能(即监视与控制功能)通过对监视源数据融合及识别,为管制员提供全面的机场场面态势感知能力。同时,系统提供跑道入侵、场面目标危险接近、禁区闯入、违反管制指令等危险的交通活动的及时预警,为管制员做出正确、高效管制决策服务,从而在不降低机场运行安全性前提下,提高机场交通运行效率。

1. 系统功能

该系统已具备下列功能[88]。

(1)监视:综合利用多种监视技术对机场场面及其附近空域的活动目标和障碍物进行监视,同时将相关信息提供给管制员、车辆驾驶人员等,提高他们对自身和周边交通情况的态势感知能力。

(2)控制:将获得的综合监视信息与机场移动电子地图结合,为管制员、车辆驾驶人员等提供跑道和滑行道的冲突检测与告警。通过精确测量和预测活动目标和障碍物的位置、方向、速度,帮助管制员、车辆驾驶人员等实时精确地控制航空器或车辆运动状态。

(3)路由:为机场场面活动的航空器和车辆提供静态路径规划,并能够根据机场运行资源和场面运行环境对行驶路径进行调整和重新分配,以保证航空器和车辆的行驶路径达到最优,从而缩短运动时间、提高效率、节约燃油。

2. 系统特点

该系统具有以下特点:

(1)高可靠性和可用性。系统所具有的可用性管理功能通过一套分层的服务来提供高级别应用所需的良好环境。系统中使用的设备均可实现自检测、错误检测和自隔离,同时系统所有关键部分都采用了冗余技术。

(2)开放系统架构。系统内部采用标准的 TCP/IP 和 UDP/IP 通信协议,同时具备标准的雷达数据和电报数据等接口,能与外部系统实现信息互联。

(3)模块化设计。系统中每个主要的功能都由独立的模块实现,通过配置不同的模块就可以较好地满足机场的特殊用户、特殊地点及特殊功能要求。

(4)高伸缩性。系统功能模块的数据封装特性允许功能被重置在不同的处理器上,使得系统能按多种方式来配置,既可以结合少量的处理器,也可以分配多个处理器来满足所安装的功能模块的工作量。

(5)易添加和修改的外部接口。系统接口处理模型在内部格式和外部基础用户数据格式之间,对进出数据进行了必要的转换。简化了系统与客户已有基础设施的集成,将接口改变和应用软件新接口的影响降到了最小。

(6)面向对象的设计。类似对象相关的信息被组装为数据类,每个数据类的信息被概念化为属性,该属性与空中交通管制对象相关并能通过相应的对象方法(服务提供者和数据提供者)获得。

(7)易于维护和快速移动安装。系统采用集中式设备监控,具有在线自检能力,系统每个关键节点均能被监测手段完整覆盖。

A-SMGCS 的投入使用,有效地为桂林空管和桂林两江国际机场提供了场面活动目标全面和实时的监视服务,提高了空管管制和机场运行效率,增加了机场容量,保障了机场安全、高效和平稳运行。其运行情景如图 6.27 所示。

图 6.27　桂林两江国际机场 A-SMGCS 的运行情景

第7章　机场协同运行决策系统

7.1　机场协同运行决策系统概述

机场协同运行决策(airport collaborative decision making，A-CDM)系统旨在为机场管理提供一个信息共享的运营环境,使各相关营运单位均在统一的平台之下运作,以实现空管、机场、航空公司三方协同运行,提高航班管理的控制精准度和航班运行的正点率,从而有效提升机场运行效率。

7.1.1　A-CDM 系统概念

A-CDM 的系统总体架构如图 7.1 所示。系统划分为五个核心子系统与一个综合信息展示平台,五个核心子系统为:信息交换子系统、航路排序子系统、离场排序子系统、电子进程单子系统、飞行计划处理子系统。其中信息交换子系统是 A-CDM 的基础,它与机场、航空公司、空管、地服代理公司等民航运营相关者的信息系统建立接口,通过相关协议把它们的相关运营信息经过数据筛选、格式统一、深度加工后向上传递到 A-CDM 另外四个子系统。它们协同各方信息并最终产生决策信息,并再次由信息交换子系统分发给 A-CDM 各参与方。并且为了更加直观地反映机场运营状态,信息交换子系统还会将运算结果转送到综合信息展示平台,在运行与管理视图中显示机场整体运行状态。

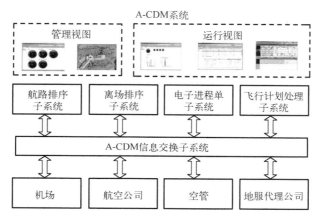

图 7.1　A-CDM 的系统构架

接下来对 A-CDM 五大核心子系统进行简单介绍。

1）信息交换子系统

信息交换子系统实现驻场单位之间的网络互联、信息交换和协同决策。主要可以实现以下几方面：①实现空管、航空公司和机场的信息共享，为空管、航空公司和机场提供共同的协同决策情景意识；②实现以航班运行数据为核心的协同数据管理。对于共享的运行数据，各参与方有责任进行协同管理，以保证与自身运行数据的一致性；③当出现大面积航班延误时，提供协同决策机制和工具，在各单位间建立共同情景意识，确保各协同决策主体单位运行顺畅。

2）航路排序子系统

航路排序用于解决机场起飞航空器加入繁忙航路时的排序问题。主要功能有以下几个方面：①当空域容量发生变化时，以航班飞行轨迹预测和航路流量预测为基础，制定航班通过控制空域、航段、航路点的交接时间策略；②实时预测空中交通瓶颈可能发生的航路和时段，提出航班调整建议方案；③能实时将航路调整策略发布到相应的管制单位。

3）离场排序子系统

离场排序子系统在保障航路排序结果的前提下，根据航班运行的相关状态，以及空管、机场、航空公司及保障单位等各方认同的排序规则对离港航班进行自动排序，并将排序结果进行发布。

4）电子进程单子系统

协同决策系统建设，需要以塔台电子进程单作为基础数据源之一。电子进程单系统需要在发布放行许可时，给予塔台管制员信息支持，自动生成部分放行许可的内容，如标准离场程序、起始爬升高度等，并进行必要的信息检查、航班关键节点记录功能。协同决策系统所需的航班生命周期关键节点信息，需要从塔台电子进程单系统中提取。

5）飞行计划处理子系统

飞行计划处理子系统整合各类航班飞行计划与动态信息，为塔台、进近管制员提供一个管制业务运行操作平台。飞行计划信息系统的功能包括：①接收、自动分析和发送飞行动态电报；②处理长期和次日飞行计划；③接收和应用空管自动化系统输出雷达航迹数据；④自动分配二次雷达应答机编码；⑤能对动态报文和航班动态实时告警；⑥提供分配和管理管制用户权限功能；⑦系统日志记录和管理；⑧各种飞行数据的统计，包括航班正常性统计等。

图 7.2 所示 A-CDM 是一个全局性的系统，它能实现空管、机场、航空公司以及民航运营相关单位的信息协同、提高航班转场效率、减少延误、提高事件可预测性以及优化资源利用率，并在此基础上改善空中交通流量与容量管理（Air Traffic Flow and Capacity Management，ATFCM）。每个 A-CDM 参与单位都可以与其他

A-CDM 参与单位进行协同操作，同步掌握所有参与单位的操作偏好和运行限制以及实际的和预测的事件，进而达到优化决策的目的。

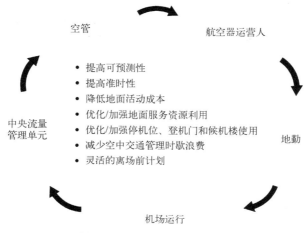

空管　　　　　　　　　　　　　航空器运营人

- 提高可预测性
- 提高准时性
- 降低地面活动成本
- 优化/加强地面服务资源利用
中央流量
管理单元
- 优化/加强停机位、登机门和候机楼使用
- 减少空中交通管理时歇浪费
- 灵活的离场前计划

地勤

机场运行

图 7.2　A-CDM 总体示意图

7.1.2　A-CDM 功能

A-CDM 系统具有六大核心功能，分别是信息共享、航班关键里程碑监控、可变滑行时间精确预测、放行预排队、不利事件的预测与处理、航班更新协同管理。下面对这六个核心功能进行一一介绍。

1. 信息共享功能

信息共享是 A-CDM 系统的基础。通过一个统一的平台集成机场、空管、航空公司以及地服代理公司等相关信息，并进行共享，以实现各方对于航空运行整体态势的把握[102]。实施 A-CDM 的目的是在保障航班安全正常运行的基础上，提高各方资源的利用率和航班的运行效率。

A-CDM 信息共享支持各参与方的本场决策，能够促进 A-CDM 功能的实现：①将 A-CDM 各参与方的数据处理系统联网；②采用统一的、共同的数据集描述航班状态和意图；③将各方数据分享，作为各参与方信息共享的平台。

为实现上述目标，A-CDM 信息共享功能具备以下特点：

（1）核对和发布来自空中交通流量管理（Air Traffic Flow Management，ATFM）、空中交通服务（ATS）、航空公司与机场的计划和飞行进程信息；

（2）核对并向相关单位发布事件预测和状态电报；

（3）根据共享信息生成建议和告警；

（4）提供有关航空助航设施/系统和气象设备的状态信息；

(5)能够进行数据记录与存档，用作统计分析与其他用途(如经济用途)。

实际上，信息共享就像是各参与方之间的黏合剂，使各方紧密地联系在一起，更有效地协调机场活动。信息共享是 A-CDM 概念功能的基础，如图 7.3 所示。

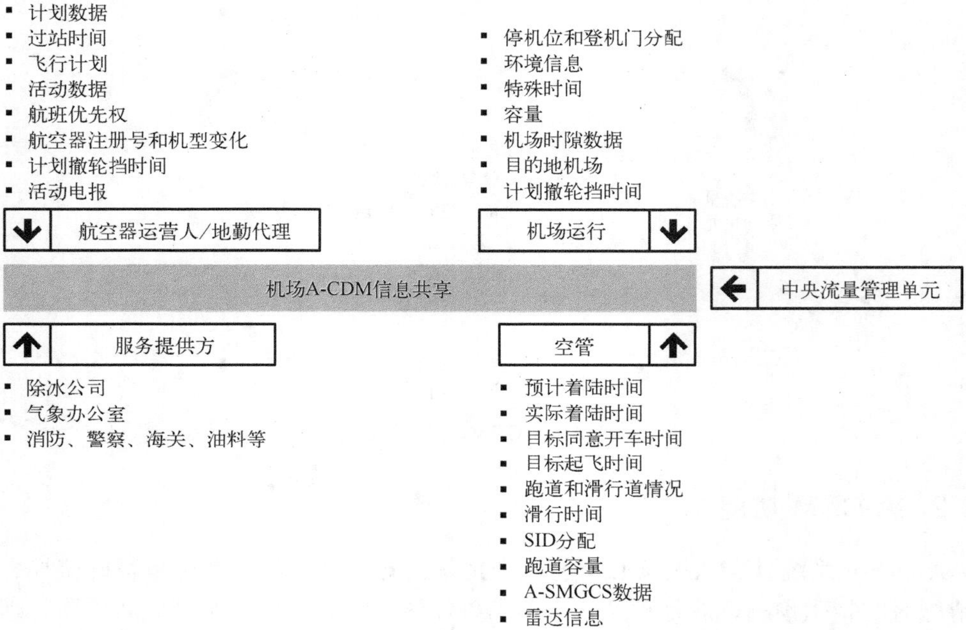

- 计划数据
- 过站时间
- 飞行计划
- 活动数据
- 航班优先权
- 航空器注册号和机型变化
- 计划撤轮挡时间
- 活动电报

- 停机位和登机门分配
- 环境信息
- 特殊时间
- 容量
- 机场时隙数据
- 目的地机场
- 计划撤轮挡时间

| ↓ | 航空器运营人/地勤代理 | | 机场运行 | ↓ |

| 机场A-CDM信息共享 | | ← | 中央流量管理单元 |

| ↑ | 服务提供方 | | 空管 | ↑ |

- 除冰公司
- 气象办公室
- 消防、警察、海关、油料等

- 预计着陆时间
- 实际着陆时间
- 目标同意开车时间
- 目标起飞时间
- 跑道和滑行道情况
- 滑行时间
- SID分配
- 跑道容量
- A-SMGCS数据
- 雷达信息

图 7.3　A-CDM 信息共享示意图

2. 航班关键里程碑监控功能

航班关键里程碑指的是飞行计划或运行期间发生的重要事件。一个里程碑成功完成后，将触发下游事件的决策流程，并将影响飞行的后续进展以及对后续进展进行预测的准确性。里程碑功能通过界定里程碑，描述从初始计划至起飞的飞行过程，从而实现对重要事件的密切监测[103]。里程碑中撤轮挡和起飞是最关键的事件。在航班运行的整个转场过程中，使用预先计划好的里程碑时间来推算每架航班的预计推出时间，该时间是航空公司和地面服务保障单位共同努力以达成的目标，一旦某个航班无法按时完成转场流程，势必对后续的航班造成延误影响。通过对航班各个里程碑的监控，可以提早发现转场流程中可能出现的问题，以便提早安排对策[104]。

实现 A-CDM 信息共享后，A-CDM 平台通过一系列"里程碑"的事件跟踪航班进程、解释更新下游信息、并据此定义预计值的目标准确度的规则和方法。A-CDM 的不同参与方单位可负责不同的里程碑，但目的都是将某航班的所有里程碑整合成一个通用的无缝流程。里程碑方法的主要目标是在航班进港和过站时，进一步提高所有参与方的共同情景意识[105]。这一功能更具体的目标是：

(1)确定重要事件并利用这些事件跟踪航班进程，以及关键事件即里程碑的分布；

(2)定义信息更新和触发事件：新参数、下游预计值更新、告警电报、通告等；

(3)根据移动时间窗口，从精确性、及时性、可靠性、稳定性和可预测性方面规定数据质量；

(4)确保进场和离场航班的连接；

(5)事件被干扰时，能及早做出决策；

(6)提高信息质量，沿航班进程(进场、着陆、滑入、过站、滑出和离场)选定一组里程碑，其中涉及不同的参与单位。

航班关键里程碑监控可以自动监视航班进程，随着航班通过各里程碑，可增加和修改更多飞行计划、ATFM 措施、实际进程等信息，下游里程碑也得到同步更新，需要时会发出告警。航班关键里程碑监控如图 7.4 所示。

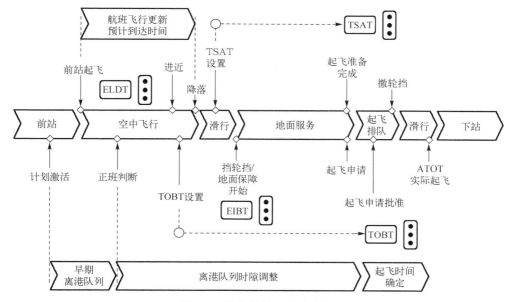

图 7.4　航班关键里程碑监控

3. 可变滑行时间精确预测功能

滑行时间的定义是：进场航班实际滑入时间(Actual Taxi-In Time，AXIT)指实际着陆时间(Actual Landing Time，ALDT)和实际挡轮挡时间(Actual In-Block Time，AIBT)之间的时间段；离场航班实际滑出时间(Actual Taxi-Out Time，AXOT)指实际

撤轮挡时间（Actual Off-Block Time，AOBT）和实际起飞时间（Actual Take Off Time，ATOT）之间的时间段。

由于航空器的机型、停放位置、滑行跑道不同，航空器在机场的滑入时间和滑出时间也是各不相同的。使用可变滑行时间（Variable Taxi Time，VTT）可以更加准确地预测出航班的起飞时间。同时，VTT 能帮助空管合理优化航路安排，从而尽量减少由流量控制而造成的航班延误。VTT 作为极其重要的一个中间环节，它的预测准确度直接影响到预计上轮挡时间（Estimated In-Block Time，EIBT）、预计起飞时间（Estimated Take Off Time，ETOT）、目标起飞时间（Target Take Off Time，TTOT）和中央流量管理单元计算的起飞时间（Calculated Take Off Time，CTOT）。

设计复杂的机场，跑道和停机位的布局将导致滑行时间的极大差异。根据历史数据、运行经验或集成工具对不同数据排列进行计算，能为各航班提供更实际的滑行时间。对于进场航班，预计/实际着陆时间（Estimated Landing Time，ELDT）加上预计滑入时间（Estimated Taxi-In Time，EXIT），可得到准确的预计挡轮挡时间；对于离场航班，预计撤轮挡时间（Estimated Off-Block Time，EOBT）或目标同意开车时间（Target Start Up Approval Time，TSAT）加上预计滑出时间（Estimated Taxi-Out Time，EXOT），可得到预计起飞时间或目标起飞时间。中央流量管理单元利用这些数据计算起飞时间，然后更新增强型战术流量管理系统（Enhancement Tactical Flow Management System，ETFMS）中的飞行剖面，从而优化 ATFCM。最后，根据通用规则与机场具体规定，可计算得出满足精确度要求的滑行时间。

4. 放行预排队功能

离场前排序允许空管处理来自过站流程的目标撤轮挡时间（Target Off-Block Time，TOBT），空管可以根据 TOBT 更新空管不合理的放行队列，避免航空器在跑道入口处的长时间等待，航空器可更高效，以优化的次序离开停机位。利用目标撤轮挡时间，以及停机坪、滑行道和附近跑道上的交通运行情况掌握航空器进程，基于航空器进程空管可提供目标同意开车时间，将每架航空器排入高效的离场前次序（撤轮挡）中。因此，离场前排序的主要目标是提高排序的透明度；通过可预测目标同意开车时间和目标起飞时间，提高事件的可预测性；提高正点率（如遵守时隙、航空公司时刻表等）[106]。

应用该功能，仍由管制员负责确保跑道的起降架次、优化容量和安全。对每个机场而言，可确认本场资源优化的瓶颈：停机坪、登机门、滑行道和跑道。当需要除冰时，排序将会发生重大变化，那么除冰就可能成为瓶颈，因此在计划排序时需要调整具有最小容量的资源，离港预排队机制如图 7.5 所示。

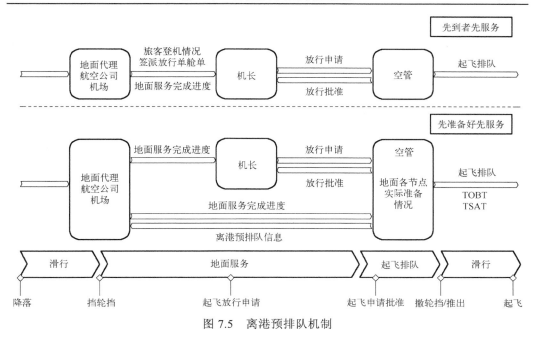

图 7.5　离港预排队机制

5. 不利事件的预测与处理

不利事件预测与处理功能包括在预测到的或未预测到的容量降低期间，对机场容量的协同管理。其目标是在机场协同决策参与方之间形成共同情景意识，为旅客提供更好的信息，提前预测干扰事件，并在干扰事件之后迅速恢复。只有当机场已实施信息共享、航班关键里程碑监控、可变滑行时间精确预测及放行预排队等功能之后，才能实现对不利事件的预测与处理功能[103]。

许多计划外的不同事件可影响机场的正常运行，并降低机场容量，使其大大低于正常运行水平。对某些不利事件的发生及其影响范围和强度的预测，将有利于机场快速做出相应的应对措施，即使在机场容量减小的情况下也可以使得机场能够安全运行。

A-CDM 可预测的最关键的不利事件包括：

(1) 天气及相关的跑道和滑行道构型。尤其是风对使用跑道和相关滑行路线产生的主要影响，预计的构型将确定机场在给定时段的可用容量。

(2) 除冰。预测是否需要除冰以及将执行除冰的等级，确定其对容量的影响。

(3) 施工和维修工作。这类计划的工作不一定对容量有影响，若有影响，评估其大小。

(4) 技术资源可用性。每个机场需要一组技术资源来保证正常容量，监视这些资源的实际可用性和未来可用性，若可用性发生变化，评估其对容量的影响。

(5)行业行动。各机场 A-CDM 参与方必须及时提供和共享有关已知的、计划的影响其运行的行业行动，评估对其他参与方和整体容量的影响。

6. 航班更新协同管理功能

机场 A-CDM 通过航班更新协同管理功能接收航班更新电报(FUM)和离场计划信息(DPI)电报，从而获取进场航班信息，改善离场航班的 ATFM 时隙管理流程。其目标是改善 A-CDM 机场内 ATFCM 与机场运行之间的协调性。在与中央流量管理单元合作实施航班更新协同管理功能之前，首先要实施信息共享、航班关键里程碑监控、可变滑行时间精确预测、放行预排队、不利事件预测与处理等功能。

欧洲航空安全组织提出的 ATFCM 主要用于管理需求和容量之间的平衡。在此范围内，该策略的目的是考虑可用资源，在强调优化网络容量的情况下确保航班正点率和效率。此策略并不希望强迫空域用户接受 ATFCM 的解决方案，如通过中央流量管理单元发布 ATFM 的航班延误信息，而是通过健全的协同决策过程广泛传播相关的、及时的信息。

ATFM 是以空中交通安全、有序、快速地流通为目的而设置的服务，最大限度地利用空中交通管制的容量，确保交通量与有关空中交通服务部门宣布的容量相匹配。ATFCM 是对 ATFM 的拓展，还包括交通模式和容量管理的优化。ATFCM 旨在通过平衡容量与需求，在利用现有资源的基础上提高航班正点率和运行效率，其重点是通过协同决策流程来优化网络容量。

ATFCM 实用效果的关键是信息的可用性和准确性，尤其是飞行计划数据质量，因其是 ATFCM 所有战术决策的基础。在不断接近离场时间时，信息的质量不断提高，但从网络角度看，航空器运营人提供的预计起飞时间的准确度和空管提供的实际起飞时间的准确度之间存在区别。通过向中央流量管理单元提供准确的预计起飞时间/目标起飞时间信息和其所有变化，A-CDM 机场将确保保持交通预测的准确度。

通过航班更新协同管理功能建立了 A-CDM 与中央流量管理单元系统的信息交换模式，航班更新的协同管理改善了机场运行的网络化，使航路与进场限制和离场计划成为一个整体[106]。航班更新协同管理带来的主要帮助有：

(1)保证航路和机场运行信息的完整性；

(2)通过完善进港航班的初始信息提高地面运行的可预测性；

(3)改善起飞时间预测，提供更准确、更可预测的交通情况，可改善 ATFM 时隙分配。

航班更新协同管理是 A-CDM 对 ATFCM 的贡献。改善与中央流量管理单元时隙分配流程的合作，将进一步增强航空器运行和机场运行的灵活性。该功能还将有助于不利事件的管理。

在航班更新协同管理时，中央流量管理单元和机场的信息交换通过下列方式实现：

（1）有关机场向中央流量管理单元发送离场计划信息电报（DPI）；

（2）中央流量管理单元向有关机场发送航班更新电报（FUM）；

就网络管理而言，航班更新协同管理将带来极大益处。它不仅将提高离场前航班信息的准确度，从而提高 ATFCM 活动的效率，还将连通网络层面和本场运行（航空器运营人和机场），采取更协同式的方法管理交通。

由于这样的联系，对航班（交通流）采取的行动将得到改善，减少"单方面"措施的需要。航班更新协同管理功能如图 7.6 所示。

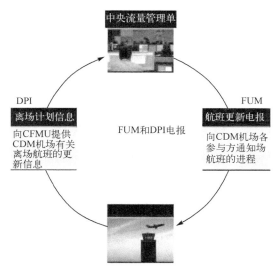

图 7.6　航班更新协同管理功能示意图

总之，A-CDM 为机场生产提供一个信息共享的运营环境，使各相关营运单位均在统一的协同决策平台之下自动化运行。随着国内应用 A-CDM 系统的机场越来越多，全国范围内的空中交通流量管理效率必定会得到提高，同时可能会改变传统的工作业务流程，进而为机场带来更多的效益[104]。A-CDM 系统为空管、机场、航空公司带来的好处是巨大的，该系统包含三大关键技术，分别为协同流量调配技术、协同时隙分配技术以及协同航班调度技术，接下来将围绕这三大技术详细介绍 A-CDM。

7.2　协同流量调配技术

7.2.1　机场协同流量调配

机场流量分为进场流量和离场流量，与之相应的机场容量分别为进场容量和离场容量。目前大多数流量管理、优化决策的研究都将进离场视为相互独立的两个过程，而且将机场容量视为一个恒定值。然而，针对我国大多数机场只有一条跑道的现状而言，进场流程和离场流程实际上是相互影响和制约的两个过程，虽然目前众多机场正在不断增设进离场独立运行的跑道，但是在运行繁忙时，进场和离场仍然相互协调使用跑道[107]。机场进离场系统如图 7.7 所示。

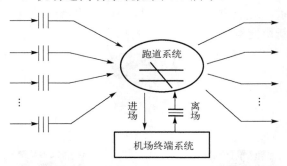

图 7.7　机场进离场系统示意图

　　相关研究表明,机场进场容量和离场容量一般表现为如图 7.8 所示的机场(跑道)容量曲线。可以发现，机场容量不是恒定的，是随机场天气的变化而显著变化，甚至与航空器类别、组合比例及顺序都直接相关。一般情况下机场按两种规则运行：目视飞行规则(Visual Flight Rules，VFR)和仪表飞行规则(Instrument Flight Rules，IFR)。前者在天气较好时使用，对应的机场容量较大；后者在天气较差时使用，对应的机场容量较小[107]。

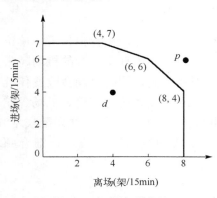

图 7.8　机场容量曲线

　　机场容量调配是平衡航班需求和机场供给。机场供给一般表现为如图 7.8 所示的容量曲线，图中的点称为进离场航班需求点。当航班需求小于或等于机场供给时，即图中需求点处于容量曲线内侧(如 d 点)时，则进/离场需求均被满足，没有航班发生延误。当航班需求大于机场供给，即图中需求点处于容量曲线外侧(如 p 点)时，则会造成某些航班延误，此时须合理分配进离场流量，使之与容量协调匹配，即在容量曲线上寻求最优的容量配置点(或称为最优流量分配点)，使延误损失降到最小。

7.2.2　协同流量调配模型

　　根据以上分析，建立协同流量调配模型，在建立模型之前定义以下符号，辅助读者理解。

T：预调配的时间区间，由若干时段组成，时段长短为 ΔT（如 15 分钟），$T = \{t_1, t_2, t_3, \cdots\}$

$t \in T$：定义 t_{N+1} 为区间外的下一个时段，其容量无限。

Dep：T 时间内的离场航班 d 集合，$d \in \text{Dep}$。

Arr：T 时间内的进场航班 a 集合，$a \in \text{Arr}$。

F：T 时间内的所有航班 f 集合，$F = \text{Dep} \bigcup \text{Arr}$，$f \in F$。

Φ：不同天气状况下的机场进离场容量曲线集合，$\Phi = \{\Psi^{(1)}(u,v), \Psi^{(2)}(u,v) \cdots \Psi^{(m)}(u,v)\}$。

$\Psi_t(u,v)$：t 时段的机场进离场容量曲线，$\Psi_t(u,v) \in \Phi$。

e_f：航班 f 预计进场或离场时间，即在交通畅通的情况下按原计划到达或起飞时间。

T_f：航班 f 可能的进场或离场时段集合，$T_f = \{t \in T \mid t \geqslant e_f\} \bigcup \{t_{N+1}\}$。

$C_f(t)$：航班 f 在 t 时段进场或离场的延误损失函数。

$$C_f(t) = c_f(t - e_f)^{1+\varepsilon} = \begin{cases} c_f^a (t - e_f^a)^{1+\varepsilon} = C_f^a(t), & a \in \text{Arr} \\ c_f^d (t - e_f^d)^{1+\varepsilon} = C_f^d(t), & d \in \text{Dep} \end{cases} \tag{7-1}$$

其中，C_f 是航班 f 的延误损失系数，代表单位时间内航班延误损失，由航空器机型、重要程度等因素决定，$f \in F$。相同机型的航班越重要，延误损失系数越大，优化引起的延误损失就越小，因此可作为航空公司协同决策的偏好信息。参数 ε 表示航班延误成本的缓慢超线性增长，$0 < \varepsilon < 1$。

根据以上定义，建立以下数学模型，该模型为总体目标函数：

$$\min \left\{ \sum_{d \in \text{Dep}} \sum_{t \in T_d} C_f^d(t) x_d(t) + \sum_{a \in \text{Arr}} \sum_{t \in T_d} C_f^a(t) x_a(t) \right\} \tag{7-2}$$

该目标函数的约束条件如下：

$$u_t = \sum_{a \in \text{Arr}} y_a(t), \quad v_t = \sum_{d \in \text{Dep}} x_d(t), \quad \forall t \in T \tag{7-3}$$

$$0 < u_t < U_r, \quad 0 < v_t \leqslant V_t, \quad \forall t \in T \tag{7-4}$$

$$\alpha_t u_t + \beta_t v_t \leqslant \gamma_t, \quad \forall t \in T \tag{7-5}$$

上述约束条件为机场容量约束，它们构成了机场容量限制下的流量分配点域（容量曲线以内或以外），在点域内寻求最优分配点，确保流量与机场容量协调匹配；其中式 (7-3) 为流量计算约束，式 (7-4) 为最大容量约束，式 (7-5) 为容量曲线约束；以上数学模型的求解为模型应用的难点，推荐使用遗传算法求解。

7.3　协同时隙分配技术

随着航空运输的快速发展，在开放空域量相对减小的同时，空中交通需求也在急剧增加。恶劣天气等突发原因会引起机场及空域容量的急剧下降，严重影响空中交通运输的正常运行与飞行安全，是导致大面积航班延误的主要原因。协同地面延误程序(collaborative decision making ground delay procedure，CDMGDP)是一种安全、高效和公平的空中交通流量管理措施，用来解决机场供给突发下降而造成大面积航班延误的问题[114]。CDMGDP通过流量管理者(Traffic Flow Manager，TFM)与AOC之间的协作，为受影响的航班重新分配时隙资源(航班进出港可用时间)，使其在起飞机场地面等待，以减少改航、备降或空中等待等情况的发生，提高了飞行安全性，降低延误损失和经济消耗。协同时隙分配是CDMGDP的核心技术，其关键在于如何有效、公平、合理地重新分配时隙，研究科学合理的时隙分配方法对于机场运行控制具有巨大的经济价值和重要的现实意义。

7.3.1　地面延误成本分析

延误成本是机场发生延误后调节各航空公司之间利益平衡的主要评价指标，本节将建立飞机地面延误指标，为后文的介绍奠定基础。

在介绍延误成本模型之前定义以下符号：

F：地面延误程序(ground delay procedure，GDP)期间受影响的航班集合，$F = \{f_1, f_2, \cdots, f_m\}, f \in F$；

S：时隙s序列集合，$S = \{s_1, s_2, \cdots, s_n\}, s_j \in S, s_j = t_j$；

t_j为s_j的时隙(起始)时间；由GDP期间的机场进场容量(AAR)确定，例如11:00-12:00；

在GDP期间，若AAR=6架/小时，则创建出10分钟间隔的时隙序列集合，$S = \{10:00, 10:10 \cdots 10:50\}$；

A：GDP期间涉及的航空公司a集合，$A = \{a_1, a_2, \cdots, a_r\}, a_l \in A, l = 1, 2, \cdots, r$；

F_a：航空公司a的航班集合；

T_i：航班F_i可用的进场时隙集合$T_i = \{s_j \in S \mid ota_i \leqslant_j\}, T_i \subseteq S$。

地面等待问题的根本目的是消除空中等待，因此把空中等待全部转化为地面等待，不考虑空中延误成本。定义C_{ij}为把时隙S_j分配给航班f_i引起的地面延误成本，计算公式表示为：

$$c_{ij} = \omega_i \cdot (t_j - ota_i)^{1+\varepsilon}, \quad s_j \in T_i, f_i \in F \tag{7-6}$$

式中，参数ε用来表示航班延误成本的缓慢超线性增长，$0 \leqslant \varepsilon < 1$。$\omega_i$是航班$f_i$的

单位时间的地面延误成本，主要由延误航班单位时间的运营成本、航空公司盈利损失和旅客延误经济损失组成；航班运营成本直接由航班机型确定，航空公司盈利损失主要由航班载客数、平均票价、平均净利润和平均飞行时间确定，旅客延误经济损失主要由单位时间每名旅客的延误成本和载客数确定[114]。则 ω_i 可表示为：

$$\omega_i = \alpha_i^{yy} + \alpha_i^{yl} + \alpha_i^{lk} = \alpha_i^{yy} + p_i n_i v_i / h_i + l_i n_i \tag{7-7}$$

式中，α_i^{yy}，α_i^{yl}，α_i^{lk} 分别为航班 f_i 单位时间的运营成本、盈利损失和旅客经济损失，n_i、p_i、v_i、h_i 分别为航班 f_i 的载客数、平均票价、平均净利润率和平均飞行时间，l_i 为每名旅客单位时间的平均延误成本。

7.3.2　时隙分配评价指标

协同时隙分配实质上就是根据延误成本在航空公司之间分配总延误。时隙分配方案的优劣主要体现在产生的总延误成本及其在航空公司之间分配的公平性。因此，时隙分配方案优劣的评价标准主要包括功效性标准和公平性标准[107, 114]。

(1)功效性标准：要求尽量减小航班总延误成本。总延误成本越小表示分配方案越好，反之越不可取。

(2)公平性标准：要求尽量使总延误成本在航空公司间分配均衡。通常使用以下两种公平性度量方法来量化、比较、分析航空公司间的损失，衡量公平性。

公平性标准的量化可以通过以下两种公平性度量方法：

(1)功效公平度。航空公司的总延误成本比重与其总单位延误成本比重之比。根据功效分配原则，航空公司有多少比例的单位延误成本就应该分配多少比例的损失。因此航空公司的功效公平度越接近 1 表示分配到的损失与其成本就越相当，对该航空公司就越公平；反之，越不公平。如果所有航空公司的功效公平度都等于 1，则说明分配完全均衡、绝对公平，当然这是一种理想状态。

$$e_a = \frac{D_a \big/ \sum_{a \in A} D_a}{\sum_{f_i \in F_i} \omega_i \big/ \sum_{f_i \in F} \omega_i} \tag{7-8}$$

式中，D_a 为航空公司 a 的总延误成本：

$$D_a = \sum_{f_i \in F, s_i \in T_i} c_{ij} x_{ij} \tag{7-9}$$

(2)当量航班平均延误成本。航空公司的总延误成本与其当量航班量之比。当量航班量是指把所有不同性质的航班当量换算成某一性质的航班后的当量航班总数。引入当量航班量的目的在于便于量化、比较、分析航空公司间的平均延误。航空公司之间的当量航班平均延误成本越相近说明分配越公平；反之，越不公平。

当量航班的换算通过以航班的单位地面延误成本为基准来实现。换算公式如式(7-10)，表示为把航班 f_i 换算化成“标准”航班 f_s 后，就相当于 r_i^s 个航班 f_s，r_i^s 称为航班 f_i 换算成航班 f_s 的当量换算系数。

$$r_i^s = \frac{\omega_i}{\omega_s} \tag{7-10}$$

则航空公司 a 的当量航班量 R_a^s 可写成：

$$R_a^s = \sum_{f_i \in F_a} r_i^s \tag{7-11}$$

因此，航空公司 a 的当量航班平均损失 u_a 可表示为：

$$u_a = \frac{D_a}{R_a^s} \tag{7-12}$$

如无特殊说明，下文中航班平均延误成本均指当量航班平均延误成本。

7.3.3　协同进场时隙分配问题

协同进场时隙分配问题可以描述为：某机场由于容量限制能产生 n 个进场时隙资源，同时实际有 m 个航班等待降落进场，要求每个时隙只能至多分配给一个航班，并且每个航班必须分配到一个比航班计划进场时间晚的时隙。

由于每个航班的航班类型、航空器机型、要客等级、载客数量等因素的不同，不同的分配方案产生的总延误成本损失是不同的，各航空公司的损失也不同。协同进场时隙优化分配的目标是在满足分配技术有效性的基础上，寻求公平性最佳和功效性最大的分配方案，从而获得公平性和功效性均衡的最优分配方案，使时隙分配更趋合理。

1)单目标优化分配方法

单目标优化分配方法是指在 OPTIFLOW 优化模型的基础上，建立一种基于 3E 的优化模型，用以在确保有效性和公平性分配的基础上，实现分配的总体功效最优性，即模型的目标是在满足分配有效性和一定公平性约束的条件下，寻求总体功效性最大的分配方案。

2)优化模型

(1)功效模型。总体功效目标函数为所有航空公司总延误成本，也即所有航班的总延误成本：

$$\min \sum_{f_i \in F, s_j \in T_i} c_{ij} x_{ij} \tag{7-13}$$

(2)有效性约束。有效性约束要求每个航班必须配置一个比其计划进场时间晚的时隙,每个时隙至多分配给一个航班,从而使所有航班都能分配到时隙,所有时隙尽可能得以充分利用。每个航班必须配置一个比其计划进场时间晚的时隙:

$$\sum_{s_j \in T_i} x_{ij} = 1, \forall f_i \in F \tag{7-14}$$

每个时隙至多分配给一个航班:

$$x_{ij} = \{0,1\} \tag{7-15}$$

(3)公平性约束。公平与效率的均衡是指某种相对的、既能实现经济效率目标,又能满足社会公平要求的社会状态。一般来说,公平性原则可能与有效性、功效性原则相冲突,特别是当存在较大数量的决策单元时。因而在实际操作中,要同时达到功效性和公平性的要求往往比较困难,需要在它们之间进行一定的均衡性处理。通过采用反映公平性的基尼系数来量化公平性,从而建立功效性的公平性约束,以实现它们之间的均衡。基尼系数反映了资源分配的不公平程度,这个系数在 0 和 1 之间,数值越低,表明分配越均等;反之,越不均等。针对问题,基尼系数可表示成式(7-16),实际意义是航空公司之间总延误成本的偏差,G 值越小则损失偏差越小,说明分配越趋于均衡、合理。

$$G = \frac{\sum_{l=1}^{r-1} \sum_{1 < k \leqslant} |q_l D_k - q_k D_l|}{\sum_{a \in A} D_a} \tag{7-16}$$

其中,q_a 为航空公司 a 单位时间的延误成本与所有航空公司单位时间的总延误成本比,也就是航空公司 a 单位时间的功效占所有航空公司单位时间的总功效之比,即按航空公司的功效进行公平分配,而并非绝对平均主义分配。

$$q_a = \frac{\sum_{f_i \in F_a} \omega_i}{\sum_{f_i \in F} \omega_i} \tag{7-17}$$

然后规定 G 为不超过某一较小随机值的约束参数值,即 $G \leqslant \varepsilon$,$0 \leqslant \varepsilon \leqslant 1$,从而建立公平性约束:

$$\sum_{l=1}^{r-1} \sum_{1 < k < r} |q_l D_k - q_k D_l| \leqslant \delta \sum_{a \in A} D_a \tag{7-18}$$

根据以上提出的目标函数与约束条件,利用遗传算法可求得单目标优化结果,最终求得兼顾各方利益的离场时隙分配策略。

7.3.4　协同离场时隙分配问题

目前 CDM GDP 只涉及进场航班的时隙分配问题,而我国大多数机场只有一条跑道,航班的进场和离场势必互相影响;而且具有独立运行的多跑道机场在交通繁忙时,仍将进离场相互运作、协调使用。因此,CDM GDP 还应考虑离场航班,研究协同进离场地面延误程序(Arrival-Departure GDP under CDM,CDM-ADGDP),对我国机场运行控制来说既具有现实意义又具有经济价值。CDM-ADGDP 不仅涉及时隙资源分配问题,而且还应考虑进场和离场间的相关性,以及具有连续航程的航班(即进场和离场均由同一架飞机在当天顺序执行)进场和离场过程之间的相互影响[115]。
CDM-ADGDP 展示如图 7.9 所示,图中以 A、B、C、D、E 五个节点表示机场模型。正常情况下,来自不同机场的进场航班流进入 A 节点后,一部分进入 B 节点结束航程,另一部分具有连续航程的航班经 C 节点周转后,再与 E 节点流入节点 D 新加入的航班组成离场航班流,飞向各自的目的机场。在 CDM-ADGDP 情况下,需要重新配置进离场容量和时隙,使某些进场航班在其起飞机场地面等待,某些离场航班就地地面等待,以避免发生改航、备降或空中等待等情况。图中节点处的自环弧表示周转或地面等待。进场和离场的相关性一般表现为如图 7.10 所示的容量转化曲线,且随机场天气的变化而动态变化,其中 ABC 段为进场和离场的相互转化区[116]。

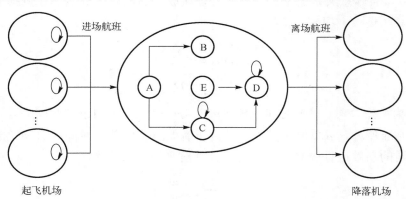

图 7.9　CDM-ADGDP 示意图

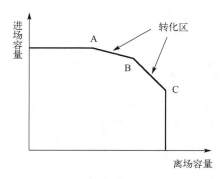

图 7.10　容量转化曲线

CDM-ADGDP 问题首先要确定进场和离场容量，然后再分配时隙。其策略思想是：将 ADGDP 划分为若干个区间，并随机为各区间配置进离场容量、动态创建时隙；然后把时隙分配给受影响的进离场航班。基于 3E 的多目标优化目标是在实现容量充分利用的基础上，在满足时隙有效分配的前提下，尽量使总延误损失降到最小，同时尽可能地使各航空公司承担的损失相对均衡，即实现时隙资源的高效、公平利用[114]。

为有效建立进离场时隙分配模型现定义以下符号：

T：机场 ADGDP 期间，根据期间天气状况把它分成若干个连续的时间区间，每个区间对应一种天气状况下的机场容量曲线。

Φ：机场 ADGDP 期间的机场容量曲线集合，$\Phi = \{\Psi_t(u, v) \mid v_t = \Psi(u_t), \forall T_t \in T\}$，$v_t = \Psi(u_t)$ 为 T_t 区间内的进场容量和离场容量的关系，u_t 和 v_t 分别为进场容量和离场容量。

S：机场 ADGDP 期间的时隙序列集合，$S_t \subset S_n$ 每个时隙序列由其对应区间的机场容量(进、离场容量的转化)确定。例如，假设区间 t_T($10{:}00 \sim 11{:}00$) 内的机场容量为 12 架次/小时(进场为 4，离场为 8)，则创建出 5 分钟间隔的时隙序列，$T_s = \{10{:}00, 10{:}05, 10{:}10, \cdots, 10{:}55\}$，其中有 4 个进场时隙和 8 个离场时隙。$s \in S$，$t_s$ 为 s 的时隙(起始)时间。

Arr：ADGDP 期间受影响的进场航班集合。

Dep：ADGDP 期间受影响的离场航班集合。

F：ADGDP 期间受影响的所有航班集合 $f \in F, F = \text{Arr} \bigcup \text{Dep}$。

ota_i：表示航班 f_i 的初始计划进场时间 $f_i \in \text{Arr}$。

otd_j：表示航班 f_j 的初始计划离场时间 $f_j \in \text{Dep}$。

XH：具有连续航程的航班对(续航航班对)集合 XH $= \{(f_i, f_j) \mid f_i \in \text{Arr}, f_i \in \text{Dep}\}$。

为实现多目标优化，需具备以下条件：

(1)功效性目标：要求分配达到整体最优性，通过最小化所有受影响的进离场航班的总延误成本来实现[114]：

$$\min h_1(u, v, x, y) = \left\{ \sum_{f_i \in \text{Arr}, s \in S} c_{is} x_{is} + \sum_{f_i \in \text{Dep}, s \in S} c_{js} y_{js} \right\} \tag{7-19}$$

式中，c_{fs} 为把时隙 s 分配给航班 f 引起的延误成本损失，其计算公式表示为：

$$c_{js} = \begin{cases} \omega_i(t_s - ota_i)^{1+\varepsilon}, & f_i \in \text{Arr}, s \in S \\ \omega_i(t_s - otd_i)^{1+\varepsilon}, & f_i \in \text{Dep}, s \in S \end{cases} \tag{7-20}$$

其中，参数 ε 用来表示航班延误成本的缓慢超线性增长，$0 \leqslant \varepsilon < 1$；它追求的是航班间的均衡，这与下文航空公司间的均衡会相互影响。ω_f 是航班 f 的单位时间的地面

延误成本。

(2)公平性目标[114]：要求在航空公司间公平地分配资源，即尽量使各航空公司承担的损失均衡。

采用航空公司间的公平损失偏差系数表示：

$$\min h_2(u,v,x,y) = \frac{\sum_{l=1}^{m-1}\sum_{1<k<m}|q_l D_k - q_k D_l|}{\sum_{a\in A} D_a} \tag{7-21}$$

式中，D_a 为航空公司 a 的总延误成本；q_a 为 a 单位时间的延误成本与所有航空公司单位时间的总延误成本比。

(3)有效性约束[114]：每个进场航班只能且必须配置一个比其计划进场时间晚的时隙：

$$\sum_{s\in S, t_s > ota_i} x_{is} = 1, \quad \forall f_i \in \text{Arr}$$

每个离场航班只能且必须配置一个比其计划离场时间晚的时隙：

$$\sum_{s\in S, t_s > otd_j} y_{js} = 1, \quad \forall f_i \in \text{Dep}$$

每个时隙至多分配给一个航班(进场或离场航班)：

$$\sum_{f_i \in \text{Arr}} x_{is} + \sum_{f_i \in \text{Dep}} y_{js} \leqslant 1, \quad \forall s \in S$$

每个区间配置的进场航班量不能超过该区间的进场容量：

$$\sum_{f_i \in \text{Arr}, s\in S_t} x_{is} \leqslant u_t, \quad \forall T_t \in T$$

每个区间配置的离场航班量不能超过该区间的离场容量：

$$\sum_{f_i \in \text{Dep}, s\in S_t} y_{js} \leqslant v_t, \quad \forall T_t \in T$$

每个区间内进场容量和离场容量满足的关系：

$$v_t = \Psi(u_t), \quad \forall T_t \in T$$

每个续航航班对配置的时隙时间间隔不能小于其最小时间间隔：

$$t_j - t_i \geqslant \Delta t_{ij}, \quad \forall (f_i, f_j) \in \text{XH}$$

符号限制条件：

$$\begin{cases} x_{is} = \{0,1\}, y_{js} = \{0,1\}, \forall f_i \in \text{Arr}, \forall f_i \in \text{Dep}, \forall s \in S \\ u_t \geqslant 0, v_t \geqslant 0, \text{且均为整数}, \quad \forall T_t \in T \\ \Delta t_{ij} > 0, \forall (f_i, f_j) \in \text{XH} \end{cases}$$

根据上述数学模型与约束条件，利用遗传算法即可求得兼顾各航空公司利益的离场时隙。

7.4　协同航班调度技术

协同的根本目标是安全、高效和公平地调度航班。空中交通流量战术协同管理技术，能实现安全、公平和高效的空管战术决策。协同航班调度技术作为一种战术协同空管技术，旨在为空管和机场当局制定安全、高效的战术决策，为各航空公司的航班配置公平、合理的起降跑道、次序与时间。

航班调度问题包括单跑道和多跑道起降航班调度问题。其中多跑道航班调度问题包括跑道指派和航班排序问题，属于典型的组合优化问题，是航班调度问题的重点和难点。

7.4.1　飞行延误成本分析

由于航班性能限制，每个航班都有最早降落时间、目标降落时间和最晚降落时间。航班以目标降落时间降落(准时降落)的成本最低，早于或迟于目标降落时间都会使成本增加。比如，需要加速或减速而使燃油成本增加，而且延误还会引起其他成本的增加，如延误时间过长，转机的乘客将可能错过联程航旅而需要补偿等。因此，延误损失(早于或迟于目标降落时间统称为延误)是由提前或延迟降落引起的，而且是以目标降落时间为零节点的分段式渐增的非负函数，即延误损失实际上描述的是由于航班偏离时刻表而追加的额外成本。此外，鉴于公平性考虑，将单个航班延误损失定义为时间的分段式超线性缓慢增长的幂函数，如图 7.11 所示。它表明：延误时间越长，单位时间的延误成本增长就越多。比较切合于实际，而且有助于避免过多地延误某些航班，降低最大航班延误，体现公平。

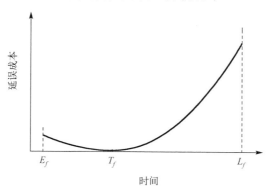

图 7.11　航班延误成本

航班 f 在 t 时刻降落的延误成本函数 $C_f(t)$ 如下所示。

$$C_f(t) = \begin{cases} c_f^e (T_f - t)^{1+\varepsilon^e} \\ c_f^l (t - T_f)^{1+\varepsilon^l} \end{cases} \qquad (7\text{-}22)$$

式中，指数 ε^e 与 ε^l 用来表示延误成本的超线性缓慢增长，能防止将较大的延误施加给某些航班，$0 < \varepsilon^e$，$\varepsilon^l > 1$。E_f，T_f 和 L_f 分别为 f 的最早、目标和最晚着陆时间，即延误成本函数在区间 $[E_f, L_f]$ 内定义。其中，c_f^e 为航班 f 提前降落的单位延误成本，由单位时间的飞行成本 α_f^{fx} 确定：

$$c_f^e = \alpha_f^{fx} \qquad (7\text{-}23)$$

c_f^l 为航班 f 延迟降落的单位延误成本，主要由单位时间的飞行成本和旅客延误经济损失 α_f^{lk} 确定：

$$c_f^l = \alpha_f^{fx} + \alpha_f^{lk} = \alpha_f^{fx} + l_f n_f \qquad (7\text{-}24)$$

其中，n_f 为航班 f 的载客数，l_f 为每名旅客单位时间的平均延误成本。

7.4.2　基于优先权的协同调度

由于空管部门、航空公司和机场当局站在各自角度，所关注的重点不同，因此他们对调度的要求是不同的。空管的任务是在保障安全的前提下，尽量使航空相关的战术决策与战略管理方案相一致；航空公司则希望自己的航班能准时地降落，且在延误发生时能具有较高的优先权；机场当局则强调及时的调度操作、最少的调度需求和最大的资源利用率。综合以上因素考虑，协同调度的中心任务是"准时"，因为航班越准时，战术决策与战略方案就越一致，延误损失就越小，系统资源也就越能得以充分利用。基于优先权的协同调度策略，在确保安全的前提下，以最小化总优先权重延误成本为目标，为每个航班配置最优的起/降跑道、次序和时间，取得了较好的效果。优先权调度的核心思想是实现延误转移，即让航空公司参与决策，自主给其航班一定的优先权，根据优先权重使延误在其航班之间转移。

1.　优先权重

在优先权调度中，航空公司通过为其航班指定优先等级参与决策。航空公司可以预先自主地为其航班指定优先级，作为协同决策的偏好信息；然而为公平起见，须要把各航空公司指定的优先级归一化、标准化为相对公平的优先权重，然后将它们作为航班的延误损失权重。这样优先级越高的航班，延误权重就相对越大，损失就会越少，且能体现调度的公平性。优先权调度策略可以在确保安全的前提下大幅度降低航班延误成本，同时由于航空公司的积极参与，使调度也具有一定的灵活性和自主性。优先权调度集空管、机场和航空公司等因素为一体，以航班延误公平转移的方式实现航空公司局部自主决策，本质上是一种基于航空公司考虑的调度策略，空管和机场等全局因素还未完全体现。而基于空管、机场和航空公司等多方综合考虑的协同调度策略则需要全面考虑所有这些全局因素。

定义 A 为涉及的航空公司集合，$a \in A$，$|A| = m$；F_a 为航空公司 a 的航班集合；R 为预先规定的优先等级集合，例如规定 5 个等级，则 $R = \{1,2,3,4,5\}$。R_a 为航空公司 a 指定的航班优先等级集合，由 a 根据其航班的重要性或偏好，在 R 内自主选择确定。

(1) 归一化处理：定义 p_a 为归一化后航空公司 a 的航班相对优先权重集合，$p_a^f \in P_a$ 为航班 f 的相对优先权重：

$$p_a^f = \frac{r_a^f}{\max\{\forall r_a^f \in R_a\}} \tag{7-25}$$

(2) 公平化处理：为了防止航空公司把其航班的优先级都指定为较高级而造成不公，还须根据指定的优先级为每家航空公司定义一个公平转化因子，以确保每家航空公司航班间的优先权重比不变，同时使航空公司间的平均(航班)优先权重相同，即在航班之间体现优先、在航空公司间体现公平。这样，不管航空公司如何指定其航班优先级，影响的只是自己航班的优先权重比，进而使延误仅在其航班之间转移，而不影响其他航空公司的航班延误。

定义 η_a 为 a 的公平转化因子：

$$\frac{\eta_a \sum_{f \in f_a} p_a^f}{|F_a| \sum_{a \in A} \sum_{f \in F_a} p_a^f} = 1 \tag{7-26}$$

则：

$$\eta_a = \frac{|F_a| \sum_{a \in A} \sum_{f \in F_a} p_a^f}{\sum_{f \in F_a} p_a^f} \tag{7-27}$$

(3) 标准化处理：$\bar{\omega}_a$ 为标准化后 a 的航班绝对优先权重集，$\bar{\omega}_a^f \in \bar{\omega}_a$ 为航班 f 的绝对优先权重，即延误权重：

$$\bar{\omega}_a^f = \frac{\eta_a p_a^f}{\sum_{a \in A} \sum_{f \in F_a} \eta_a p_a^f} \tag{7-28}$$

并且所有航空公司的平均优先权重相等，且与航班优先级无关。

2. 优先权调度模型

(1)目标函数。最小化所有航班的总优先权重延误成本：

$$\min \sum_{a \in A} \sum_{f \in F} \overline{\omega}_a^f C_f(t^f) \tag{7-29}$$

(2)安全约束条件。降落时间约束，确保航班在其可以降落的时隙内降落。

$$E[S_w(k)] \leqslant t[S_w(k)] \leqslant L[S_w(k)], \ \forall w \in \mathrm{RW}, \ \forall k \in S_w \tag{7-30}$$

跑道使用约束，确保航班有且仅有一条降落跑道。

$$\sum_{w \in \mathrm{RW}} \xi_{fw} = 1, \ \forall f \in F \tag{7-31}$$

安全间隔约束，确保航班在跑道清空且符合安全间隔标准的条件下降落。用以计算航班的调度时间，规定每条跑道上目标时间排在第一位的航班的调度时间等于在该跑道上的目标时间。

$$t[S_w(k)] = \max\{E[S_w(k)], t[S_w(k-1)]\} + \max\{s(c(S_w(k-1)), c(S_w(k))), O[S_w(k-1)]\}$$

$$t[S_w(1)] = T[S_w(1)], \ \forall w \in \mathrm{RW}, \ \forall k \in S_w \tag{7-32}$$

其中，F 为所有航班集合，RW 为跑道集合，S_w 为跑道 w 上的航班序列集合，$E[S_w(k)]$ 为跑道 w 上第 k 个航班的最早着陆时间；$L[S_w(k)]$ 为跑道 w 上第 k 个航班的最晚着陆时间；$T[S_w(k)]$ 为跑道 w 上第 k 个航班的目标着陆时间；$O[S_w(k)]$ 为跑道 w 上第 k 个航班的跑道占用时间；$s(c(S_w(k)), c(S_w(k-1)))$ 为跑道 w 上第 k 个航班与紧跟其后的航班间的最小安全间隔时间，主要由前后航班的机型确定，由以上目标函数与约束条件，利用遗传算法即可求得协同调度的最佳方案。

以上所述的关键技术是支撑 A-CDM 运行的关键，主要涉及的是结合我国实际情况的运营模式以及解决策略的简介。并且由上述介绍也可看出，A-CDM 运行效率关键是其软件与算法的性能，也是我国需要突破的重点所在，我国在这一方面的研究正在追赶世界先进水平。我国大型枢纽机场为了提高运行效率与运行安全正在逐步引进 A-CDM 系统，接下来将以广州白云机场为例，对 A-CDM 系统的应用加以介绍。

7.5 应 用 案 例

广州白云国际机场是国内三大复合型门户枢纽机场之一，如图 7.12 所示。广州白云国际机场一期工程于 2004 年 8 月 5 日投入使用，其后又实施了 1 号航站楼东 3 和西 3 指廊、公共货站及联邦快递亚太转运中心基地建设工程。机场现有 3800 米×60 米的东跑道和相应的滑行道系统，飞行区指标为 4F；3600 米×45 米的西跑道及相应的滑行道系统，飞行区指标为 4E；41 万平方米的 1 号航站楼；投入运营的站坪客机位 105 个，其中 68 个近机位、39 个远机位；45 个货机位，35 个维修机位。

图 7.12　广州白云机场示意图

飞速的发展也导致白云机场航班延误率居高不下，2010 年民航局公布的数据北京、上海、广州三地机场中，广州白云机场起降航班延误率最高。为了向旅客提供更加优质的服务、减少航班延误、提高运营效率，白云机场于 2013 年正式上线 A-CDM 系统。

白云机场 A-CDM 系统由五大子系统构成，包括协同决策信息交换子系统、航路排序子系统、离场排序子系统、电子进程单子系统和飞行计划处理子系统。

1) 协同决策信息交换子系统

协同决策信息交换子系统主要包括以下几个模块：

(1) 系统管理模块。系统管理模块主要包括日志管理功能、参数管理、组织架构权限管理等功能。日志管理功能用于记录用户登录系统后的所有操作，并提供对日志的查询功能；参数管理用于提供系统配置化管理，可对系统关键参数进行配置；组织架构权限管理用于用户、角色、权限的管理。

(2) 数据交换模块。数据交换模块主要包含航班动态信息交换接口、航班排序子系统信息交换接口、流量控制信息交换接口、航空公司运行数据接口和机场运行数据接口。航班动态信息交换接口处理的信息包括航班动态、航班计划、航班报文信息、机型机号、航线信息、航路信息等基础数据信息，将信息转换为系统定义的标准格式存入数据库；航班排序子系统信息交换接口负责将航班排序系统中的数据采集、整合，并提供实时的航班离港排序信息和预计起飞时间等数据，如图 7.13；流量控制信息交换接口从上级流量管理系统获得的流量信息，将信息进行解读，转化为系统定义的标准格式存入数据库，各个终端应用程序根据需要从中心数据库中获取需要的流量相关数据，进行相关的整合分析，提供给用户使用，如图 7.14；航空公司运行数据接口将从航空公司获得详细的飞行计划信息以及航班运行状态(飞行准备、地面服务等)信息，经过处理后传送给航班运行协同决策系统，同时，航空公司也从流量管理系统得到流量管理信息以及航班飞行的实际动态信息，航空公司的AOC 系统负责将其内部运行的信息过滤后转换为航班运行协同决策系统所需的信息，航空公司运行数据接口处理子系统负责提供转换后信息的本地接入，若航空公司内部不对信息进行转换，则转换过程将由航空公司数据处理子系统完成，如图 7.15；机场运行数据接口将从机场获得的机位分配及容量信息、机场的运行状态信息等相关信息经过处理后，转换为标准接口数据后传送给航班运行协同决策系统接口处理子系统，由接口处理子系统将数据存储到相应的数据记录中提供给其他业务应用系统使用，信息流程如图 7.16。

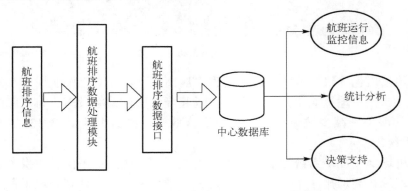

图 7.13　航班排序子系统信息交换接口处理流程

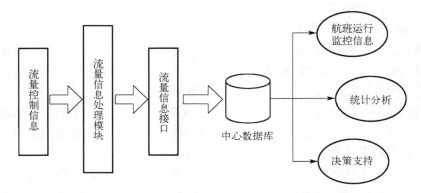

图 7.14　流量控制信息交换接口处理流程

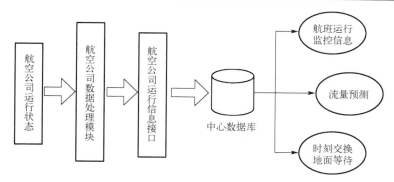

图 7.15 航空公司数据接口处理流程

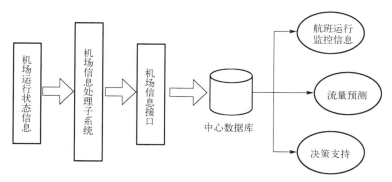

图 7.16 机场公司数据接口处理流程

(3)数据集成与展示模块。数据集成与展示模块包括数据集成和航班运行全过程展示功能。航班运行保障的数据包括航班计划、航班动态、地面资源准备等信息,这些信息分别来自空管、航空公司、机场公司等单位。数据集成部分完成的主要功能是将从空管、航空公司、机场公司等各单位采集的航班运行相关的信息进行处理、整合和分析,生成包含航班运行各环节的全生命周期完整信息,并保证数据的唯一性和权威性,数据集成的信息流程如图 7.17 所示。通过对航班运行中各环节数据的

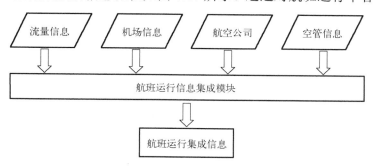

图 7.17 数据集成与展示模块信息流程

采集、整合和共享，实现航班全生命周期的全程监控，监控的主要环节包括前站起飞、进入本场终端区、本场落地、滑入、挡轮挡、各种地面保障服务(清洁、加油、机务、装卸货)、关舱门、撤轮挡、滑出、本场起飞，如图 7.18 所示。系统用户可以根据航班在各环节的运行情况，尽早采取措施，减少和降低航班保障过程中异常情况导致的影响。

图 7.18　航班进程监控示意图

（4）航班运行协同模块。机场协同决策模块提供各运行保障单位信息沟通的渠道和协同决策的平台，如发布各单位值班领导信息、机场动态等。尤其是当机场出现大面积航班延误及其他特殊情况时，该模块提供一些协同决策的辅助工具，便于机场各相关单位协同解决问题，使机场尽快恢复正常。协同决策的辅助工具包括挡轮挡时刻预测、航班时刻交换、航班延误预测、航班预计撤轮挡时刻协同工具、延误环节预警工具和不正常情况下的协同工具。

（5）数据分析与统计模块。数据分析与统计模块提供的工具包括航班关舱门等待统计、航班延误原因统计、航班延误时间统计分析等工具。航班运行保障过程中产生的各种数据，都会记录在协同决策子系统的数据库中。

（6）历史数据查询模块。历史数据查询模块主要完成历史数据的查询及导出功能。随着系统运行时间的推移，必然会产生许多航班运行保障数据。这些数据对于现场运行来说意义不大，但对于事后分析、统计查询、数据挖掘研究都有非常大的意义，因此系统会对航班运行保障过期数据导出到历史数据库。这不仅方便了统计分析查询的需要，同时也提高了系统的运行效率，使得统计分析与现场运行互不影响。

2）航路排序子系统

航路排序子系统主要构成有：

（1）数据采集与处理模块。协同放行涉及各类系统较多，数据类型复杂，需从多个系统采集所需的数据，并进行融合处理。数据采集与处理子系统主要完成对各数据源输入放行系统的数据进行提取、清洗、装载与处理，去除错误、虚假信息，提取有效信息，检查信息相关性，并将各类信息以航班为主要关注对象进行融合。

（2）数据发布模块。系统对外发布的主要数据项是 CTOT 和计算飞越时间（Calculated Time Over，CTO）。CTOT 发布到航班的起飞机场塔台，CTO 发布到沿途飞越的管制单位。系统将定义通信协议标准格式，用于 CTOT 和 CTO 的对外发布。

（3）航迹预测模块。航迹预测模块用于预测航班从起飞机场至落地机场的完整的位置-时间四维航迹。在航班处于计划状态时，基于航迹数据可实现空域飞行仿真，推算空域出现拥塞的时间、位置。航路排序子系统航迹预测子模块的重点是推算航班经过重要报告点的时间。

(4)排序模块。建立航路排序模块的目的是当区域内各重要航路点的流量即将超出其容量时，对受影响航班进行排序，将重要航路点流量控制在其容量范围之内，其总体目标是：根据通过扇区和重要点的交通流量和容量不匹配情况，对航班进行排序管理，实现流量和容量的平衡，达到平滑交通流的目的。系统在收到领航计划报之后，根据提取的相关信息对系统当前掌握的航班计划进行比对、更新。如果是出港航班则根据预计撤轮挡时间 EOBT，加上预计滑行时间 EXOT，得出目标起飞时间 ETOT。然后计算航班的四维航迹。对于受流控限制的航班，系统在 ETD 前 120 分钟安排航班参与排序。管制员可对航路排序队列进行人工修正和干预。

(5)排序显示终端模块。排序显示终端模块主要负责人机界面(Human Machine Interface，HMI)的处理与展示，包含两种功能类型的终端：中心节点放行终端(区域管制中心)与分节点放行终端(各终端区)。中心节点放行终端主要完成对各地放行数据的汇总及统一放行时刻发布工作；分节点放行终端主要完成上传放行需求、接收放行时刻及与中心节点进行协调等功能。在实现方式上，放行终端可以提供两种接入方式：与现有系统集成(窗口式)及独立显示终端，管制单位可按需求配置相应的终端类型。

(6)统计分析模块。记录航班在地面的申请放行、已发放行、准备开车、联系地面、推出开车、滑行、起飞、落地、进停机位等不同状态的运行数据；各席位操作、控制运行数据。系统自动记录各种信息，包括飞行计划、高空风数据、航班排序以及管制员修改排序等的信息。系统运行中记录的数据可以根据不同的需要进行分析统计和处理，根据需要生成报表、图表、图形，导出各种形式统计文件，并提供系统效益的分析、评估工具。

(7)运行管理与监控模块。运行管理与监控模块主要包含两部分功能：系统监控与配置管理。维护人员通过系统监控功能及时掌握系统各服务器、用户终端、数据网络及其他设施设备的运行情况，并可对不正常情况进行主动告警。当系统运行不正常时，可以通过监视席位重新设置某些参数和重启系统，以恢复系统正常运行。

3)离场排序子系统

离场排序子系统主要构成有：

(1)跑道运行模式管理模块。跑道运行模式管理模块主要的功能是完成机场跑道运行模式的设置。离场排序子系统可以在基础数据库中，利用跑道的参数生成跑道模式数据。用户根据现场运行的情况，灵活设置跑道运行模式，如单跑道独立运行、多跑道同时运行等。

(2)流量管理及流量管理系统集成模块。流量管理及流量管理系统集成模块主要功能是录入上级发布的流量控制信息，以及通过数据交换接口接收上级发布的流量控制信息。流量控制信息可以录入过点的间隔时间或者距离间隔、终端机场的流控，满足现场生产的各种需要。

(3)航班离港排序模块。在满足航路排序结果的条件下，根据航班飞行动态和排序规则对离港航班进行排序。当收到航班前站起飞或本站落地报文信息后，根据航班性质、民航局批复的航班计划时刻、FIFO 规则、航路间隔距离、机场机动区限制等要素进行排序，给出航班离港排队次序和预计起飞时间。当获取到航班的预计/目标关舱门时间后，航班离港排序模块将结合流量控制情况及运行条件约束，对航班进行排序，给航班分配时隙，并根据预计起飞时刻倒推计算出航空器在停机位撤轮挡、推出、开车时间，实现对离港航空器进行优化排序。排序的信息和预计起飞时间通过机场协同运行决策系统的终端发布给各运行保障单位。

(4)数据集成模块。数据集成模块的主要功能是对采集到的航班运行相关的信息进行整合、处理和分析，得到航班运行各环节完整的信息，以便作为航班排序子系统运行的数据源。如图 7.19 数据集成模块需要集成的数据包括航班计划、航班动态、地面保障等信息，这些信息主要来自协同决策信息交换平台。

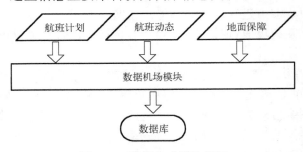

图 7.19　数据集成模块流程

(5)系统消息提示告警模块。系统消息提示告警模块主要完成航班信息异常提醒、航班状态异常提醒和流控信息变更提醒等功能。当航班状态出现异常时，系统将该航班标记为异常航班，并发出异常航班提醒信息，管制员根据这些信息可以得知航班出现异常，并进行人工处理。另外，在现场运行过程中，当航班被要求严格的起飞时间的时候，系统会对该航班的起飞时间进行显示和提醒，要求管制员进行人工干预，以保证航班的正常运行。

(6)运行终端席位软件模块。运行终端席位软件模块的功能是显示航班排序的状态，以及对航班排序进行手动干预。对即将起飞的航班，允许塔台管制员手动调整其排序和预计离场时间；进近管制员可通过系统手动修改或者确认航班排序和预计离场时间；当管制员手动干预航班的排序或预计离场时间后，实时排序模块不再对航班进行自动排序。

4) 电子进程单子系统

电子进程单子系统构成有:

(1) 场面滑行机动区信息采集与告警模块。因涉及机动区流量和地面滑行时间的计算, 航空器滑行道排序等功能, 滑行道限制、机动区限制都应当作为考虑因素。根据机场运行特点, 不停航施工及机场不断扩建的特点, 应当将机动区运行状况进行统一的管理, 并在电子进程单上有具体体现。

(2) 协同决策系统接口。塔台运行管理系统需要从协同决策系统及信息交换平台引接部分数据, 并向协同决策系统发布实时塔台信息, 因此需要建设协同决策系统接口模块。该模块负责处理塔台运行管理系统与协同决策系统间的数据传输。

(3) 航班关键节点记录模块。协同决策系统所需的航班生命周期关键节点信息, 较目前塔台运行管理系统所实现的内容更多。因此, 需要对塔台运行管理系统进行升级改造, 按协同决策系统建设需要, 完善航班关键节点记录功能。

(4) 塔台运行管理系统离场排序人机接口。协同决策系统的离场排序模块负责对所有场面航空器进行离场排序。塔台管制员需要实时掌握这一信息, 并在必要的时候人工干预排序结果。因此, 需要在塔台运行管理系统中增加离场排序模块人机接口, 负责处理人机交互信息。

5) 飞行计划处理子系统

白云机场飞行计划处理子系统现有模块包括:

(1) 飞行计划数据接口模块。飞行计划数据接口模块主要建设空管飞行信息处理系统(FIPS)系统飞行计划数据接口, 向广州白云机场机场协同运行决策系统提供飞行计划数据, 是协同决策系统运行的基础。

(2) 雷达数据接口模块。广州白云机场 FIPS 系统已经实现了从自动化系统引接雷达数据, 为降低对自动化系统的影响, 广州白云机场协同决策系统将从 FIPS 系统引接自动化系统雷达数据。

自 2013 年 6 月 30 日零时该系统试运行以来, 中南地区 5 个千万级机场的管制、航空公司相关部门密切联动, 协作配合, 航班协同放行总体运行顺畅。据不完全统计, 仅 2014 年 5 月节约关舱门等待时间 158019 分钟(减少燃油消耗 640 万磅, 减少二氧化碳排放 2000 万磅), 广州白云机场航空器平均滑出时间降至 11 分钟以下。2015 年 1~5 月, CTOT(计算起飞时间)执行率达到 85%以上。为各保障单位提供关键保障环节的数据支持, 可以最大化现有资源利用率、减少航班延误、改善旅客服务体验。

第8章　多机场联合运行指挥调度系统

8.1　多机场联合运行概述

多机场模式主要包括三种:"一市两场"、"区域多机场群落"和"机场集团"。

一市两场:一市两场目前甚至已经发展为一市多场,它是根据机场所在的城市划分,可以解释为某一城市拥有多个机场。例如上海市以浦东国际机场为主,构建的是枢纽航线网络和航班波,虹桥国际机场以点对点运营为主,在枢纽结构中发挥辅助作用。

区域多机场群落:区域多机场群落是指一个区域内为航空旅客或航空货主提供商业航空运输服务的一系列存在相互关系的机场组合。构成区域多机场群落的关键是机场提供商业运输服务和机场之间的相互影响,而不考虑机场的所有者或者是机场所在地区的行政界限[117]。多机场群落中各机场之间是相互合作关系,并在区域内资源共享。例如由同一个经济区的北京市、天津市和河北省构成的京津冀区域多机场系统。

机场集团:机场集团中包括一个枢纽机场和多个支线机场,枢纽机场对支线机场实行统一的经营、管理和监督,其关系是支配与被支配的关系[117]。例如以广州白云机场为枢纽机场、湛江和梅县为支线机场的多机场系统。

这三种多机场系统虽然有着各自的结构形式,但三者的系统构架和关键技术相同,因此后文中将以机场集团为例对其进行阐述。

8.1.1　多机场系统的概念

结合我国民航发展现状,多机场系统可以定义为:为了提升航空资源的有效利用率以及更好地满足航空运输需求,区域内两个或两个以上地理位置邻近的不同规模、不同等级的民用机场以一个或多个机场为核心,通过相互作用关系形成集聚,这样的一个机场集合就是多机场系统[118]。

根据这个定义,可以进一步明确多机场系统的含义:

(1)区域可以是指一个城市,也可以是相邻城市构成的城市群。

(2)商业运输服务的民用机场是构成多机场系统的成员。

(3)不同机场具有不同的定位和作用。每个多机场系统内都存在着至少一个具有支配或主导作用的核心机场。

(4)机场之间必定存在着密切的业务联系或显著的发展作用关系。

经济发达的都市区域往往给区域多机场系统的形成提供了有利的条件，由都市区域内的两个或两个以上的机场共同构成一个区域多机场系统。根据机场的运输量和功能定位通常将区域多机场系统内的机场分为两类：枢纽机场和支线机场。枢纽机场是指区域内航空运输量占很大领先优势的大型国际机场或复合型机场，相比之下，支线机场规模相对较小，通常指根据特定的航空运输细分市场而为航空旅客提供运输服务的机场。

8.1.2　多机场系统的特性

多机场系统具有以下几个特性：

（1）复杂性。多机场系统内机场之间的定位、功能、级别各不相同，形成了复杂的层次结构。同时，多机场系统内机场之间的相互作用关系是非线性和不确定性的，多个机场既有共同的运行规律，又有各自的运行规律。

（2）动态性。多机场系统是随着时间变化而处在不停的运动变化之中，机场运行态势随着时间的变化一直发生着改变，例如旅客数量、航班数量、机场保障资源等。

（3）相关性。多机场系统内的各个机场除了具有复杂的层次结构以外，还具有一定的相互作用和相互依赖关系。两个机场通过同一个航班建立起运行关系，当前站机场的运行态势发生变化后，势必会影响后续所有机场。

（4）环境适应性。多机场系统与环境是相互依存的。多机场系统的形成与发展依赖于环境提供的各项资源，因此多机场系统必须适应外部环境的变化。能够经常与外部环境保持最佳适应状态的系统才是理想的系统。在多机场系统的运营和管理过程中，不仅要注意系统内部的协调，而且要考虑系统与环境之间的协调。

采用多机场统筹协调的"一体化"管理模式，主要有以下优势：

（1）有利于协调多个机场的市场定位和分工，使得各类资源得到合理分配、航空需求得到合理响应，形成均衡的可持续发展。

（2）有利于开展新机场的市场培育，避免新机场项目的失败或者过长的市场培育期。

（3）有利于避免无序的过度竞争或恶性竞争，实现区域内机场发展的良性循环。

8.2　多机场联合运行指挥调度系统的功能及架构

多机场联合运行指挥调度系统依托广域网接入、海量数据中心、IMF 平台以及异地托管机制等技术手段实现机场辖区内的多机场联合运行智能协同指挥调度，整体提升机场集团运行管控效率和安全；完成对机场地面服务协同作业的指挥调度，保障生产信息的实时性、准确性、完整性，实现多主体生产信息的共享与交换；自动化发布动态生产信息；自动跟踪生产人员和车辆位置信息；全面实时监控各服务流程工序和控制点。多机场联合运行智能协同指挥调度样机系统架构如图 8.1 所示：

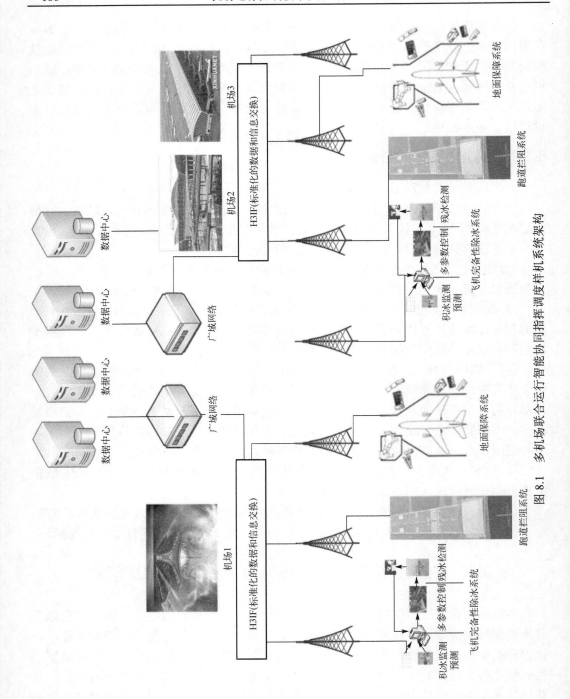

图 8.1 多机场联合运行智能协同指挥调度样机系统架构

基于多机场联合运行的指挥调度系统主要分为以下四个子系统：

（1）枢纽机场指挥调度地面服务子系统；

（2）枢纽机场指挥调度无线服务平台；

（3）两级智能信息服务平台体系；

（4）多机场联合运行指挥调度系统数据中心。

8.2.1 枢纽机场指挥调度地面服务子系统

机场地面调度服务以合约为基础，使生产运营工作规范化和制度化，不但引入资源管理概念，对资源的定性控制转变为定量控制，还引入航班保障进程概念，提高生产过程可视化程度。机场指挥调度地面服务子系统用于实现机场主要业务的调度管理和监控管理工作，系统以航班信息为主要信息源，建立完善的航班地面保障流程，采用先进的面向完整业务过程的系统模式，取代传统的按部门工作进行划分的管理思想，实现对各项服务工作的灵活、方便、高效管理。机场地面调度服务系统结构示意图如图 8.2 所示。

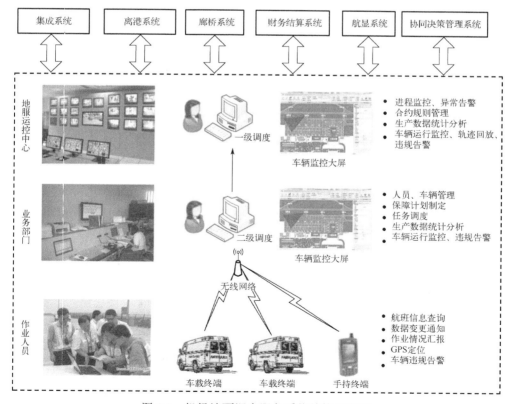

图 8.2 机场地面调度服务系统结构示意图

机场指挥调度地面服务子系统具体又分为三个系统，即：航班作业监控管理系统、地服作业保障系统和机坪车辆管理系统。

（1）航班作业监控管理系统。航班作业监控管理系统将航班动态信息、机场地服生产信息、航空公司生产作业信息以及航油、航食等单位的生产作业信息进行实时融合，形成整个机场的航班保障作业情况视图，帮助用户实现对整个机场作业航班的宏观监控。

（2）地服作业保障系统。地服作业保障系统主要围绕航班地面保障环节，提供资源管理、合约管理、进程管理、排班管理等功能模块，实现对航班保障全过程进行现代化的调度管理，帮助用户改善现有的生产调度模式，减少大量繁复的手工操作，从而提高整体协同水平和地服生产效率。

（3）机坪车辆管理系统。机坪车辆管理系统基于机坪无线通信网络链路，作为集机场、机坪、特种保障、车辆的监控、管理、调度等业务模块为一体的统一平台。系统采用多层架构模式，实现与地面作业保障系统的数据通信和服务的交互，是监管机场特种车辆地面保障流程的重要手段。

机场指挥调度地面服务子系统功能模块示意图及内容说明分别如图 8.3 和表 8.1 所示。

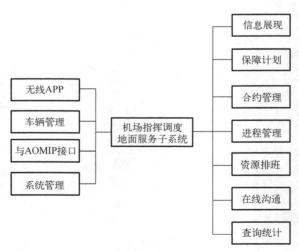

图 8.3　机场指挥调度地面服务子系统功能模块

表 8.1　功能模块内容说明

功能模块	内容说明
信息展现	面向地服生产保障流程，为不同的角色/岗位提供日常工作所需的航班、旅客、货邮行李信息参考，提供丰富的信息展示功能，如筛选、查询、配色、排序等，提供信息的主动刷新及变更提示功能

续表

功能模块	内容说明
合约管理	将机场与航空公司签订的服务协议,以及地面保障服务标准中可以被量化的指标进行统一管理。这些预设的参数指标将用作计算保障计划、资源排班及判断保障超时,使机场各生产部门在服务节点、作业规范要求、作业责任划分以及作业质量指标上达成一致
保障计划	根据次日航班计划、旅客预报,依据保障合约及服务标准,提前生成保障计划(含服务范围、时间要求以及资源需求等内容),帮助保障部门提前进行工作准备
在线沟通	为系统各在线用户提供基于文本信息的即时通信功能,方便各岗位进行文字信息沟通,提供常用的消息模板,自动记录信息历史以供查询
进程管理	根据机场保障流程及监管要求,设置如开、关舱门、挡轮挡、撤轮挡等监控环节,提供环节开始、完成时间记录功能,提供图形化界面动态展现保障进程,对保障超时进行预警提示
查询统计	面向地服管理部门、相关统计岗位,提供历史保障数据查询,提供各种视角、各种维度的统计功能
资源排班	面向保障部门调度岗位,提供保障资源管理,提供资源调度所需的参考信息,辅助进行保障资源的合理调度,调度指令通过无线网络发送到现场保障岗位
系统管理	面向系统实施人员、运行维护人员,辅助其进行系统初始化、故障排除、终端部署等日常维护管理工作,包括用户管理、参数设置、权限设置、操作审计等功能
与 AOMIP 接口	通过与 AOMIP 接口,实现航班、客货邮信息、驻场单位保障信息的接入,并对其他系统发布机场地服保障数据
无线 APP	为一线工作人员移动作业提供支持,功能包括数据查询、保障数据采集、进展汇报等,支持无线手持终端和无线车载终端
车辆管理	实现航班保障特种车辆的位置监控,辅助车辆调度

枢纽机场指挥调度地面服务子系统在完成机场地面保障相关业务支撑的基础上,向 CDM 及机场有关生产保障单位提供规范的、标准的、精确的机场地面保障作业数据,为机场的生产运营、高效运作提供坚实基础。

8.2.2　枢纽机场指挥调度无线服务平台

民航机场地面生产运行具有区域范围广、地点分散、工作地点随飞行器位置而不断移动等特点,当前的生产运行主要依赖于 600M 集群系统、有线 IP 网络、PSTN 电话网络等通信基础设施[117]。

为了实现机场业务流程和数据的一体化操作和管理,首要是对机场场面资源进行智能化的指挥调度。分解复杂的多机场联合运行协同中地面保障服务业务流,使其落在单个作业点上的信息支撑得以加强和完善;扩展现有枢纽机场的指挥调度系统功能,在完成作业区域网络覆盖无盲区的同时,构建无线服务平台,研发出有效解决生产高效和运营安全的无线应用。机场无线专网结构如图 8.4 所示。

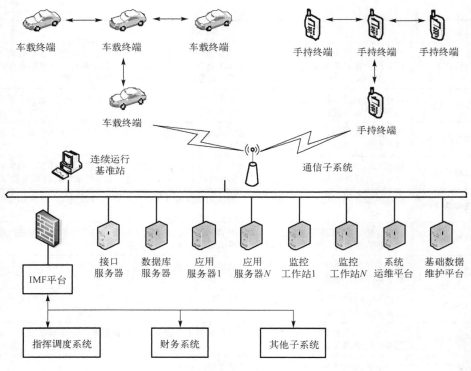

图 8.4　机场无线专网结构

8.2.3　两级智能信息服务平台体系

　　通过建立两级智能信息服务平台推动数据中心建设的方式，使单个机场作业点延伸覆盖多机场协同作业面，即利用业务数据交换智能处理系统、枢纽机场智能指挥调度系统和联合运营数据库，将各个作业点业务流串联起来，形成多机场联合运行的协同场景。这样，可在多家机场中的一家设置主运营平台，通过联合机场的智能管控系统实现多个机场的协同指挥调度，对于交通流量较小的机场而言，既享用大型机场信息系统的便利，又降低了单独建立一个大型信息系统的成本，还能提升机场之间的信息互通程度。基于多机场联合运行模式的异构业务系统无缝集成技术，构建两级智能信息服务平台，即业务数据交换智能处理系统和枢纽机场智能指挥调度系统，消除民航机场集团信息化中的"孤岛"现象，同时把多机场的异构业务系统有机地联系起来，兼顾业务数据集成和逻辑服务集成两个层面的工作。其系统架构示意图如图 8.5 所示。

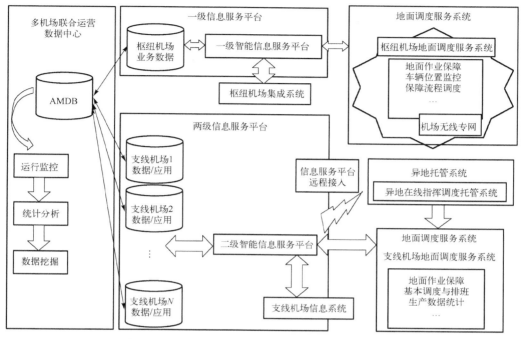

图 8.5　两级智能信息服务平台的系统架构示意图

　　两级智能信息服务平台主要依托于云计算技术的数据中心和面向中小机场的异地在线指挥调度托管系统，主要由一级智能信息服务平台和二级智能信息服务平台构成，枢纽机场和支线机场的智能信息服务平台均由 IMF 所组成。利用企业服务总线（Enterprise Service Bus，ESB）的概念构建出 IMF 平台成为当今机场弱电系统建设的最新模式。IMF 平台基于服务总线的概念构建消息传输的整体架构，面向各接入系统提供统一规范的各种服务，各系统都遵循统一制定的基于标准 XML 数据格式在 IMF 中进行消息的传输，IMF 对服务及消息的传输进行监控、管理和统计，实现对机场弱电系统消息传输的整体掌控。

8.2.4　多机场联合运行指挥调度系统数据中心

　　多机场联合运行指挥调度系统数据中心主要用于存储多机场航班生产运营的历史数据。它有统一的业务数据模型，对各个机场的航班历史数据进行清洗、转换和汇总后进行集中式的存储和管理。其主要通过实时接收各机场的航班动态数据并定期将动态数据转为历史数据的方式进行数据增量存储。

　　联合运营数据库基于云计算技术的数据中心建立，且基于基础设施即服务（Infrastructure as a Service，IaaS）、平台即服务（Platform as a Service，PaaS）和虚拟机等云计算技术手段，设计一个规模适当的多机场联合运行指挥调度系统数据中心，满足面向机场集团辖内多机场指挥调度业务数据共享的需求。数据库还配置有双机热备份服务器。其中，根据不同的业务应用，存储的介质选型能够适应业务需要，核心服务器可采用热备方式，支持 7×24 小时不间断服务。多机场联合运行指挥调度系统数据中心利用联机分析处理技术(On-Line Analytical Processing，OLAP)对航班动态和历史数据进行灵活应用，通过动态仪表盘和业务统计报表作为数据展示方式为机场管理决策层提供管理和决策相关的数据支持。

　　针对多机场联合运行的场景，设计了多机场前站航班适配器(图 8.6)，以及对应的多机场数据库，用于专门解析各机场自己的航班数据，并基于这些数据产生各机场联营所需的前站航班数据。这样能够将多机场之间的数据交互从各机场自身的业务系统中剥离出来，作为独立的系统存在，将多机场航班关联处理和机场本身传统业务解耦，保证各机场自身业务在获取关联机场信息的同时，不会对本身的系统运作产生过大的影响。

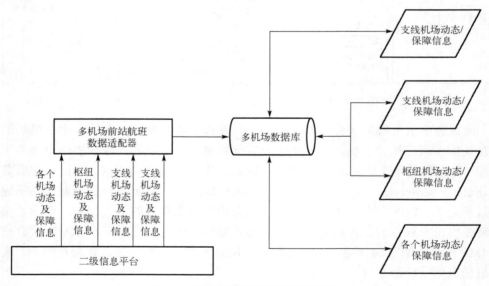

图 8.6　多机场前站航班数据适配器

1) 数据中心系统结构

多机场联合运行指挥调度系统数据中心主要通过对数据的获取、存储和应用进行操作。其系统结构如图 8.7 所示。

2) 数据中心系统主要功能

数据中心系统功能划分为两大功能模块：数据处理和数据应用。

数据处理是多机场联合运行指挥调度系统数据中心的关键部分，数据中心系统通过数据接口方式按规定的时间周期从各个机场获取生产数据，并通过清洗、转换

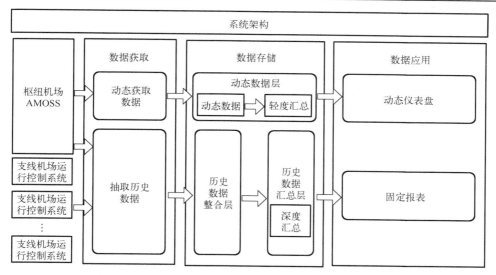

图 8.7　多机场联合运行指挥调度系统数据中心系统结构

等处理形成数据中心的核心数据。基于清洗转换后的数据进行汇总、计算等工作形成汇总的数据，利用处理后的数据，提供动态仪表盘、固定报表查询应用，以及生产业务统计与 KPI 指标监控功能，为决策层人员、管理层人员和专业分析人员提供统计分析与决策支持服务。

　　数据中心系统通过接入 IMF 平台实时接收航班消息，包括航班计划消息和航班动态消息。系统解析各机场的航班计划后将航班计划分别存入各机场对应的数据库实例。通过解析航班动态消息，动态更新航班计划。并且采用定期扫描新增消息的方式，对新增消息进行解析。在定期解析完消息并更新数据后，数据中心系统会启动数据汇总处理过程，将航班动态数据处理成方便统计的形式，为动态仪表盘的定时刷新提供最新状态的数据。航班动态的数据汇总处理仅针对动态仪表盘应用中所呈现的统计指标进行计算。

　　数据中心系统在每日规定的时间点会将航班动态数据导入航班历史数据。考虑到航班数据的修正问题，它不会只导入一天的数据，而是同时导入连续几天的数据，对航班历史数据进行滚动覆盖。当航班动态导入航班历史数据处理完成后，将启动数据汇总处理。汇总处理是对导入的航班数据进行处理，与航班动态数据汇总处理不同，航班历史数据的汇总处理主要是为航班历史数据统计提供最新状态的数据。因此，航班历史数据的汇总处理将处理更多的统计指标，同时这些最新的处理结果将覆盖原有的处理结果。航班历史数据汇总处理相对来讲会耗费较长的时间进行计算，但汇总后的数据更便于统计，将大幅提高统计数据查询的效率，大幅缩短数据查询的时间。

多机场联合运行数据中心的数据应用主要有动态监控仪表盘和固定报表。

(1)动态监控仪表盘。数据中心系统通过准实时的数据更新，利用仪表盘显示航班生产运行过程中的关键指标，实现多机场航班运行情况的单屏动态监控。动态仪表盘监控的关键指标包括：航班执行率、航班正常起降架次、航班不正常起降架次、航班正常率、正常放行架次。

(2)固定报表。主要报表如下。

日航班统计报表：按天统计各个机场的航班起降架次、延误架次、正常架次、正常放行架次、航班正常率、放行正常率，统计维度有进出港、航空公司、航线、统计时间等。

航站统计报表：按航站统计各个机场的航班起降架次、延误架次、正常架次、正常放行架次、航班正常率、放行正常率，统计维度有航站、进出港、航空公司、航线、统计时间等。

高峰时段统计报表：按天统计各个机场某个时间范围内高峰时段(高峰日、高峰小时)的航班起降架次，统计维度有进出港、航空公司、航线、统计时间等。

批次日期航班统计报表：按批次日期(存在跨天航班统计为前一日航班的情况)统计各个机场的航班起降架次、延误架次、正常架次、正常放行架次、航班正常率、放行正常率，统计维度有进出港、航空公司、航线、统计时间等。

8.3　无线专网一体化网络技术

目前多机场系统对无线应用的需求越来越高，其主要集中在两个方面：第一，查询航班，能够通过无线终端即时查询航班，并能实时获得航班动态；第二，执行任务，能够实现后台工作人员对终端工作人员指派的任务做出响应。这些需求一方面能够帮助作业人员实时地掌握航班的最新动态，及时地做好航班的任务保障工作，提高效率；另外一个方面可以向后台汇报保障作业的进展状况，能够让后台实时地掌握航班的任务保障进展情况，便于更好地调度和做好应急处理工作。

8.3.1　光纤专线接入技术

互联网专线接入业务是移动通信公司提供的高速带宽专用链路，直接连接 IP 网络，实现方便快捷的上下行对等高速互联网上网服务。通过分配静态公有 IP 地址以实现网络接入，为设备接口分配公有 IP 地址，客户内部使用私有地址，使所有客户端能安全、高效、稳定访问互联网。该技术具有以下优势[117]：

(1)使用的千兆以太网无源光网络(Gigabit-Capable PON，GPON)技术具有传输速度快、上网稳定等特点。光纤到户，相对传统 ADSL 铜线传输速度更快；在带宽方面，语音、数据、视频的三重播放(Triple-Play)需要大概十几兆到几十兆的带宽，

ADSL 的带宽日渐不能满足日益增长的需求，而 GPON 具有先天的优势，GPON 下行最大速率为 2.5Gbps，上行为 1.25Gbps，而 ADSL 的上行速率 512Kbps～1Mbps，下行速率 1Mbps～6Mbps。GPON 技术是基于 ITU-TG.964.x 标准的最新一代宽带无源光综合接入标准，具有高带宽、高效率、大覆盖范围、用户接口丰富等众多优点，被大多数运营商视为实现接入网业务宽带化、综合化改造的理想技术。表 8.2 为 GPON 的基础支持参数。

表 8.2 GPON 基础支持参数

参数		数值
传输速率	上行	1.24416 Gbps
	下行	2.46632 Gbps
支持最大逻辑距离		60 km
支持最大物理距离		40 km
支持最大距离差		20 km
分光比		1:64

(2)相对于传统 ADSL 铜线，光纤容易进行日后业务扩展。对于新增的语音固话、电路租用、集团 WLAN 等需求，只需在原来的线路上加装设备，做好数据即可快速开通，无需烦琐的建设。

(3)上下行速度对等，根据需求最多可配置 5 个公网 IP。

(4)移动专业售后，节省维护成本。移动通信公司有整个专业维护团队进行实时的监控，一旦发现问题或者接到报障，就会立即进行维护检修，保证无线网络的畅通运行。

8.3.2 无线宽带接入技术

无线宽带接入技术利用 5G 专网方案来实现，其具有多个优势[117]：

(1)高速网络。利用中国移动高速优质的 5G 网络，速度最高可达 1.25Gb/s。

(2)安全可靠。利用专网接入方式实现全私网架构。

(3)成本低廉。每个终端成本从 3～100 元不等，部署灵活、成本低廉。

(4)快速部署。客户无需拉线，能够快速在全国完成终端部署。

(5)管理灵活。可根据要求满足多种组网架构，灵活管理终端。

(6)服务丰富。可提供物理云平台，实现终端接入、批量业务管理，位置服务等。

利用专用接入点名称(Access Point Name，APN)的方式来实现无线宽带的接入，保证了公网以及其他客户的网络隔离。终端接入后直接与用户内部网络建立专用通道，由用户进行终端 IP 分配、组网管理、互联网出口控制等。这种方式具有高等级安全，可灵活虚拟组网。

APN 在通用分组无线服务技术(General Packet Radio Service，GPRS)骨干网中用来标识要使用的外部分组数据网(Public data network，PDN)，在 GPRS 网络中代表外部数据网络的总称。APN 由以下两部分组成：

(1) APN 网络标识是用户通过 GPRS 网关支持节点(Gateway GPRS Support Node，GGSN)或分组数据网网关(PDN Gateway，PGW)可连接到外部网络的标识，该标识由网络运营者分配给因特网业务提供者(Internet Service Provider，ISP)或公司，与其固定因特网域名一致，是 APN 的必选组成部分。例如，定义移动用户通过该接入某公司的企业网，则 APN 的网络标识可以规划为"www.ABC123.com"。

(2) APN 运营者标识用于标识 GGSN/PGW 所归属的网络，是 APN 的可选组成部分。

典型多机场系统无线网络结构拓扑图如图 8.8 所示。

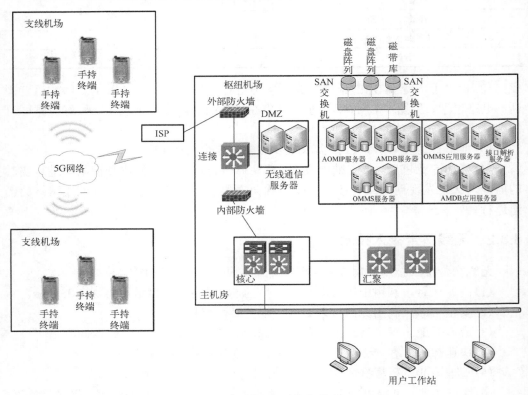

图 8.8　无线网络结构拓扑图

8.3.3　数据交互

如图 8.9 所示，反映了各个部分之间的数据交换，其中无线通信服务器扮演了极其重要的角色。无线通信服务器主要模块分为：无线连接控制模块、数据处理模块、数据库操作模块、远程方法调用模块。这些模块的具体功能如下：

（1）无线连接控制模块：用于无线 APP 访问控制、APP 连接控制，接受来自外网 APP 的数据请求，向 APP 反馈响应数据。它是无线 APP 与无线通信服务器数据交互的基础。

（2）数据处理模块：对原始数据进行处理，并加工成外部需要的数据向外输出。

（3）远程方法调用模块：负责处理远程对象之间的数据通信，实现数据的交互。

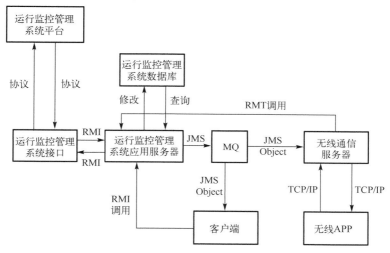

图 8.9　模块数据交换示意图

在实际应用过程中，这些模块相互配合共同完成数据操作：

（1）APP 数据查询：无线连接控制模块将来自 APP 的数据请求交给数据处理模块进行解析，并转换成 RMI 方法向 OMMS 应用服务器进行数据请求。OMMS 反馈结果交给数据处理模块封装成向 APP 发送的数据包，并交给无线连接控制模块反馈到 APP 中。

（2）APP 数据写入：无线连接控制模块对来自 APP 的数据写入交给数据处理模块进行解析，并转换成 RMI 方法向 OMMS 应用服务器进行数据写入请求。OMMS 反馈结果交给数据处理模块封装成向 APP 发送的数据包，并交给无线连接控制模块反馈到 APP 中。

（3）外部数据变更：外部数据变更时，接口将响应这样的变更，并通过远程调用方法给 OMMS 应用服务器。OMMS 应用服务器通过 MQ 将数据推送给数据处理模块进行处理。处理后，通过无线连接控制将变更发给 APP。

以 AOMIP 平台为基础，以无线通信服务器和 OMMS 应用服务器为中心，无线和 OMMS 的各部分进行频繁的数据交互，具体交互过程如下：

　　(1)APP 与无线通信服务器之间始终保持着 TCP 长连接，并通过数据对象字节流的方式实现数据的交互：APP 通过请求方式，向无线通信服务器索取基本的数据，包括航班信息、保障信息、配置信息等；无线服务器对 APP 的推送消息主要包括航班变更消息、通知消息、航班保障进展状况等。

　　(2)客户端与 OMMS 应用服务器之间通过 RMI 和 MQ 来实现数据交互。客户端通过远程调用方法(RMI)实现对应用服务器数据的获取，同时也包括航班查询、航班关注、保障信息获取、保障环节汇报等部分数据的提交；对于来自应用服务器的变更，通过 MQ 实现，应用服务器将变更消息发布到 MQ 当中，MQ 再将航班变更消息、通知消息、航班保障进展状况等消息对象推送到客户端。

　　(3)OMMS 应用服务器和 OMMS 数据库之间及无线通信服务器和无线数据库之间，服务器通过 Hibernate 来实现与数据库之间的交互，主要包括基础数据、动态数据和历史数据三个部分。

　　(4)应用服务器和 AOMIP 平台之间，OMMS 应用服务器和无线通信服务器之间通过接口与 AOMIP 平台进行数据交互。通过该接口，服务器可以从 AOMIP 获取地面服务单位、航食、油料等航班作业节点信息，机场航班信息和资源分配信息，服务器也可通过 AOMIP 向外提供关键作业节点信息或完整的作业信息，采用的接口通信方式主要基于 TCP/IP 协议。

8.4　机场地面智能指挥调度平台技术

　　机场地面智能指挥调度系统主要由四个部分组成：

　　(1)车载终端。接收指挥调度中心下发的调度任务信息，完成对机场车辆的调度并上报车辆进出位置信息。

　　(2)移动终端。接收指挥调度中心下发的调度任务信息，完成对机场生产人员的调度并上报生产人员的作业任务进展信息。

　　(3)调度客户端。接收调度指挥中心下发的调度任务信息，完成对机场服务资源的调度并上报服务资源调度进展信息。

　　(4)调度指挥中心。根据数据库中存储的航班信息、服务人员信息和服务设备信息生成不同的调度任务信息，分别下发到车载终端、移动终端和调度客户端；接收车载终端、移动终端和调度客户端上报的各种生产作业信息并进行统计分析，将分析结果输出。指挥调度中心包括应用服务器、无线通信服务器和数据库服务器。图 8.10 为多机场系统指挥调度中心示意图。

　　调度客户端通过 RMI 远程方法调用应用服务器上的服务资源完成对机场服务资源的调度。应用服务器通过消息中间件发布信息，多个调度客户端接收同一组消息。应用服务器和无线通信服务器通过 ORM 技术访问数据库服务器。移动终端和车载终端通过基于 Netty 的异步网络通信方式与无线通信服务器连接。机场地面智能指挥调度方法流程如图 8.11 所示。

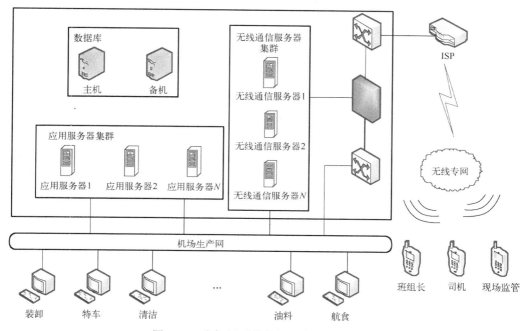

图 8.10　多机场系统指挥调度中心示意图

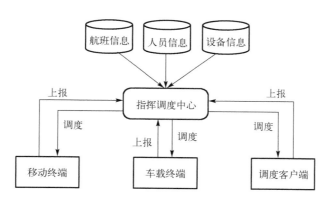

图 8.11　机场地面智能指挥调度方法流程示意图

8.4.1　RMI 技术

远程方法调用（Remote Method Invocation，RMI）技术是 Java 编程语言里一种用于实现远程过程调用的应用程序编程接口，它简化了在多台计算机上的 Java 应用之间的通信。它是计算机之间对象互相调用对方函数、启动对方进程的一种机制。使用这种机制，某一台计算机上的对象在调用另外一台计算机上的方法时，使用的程序语法规则和在本地机上对象间的方法调用的语法规则一样。RMI 技术的应用允许 Java 程序利用分布式计算将工作量分摊到多个虚拟机上，从而优化了程序的性能。

RMI 系统由几个部分组成：远程服务的接口定义、远程服务接口的具体实现、桩(Stub)和框架(Skeleton)文件、一个运行远程服务的服务器、一个 RMI 命名服务，它允许客户端去发现这个远程服务、类文件的提供者(一个 HTTP 或者FTP 服务器)、一个需要这个远程服务的客户端程序。

RMI 应用程序包括服务器程序和客户机程序两个独立的程序。典型的服务器应用程序将创建多个远程对象，使这些远程对象能够被引用，然后等待客户机调用这些远程对象的方法。而典型的客户机程序则从服务器中得到一个或多个远程对象的引用，然后调用远程对象的方法。RMI 为服务器和客户机进行通信和信息传递提供了一种机制。在与远程对象的通信过程中，RMI 使用 Stub 和 Skeleton 标准机制。远程对象的 Stub 担当远程对象的客户本地代表或代理人角色。调用程序将调用本地 Stub 的方法，而本地 Stub 将负责执行对远程对象的方法调用。在 RMI 中，远程对象的 Stub 与该远程对象所实现的远程接口集相同。调用 Stub 的方法时将执行下列操作：

(1)初始化与包含远程对象的远程虚拟机的连接；

(2)对远程虚拟机的参数进行编组(写入并传输)；

(3)等待方法调用结果；

(4)解编(读取)返回值或返回的异常；

(5)将值返回给调用程序。

为了向调用程序展示比较简单的调用机制，Stub 将参数的序列化和网络级通信等细节隐藏了起来。在远程虚拟机中，每个远程对象都可以有相应的 Skeleton。Skeleton 负责将调用分配给实际的远程对象实现。它在接收方法调用时执行下列操作：

(1)解编(读取)远程方法的参数；

(2)调用实际远程对象的方法；

(3)将结果(返回值或异常)编组(写入并传输)给调用程序。

从最基本的角度看，RMI 是 Java 的远程过程调用(RPC)机制。与传统的 RPC 系统相比，RMI 具有若干优点，因为它是 Java面向对象方法的一部分。传统的 RPC 系统采用中性语言，是最普通的系统，它们不能提供所有可能的目标平台所具有的功能。RMI 以 Java 为核心，可以采用本机方法与现有系统相连接。RMI 以自然、直接和功能全面的方式提供分布式计算技术，而这种技术可以不断递增和无缝地为整个系统添加 Java 功能。

8.4.2　规则引擎技术

规则引擎技术是一种嵌入在信息系统中的构件，它将频繁变化的业务规则从程序中剥离出来，放入规则库中进行管理和修改。规则引擎的基本原理是把提交给它的业务事实数据对象与加载在规则引擎中的业务规则进行测试和匹配，激活符合当前事实对象状态的业务规则，触发系统中规则对应的操作，完成对某些业务状态的改变。在业务规则频繁变化、约束关系复杂的业务场景中，规则引擎可以发挥很大的优越性。在基于规则引擎的机场生产管理系统软架构模型中，可以通过加载航班对象事实和航班运行业务约束规则完成模式匹配过程，激活并触发相应业务流程匹配规则来修改航班运行的状态信息，从而模拟如合约计算、资源排班规则计算等工作。使用规则引擎可以通过降低实现复杂业务逻辑组件的复杂性，降低应用程序的维护和可扩展性成本，其优点如下：

(1)分离商业决策者的商业决策逻辑和应用开发者的技术决策；

(2)能有效地提高实现复杂逻辑的代码的可维护性；

(3)在开发期间或部署后修复代码缺陷；

(4)应对特殊状况，如客户需求或业务逻辑在初期未考虑完善；

(5)符合组织对敏捷或迭代开发过程的使用。

当引擎开始执行时，会根据规则队列中的优先顺序逐条执行，由于规则的执行部分可能会改变工作区的数据对象，从而会使队列中的某些规则执行实例因为条件改变而失效，必须从队列中撤销，也可能会激活原来不满足条件的规则，生成新的规则执行实例进入队列。于是就产生了一种“动态”的、基于数据驱动的规则执行链，形成规则的推理机制。

8.4.3　ORM 技术

对象关系映射(Object Relational Mapping，ORM)技术是一种为了解决面向对象与关系数据库存在的互不匹配现象的技术，用于实现面向对象编程语言里不同类型系统的数据之间的转换。内存中的对象之间存在关联和继承关系，而在数据库中，关系数据无法直接表达多对多关联和继承关系。因此，ORM 系统一般以中间件的形式存在，主要实现程序对象到关系数据库数据的映射。从效果上说，它其实是创建了一个可在编程语言里使用的“虚拟对象数据库”。它通过使用描述对象和数据库之间映射的元数据，将 Java 程序中的对象自动持久化到关系数据中。ORM 提供了概念性的、易于理解的模型化数据的方法，其主要基于三个核心原则：

(1)简单性，以最基本的形式建模数据；

(2)传达性，数据库结构被任何人都能理解的语言文档化；

(3)精确性，基于数据模型创建正确标准化的结构。

　　ORM 技术在系统中的应用不仅可以简化重复代码,还可以完美地担任数据持久化的重任,使得应用对数据库的访问逻辑独立于数据库。同时支持各种数据库,可以方便地更换数据库,只需配置文件中变化配置,而无需修改已有代码。

　　ORM 在服务器端执行。当数据库中建立了航班信息表,通过 ORM 技术,可以将航班信息表映射为航班信息 Java 对象,完成映射后,所有原本对航班信息表的增、删、改、查可以简化为对航班信息 Java 对象的操作。ORM 的应用移植方便,如原本是 Oracle 数据库,迁移到 Sybase 数据库只需要修改配置就可以了,不用重新开发。

8.4.4　异步网络通信技术

　　异步网络通信技术与使用传统的 Socket 通信方式不同。异步通信技术基于统一的 API 和灵活、可扩展的事件驱动模型,适用于不同的协议(阻塞和非阻塞),包含高度可定制的线程模型和可靠的无连接数据 Socket 支持,能够使系统具有更好的吞吐量、低延迟,并使系统能在 Applet 与 Android 的限制环境运行良好,不再因过快、过慢或超负载连接导致内存溢出错误。

　　相对于同步通信,异步通信在发送字符时,所发送的字符之间的时隙可以是任意的,当然,接收端必须时刻做好接收的准备,如果接收端主机的电源都没有加上,那么发送端发送字符就没有意义,因为接收端根本无法接收。发送端可以在任意时刻开始发送字符,因此必须在每一个字符的开始和结束的地方加上标志,即加上开始位和停止位,以便使接收端能够正确地将每一个字符接收下来。内部处理器在完成了相应的操作后,通过一个回调的机制,以便通知发送端发送的字符已经得到了回复。

　　异步通信也可以是以帧作为发送单位,接收端必须随时做好接收帧的准备。这时,帧的首部必须设有一些特殊的比特组合,使得接收端能够找出一帧的开始,这也称为帧定界。帧定界还包含确定帧的结束位置,帧定界有两种方法:一种是在帧的尾部设有某种特殊的比特组合来标志帧的结束;另一种是在帧首部设有帧长度的字段。需要注意的是,在异步发送帧时,并不是说发送端对帧中的每一个字符都必须加上开始位和停止位后再发送出去,而是说,发送端可以在任意时间发送一个帧,而帧与帧之间的时间间隔也可以是任意的。在一帧中的所有比特是连续发送的,发送端不需要在发送一帧之前和接收端进行协调。

　　在异步通信方式中,两个数据字符之间的传输间隔是任意的,所以,每个数据字符的前后都要用一些数位来作为分隔位。按标准的异步通信数据格式(叫作异步通信帧格式),1 个字符在传输时,除了传输实际数据字符信息外,还要传输几个外加数位。具体说,在 1 个字符开始传输前,输出线必须在逻辑上处于"1"状态,这称为标识态。传输一开始,输出线由标识态变为"0"状态,从而作为起始位。起始位后面为 5～6 个信息位，信息位由低往高排列，即先传字符的低位，后传字符的高位。信息位后面为校验位，校验位可以按奇校验设置，也可以按偶校验设置，或不设校验位。最后是逻辑的"1"作为停止位，停止位可为 1 位、1.5 位或者 2 位。如果传输完 1 个字符以后，立即传下一个字符，那么，后一个字符的起始位便紧挨着前一个字符的停止位了，否则，输出线又会进入标识态。在异步通信方式中，发送和接收的双方必须约定相同的帧格式，否则会造成传输错误；发送方只发送数据帧，不传输时钟，发送和接收双方必须约定相同的传输率。当然双方实际工作速率不可能绝对相等，但是只要误差不超过一定的限度，就不会造成传输错误。图 8.12 是异步通信时的标准数据格式。

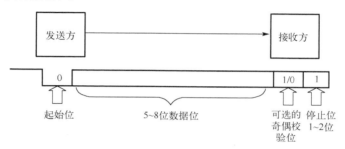

图 8.12　异步通信示意图

利用该技术配置移动终端、车载终端，通过无线数据链路将生产作业信息与现场工作人员直接对接，使生产信息的采集从语音播报集中录入模式改为现场人员分散录入系统自动汇总模式，极大降低对讲机的使用频率，显著减轻了调度员日常事务的工作强度，使调度员的工作重心从繁忙的信息发布和录入转向更加合理地规划和利用资源，从而提高了整体协同作业水平和生产效率。基于采集到的各种生产数据，能为管理人员提供各种数据统计和分析，从而为管理和决策提供数据支持，最大限度地提高机场地面生产保障的效率和管理水平,增强民航机场的地面保障能力,提升对各种应急事件的处理能力。

8.5　面向中小机场的异地在线指挥调度托管技术

异地在线指挥调度托管系统为业务数据交换智能处理系统提供支线机场航班保障进程和关键业务数据，接收业务数据交换智能处理系统的统一调度指令，在枢纽机场实现支线机场生产系统的异地在线托管。

异地在线指挥调度托管系统主要包括：

（1）远程接入平台。远程接入业务数据交换智能处理系统，为业务数据交换智能处理系统实时提供支线机场航班保障进程和关键业务数据。

(2)异地在线指挥系统。与远程接入平台及支线机场地面服务保障系统通信连接，用于接收业务数据交换智能处理系统的统一调度指令，在枢纽机场实现支线机场生产系统的异地在线托管。

(3)远程托管中心。其包括各支线机场的应用客户端，分别与对应的异地在线指挥系统及联合机场中的枢纽机场的智能服务系统连接，使枢纽机场智能指挥调度系统分别与各支线机场的异地在线指挥系统进行通信。

8.5.1　异地在线托管系统

异地在线托管系统能够同时通过 IMF 远程接入接口与各支线机场的异地在线指挥调度托管系统进行对接，实现机场集团层面生产数据的汇总；同时，枢纽机场现有的信息系统也能实时获取航班在支线机场的保障进度、关键节点等生产运营信息，实现实时信息交互。图 8.13 为异地在线托管系统的结构示意图。

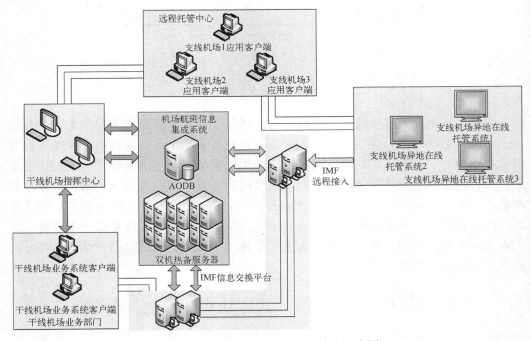

图 8.13　异地在线托管系统的结构示意图

面对中小机场的异地在线指挥调度托管系统的相关技术包括以下几个部分：

(1)多支线机场远程运营数据库 M-AODB。主要用于存储在辖内支线机场生产运营过程中实时产生的各种动态业务数据。M-AODB 可部署在枢纽机场一个物理空间的多个实例中。

(2)异地在线航班信息管理系统 Online-FIMS。用于对在辖内支线机场运营的航班信息进行创建和维护，其航班信息将包含季度运营航班计划数据、日计划航班数据、航班动态数据和航班历史数据。

(3)异地在线机场资源管理系统 Online-ORMS。异地在线机场资源管理系统（Online-ORMS）为各支线机场提供一个 365×24 小时持续运行的,集成熟性、实用性、易用性、实时性、可靠性、智能化和操作友好性为一体的包含区域多个机场的航班运营资源远程指挥调度与规划管理的系统。

(4)异地在线机场航班查询系统 Online-FQS。异地在线航班查询系统 Online-FQS 基于 Web 技术,利用网页作为前端呈现手段,为机场各类工作人员提供辖内支线机场统一的航班及相关业务信息查询功能。

(5)动态配置的业务托管系统。面向中小机场的异地集中/分散式指挥调度托管系统的实现过程中，为满足共享软硬件资源、提高资源利用率、降低系统实施成本的目的，使其具有可配置、高性能、可伸缩的特性，系统采用多租户多实例（Multi-Tenant Multi-Instance）架构。这种动态配置的方式具有以下特点：①负载平衡（Load Balance），系统建立的负载平衡层，统一接收用户的操作请求，根据当前各应用服务器的负载程度将请求分发给任务较轻的应用服务器；②元数据（Metadata）驱动，使用对象元数据表存储为不同租户的应用定义的自定义对象的信息，满足每个租户的数据和定制相关的元数据之间有明确的分离,使用运行时引擎从元数据（即关于应用程序本身的数据）生成应用程序组件，作为租户的差异化实现手段；③数据库模式的选择，针对不同的业务场景，对存放该类信息的数据表进行私有表（针对每个租户各自建立一张表）、扩展表（针对所有租户建立一张表）和通用表（通过通用表存放自定义信息）的选择；④动态化的异地托管指挥调度系统利用 OSGi 技术实现异地托管指挥调度系统。

8.5.2　OSGi 技术

OSGi（Open Service Gateway Initiative）技术是面向 Java 的动态模型系统。它提供允许应用程序使用精炼、可重用和可协作的组件构建的标准化原语，这些组件能够组装进一个应用和部署中。OSGi 服务平台向 Java 提供服务，这些服务使 Java 成为软件集成和软件开发的首选环境。

OSGi 规范的核心组件是 OSGi 框架，它为应用程序提供了一个标准环境。整个框架可以划分为一些层次[85]，如图 8.14 所示：

(1)L0，运行环境。L0 层执行环境是 Java 环境的规范。OSGi 平台已经标准化了一个执行环境，它是基于基础轮廓并在一个执行环境上确定了最小需求的变种，该执行环境对 OSGi 组件是有用的。

(2)L1，模块。L1 模块层定义类的装载策略。OSGi 框架基于 Java 之上增加了模块化，是一个强大的具有严格定义的类装载模型。OSGi 模块层为一个模块增加了私有类同时有可控模块间链接。模块层同安全架构完全集成，可以选择部署到封闭系统，防御系统，或者由厂商决定的完全由用户管理的系统。

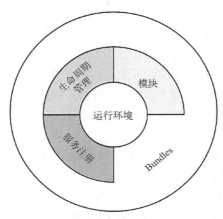

图 8.14　OSGi 框架层次

（3）L2，生命周期管理。L2 生命周期层增加了能够被动态安装、开启、关闭、更新和卸载的 Bundles。这些 Bundles 依赖于具有类装载功能的模块层，但是增加了在运行时管理这些模块的 API。生命周期层引入了正常情况下不属于一个应用程序的动态性。扩展依赖机制用于确保环境的操作正确。生命周期操作在安全架构保护之下，使其不受到病毒的攻击。

（4）L3，服务注册。服务注册提供了一个面向 Bundles 的考虑到动态性的协作模型，Bundle 是以 jar 包形式存在的一个模块化物理单元，里面包含了代码，资源文件和元数据，并且 jar 包的物理边界也同时是运行时逻辑模块的封装边界。

OSGi 框架提供一个权限管理服务，一个包管理服务和一个开始级别服务。这些服务是一个可选部分，指示框架的操作。框架服务如下：

（1）权限管理（PermissionAdmin）。目前或者将来的 Bundles 的权限通过这种服务进行维护，一旦设置了它们，权限服务立即激活。

（2）包管理（PackageAdmin）。Bundles 的更新可能需要系统重新计算这些依赖，这个包管理服务提供关于系统的实际包分享状态和能够刷新已经共享的包。

（3）启动级别（StartLevel）。启动级别是一个 Bundles 集合，它们应该同时运行或者应该在其他已经启动以前被初始化。启动级别服务设置当前的启动级别，为每个 Bundle 排一个启动级别和审核当前的设置。

（4）URL 处理者（URLHandler）。Java 环境为 URL 处理者支持一个提供者模型，此服务规范要求任何组件提供额外的 URL 处理者。

8.6　应　用　案　例

以广州白云国际机场为枢纽机场端部署 OMMS(地面服务系统)、MAMDB(多机场联合运行数据中心)、AOMIP(生产管理信息平台)，在作为支线机场端的湛江机场和梅县机场部署 AFOC(支线机场民航机场运行控制系统)以及无线应用，在广东机场管理集团部署二级平台和 MAIA(多机场前站航班数据适配器)，在湛江机场和梅县机场运行的 AFOC 以及白云机场的 OMMS 通过二级平台从 MAIA 接收前站航班动态及调度数据，并向 MAIA 及 MAMDB 发送本站航班动态及调度数据。MAIA 负责从白云机场和梅县机场、湛江机场接收航班动态及调度数据，并根据前站航班数据协议转换后作为前站航班数据通过二级平台发送给相应的机场。湛江机场及梅县机场 AFOC、白云机场 OMMS 接收到前站航班信息后，根据各系统的处理逻辑对其进行后续处理，实现多机场联动运营业务场景。广州白云国际机场多机场联合运行总体方案如图 8.15 所示。

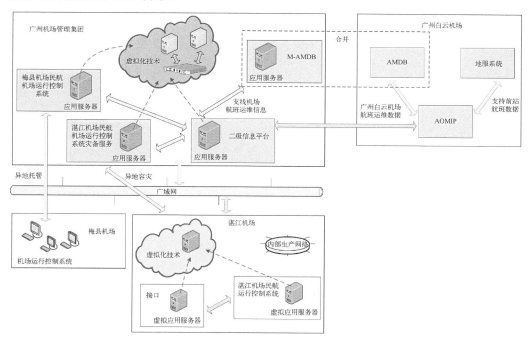

图 8.15　广州白云国际机场多机场联合运行总体方案

广州白云机场股份公司扩充现有的机场运行数据中心，纳入应用示范支线机场的航班运维数据，并且升级地面服务系统，使其支持前站机场航班数据。广州白云机场股份公司实施方案如图 8.16 所示。

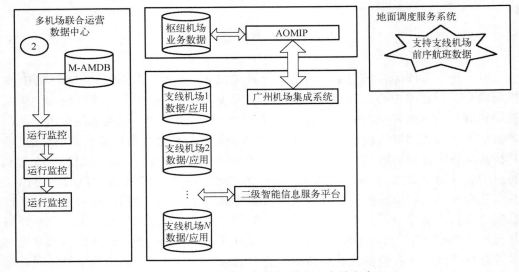

图 8.16　广州白云机场股份公司实施方案

在湛江机场本地部署民航机场运行控制系统应用，利用二级平台交互航班运维数据，并且机场管理集团部署了异地灾备。湛江机场实施方案如图 8.17 所示。

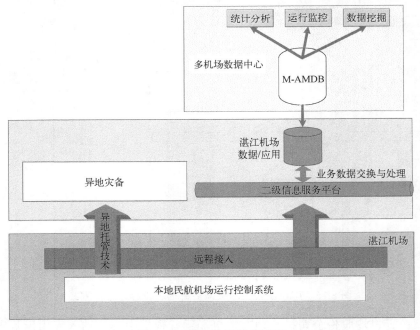

图 8.17　湛江机场实施方案

　　梅县机场也利用二级平台交互航班运维数据，并且为机场管理集团部署了异地托管的机场运行控制系统。梅县机场实施方案如图 8.18 所示。

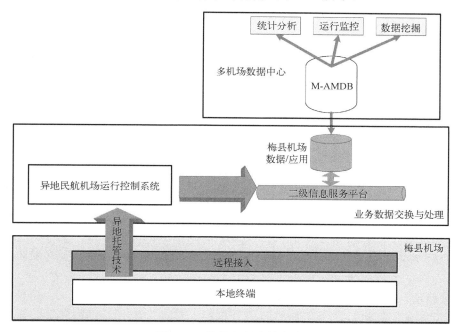

图 8.18　梅县机场实施方案

　　广东机场集团多机场联合运行指挥系统的核心功能模块主要包括虚拟化及异地复制功能、支线机场运行控制系统(AFOC)、二级信息平台(IMF)、多机场联合运行数据中心(MAMDB)、枢纽机场运营监控管理系统(OMMS)、枢纽机场管理生产信息平台(AOMIP)和多机场前站航班数据适配器(MAIA)。

　　1)虚拟化及异地复制功能

　　在广州白云机场机房(恢复站点)部署两台 PowerEdge R720 的 PC 服务器，并连接至共享存储 3600F，在其中部署 VMware vSphere 虚拟化平台软件和站点恢复软件,同时部署应用虚拟机 5 台和湛江异地备份的 3 台虚拟机。在湛江机场机房(保护站点)部署一台 PowerEdge R720 的 PC 服务器，在其中部署 VMware vSphere 虚拟化平台软件和站点恢复软件 SRM，同时部署应用虚拟机 3 台。在梅县机场，客户端通过视频专线网络访问运行在广州白云机场的后端应用。本地站点不部署 PC 服务器。

　　使用 VMware vCenter Site Recovery Manager+VMware Sphere Replication 组件，将湛江机场(保护站点)虚拟机灾备到广州白云机场(恢复站点)上，可以按最短 15 分钟，最长 24 小时粒度级别同步，当湛江机场(保护站点)虚拟机出现故障或

ESXi/ESX 主机意外故障、无法短时间恢复时，可启动广州白云机场(恢复站点)虚拟机，保障应用的高可用性。

可建立双向保护，在双向保护模式下，每个站点都用作另一个站点的恢复站点，如湛江出现故障的虚拟机在广州白云机场恢复好后并建立重新保护，此时，广州白云机场角色即变为保护站点，而湛江机场角色为恢复站点。

2) 支线机场运行控制系统(AFOC)

本地电报解析模块(IMG)部署在支线机场提供带串口的 PC 工作站上，该工作站已与支线机场本地空管电报连接，接收机场的航班动态及计划、气象报文。IMG 将处理后的数据直接写入 AFOC 的数据库中。其主要功能涉及：

(1)航班计划管理业务。发布空管航班计划报文、发布基地航班计划、制作航班计划、预发布航班计划、正式发布航班计划。

(2)航班计划资源管理业务。预分配停机位、手动调整停机位冲突、调整航班停机位、自动分配登机口、手工调整航班登机口、自动分配行李提取转盘、手工调整航班行李提取转盘、自动分配值机柜台、手工调整航班值机柜台。

(3)航班动态管理业务。系统自动发布空管航班动态调整报文、发布航班动态调整信息、确认处理航班动态调整信息。

(4)航班动态资源管理业务。预分配停机位、手动调整停机位冲突、调整航班停机位、自动分配登机口、手工调整航班登机口、自动分配行李提取转盘、手工调整航班行李提取转盘、自动分配值机柜台、手工调整航班值机柜台。

(5)航班动态调度环节管理业务。实时监控航班动态、智能调度航班动态环节、实时发布航班动态信息、自动生成航班调度排班。

(6)部门消息。自动分发和转发部门消息、自动归档统计部门消息。

(7)航班历史管理业务。查询检索导出航班历史动态、自动生成航班历史动态日志、航班历史动态关联。

3) 二级信息平台(IMF)

IMF 是集成系统的核心系统，将作为机场内部系统和机场外部系统通信的接口和逻辑服务访问的统一平台。平台基于成熟的消息中间件技术，实现应用系统之间数据通信和服务的交互，使集成系统在整体上体现多层架构和 SOA 的思想，是机场所有信息系统集成通信和互联互通的核心。IMF 系统软件功能模块架构如图 8.19 所示。IMF 信息处理流程如图 8.20 所示。

4) 多机场联合运行数据中心(MAMDB)

多机场联合运行数据中心主要用于存储多机场航班生产运营的历史数据。MAMDB 有统一的业务数据模型，对各个机场的航班历史数据进行清洗、转换和汇总后进行集中式的存储和管理。MAMDB 主要通过实时接收各机场的航班动态数据并定期将动态数据转为历史数据的方式进行数据增量存储。

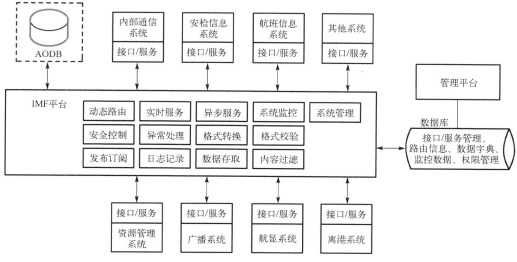

图 8.19　IMF 系统软件功能模块架构

MAMDB 系统功能划分为两大功能模块：数据处理和数据应用。

数据处理是 MAMDB 的关键部分，MAMDB 通过数据接口方式按规定的时间周期从各个机场获取生产数据，并通过清洗、转换等处理形成 MAMDB 的核心数据。基于清洗转换后的数据通过汇总、计算等工作形成汇总的数据。

MAMDB 利用处理后的数据，提供动态仪表盘、固定报表查询应用。生产业务统计与 KPI 指标监控功能。为高层决策人员、管理层和专业分析人员提供统计分析与决策支持服务。

MAMDB 的数据应用主要有动态监控仪表盘和固定报表。MAMDB 通过准实时的数据更新，利用仪表盘显示航班生产运行过程中的关键指标，实现多机场航班运行情况的单屏动态监控。动态仪表盘监控的关键指标包括航班执行率、航班正常起降架次、航班不正常起降架次、航班正常率和正常放行架次；固定报表主要包括日航班统计报表、航站统计报表、高峰时段统计报表和批次日期航班统计报表。

5) 枢纽机场运营监控管理系统（OMMS）

OMMS 系统用于实现机场主要业务的调度管理和监控管理工作，系统以航班信息为主要信息源，建立了完善的航班地面保障流程，采用先进的面向完整业务过程的系统模式，取代传统的按部门工作进行划分的管理思想，实现对各项服务工作的灵活、方便、高效管理。OMMS 系统在具体实现上分为三个子系统，即航班作业监控管理系统、地服作业保障系统、机坪车辆管理系统。

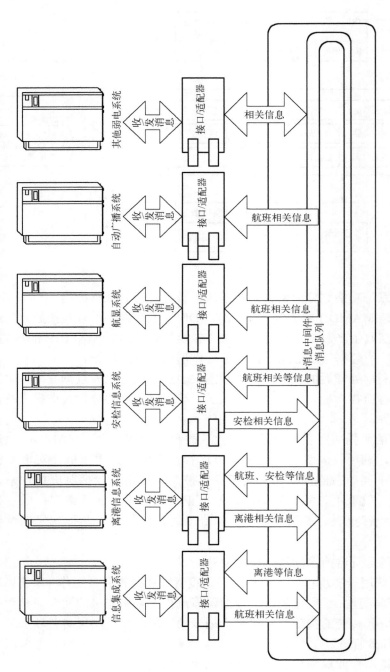

图 8.20　IMF 信息处理流程

图 8.21 为 OMMS 系统的模块结构，主要包括：

(1)OMMS 应用服务器。OMMS 应用服务器是整个系统的核心，为系统的各个模块提供稳定高效的业务服务，是整个系统的服务中心、业务流程处理中心、数据资源处理中心，是整套系统正常运行的保障。

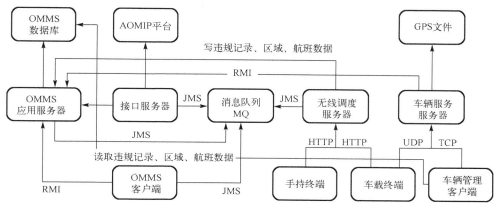

图 8.21　OMMS 系统的模块结构

(2)接口服务器。接口服务器又称机场数据接口适配器，是 OMMS 系统通过机场生产管理信息平台(AOMIP)和其他系统交互数据的基础。

(3)OMMS 客户端。OMMS 客户端提供完整、清晰的航班信息(包括航班信息、航班旅客信息、航班客货邮信息)及航班保障信息(包括航班的关键保障节点信息、航班的保障服务进程等)展示。

(4)消息队列 MQ。消息队列 MQ 是一个消息传送中间件产品，是 OMMS 系统各个模块之间实现可靠消息传递的成熟解决方案。MQ 帮助 OMMS 系统在各个模块交换数据，以消息的方式接收、发送数据，从而实现 OMMS 应用的集成。

(5)无线调度服务器。主要用于处理与手持/车载终端相关的航班数据和调度数据。此外，无线调度服务器还具有安全监测、连接控制等功能。

(6)车辆调度服务器。主要用于对场面上安装有车载终端的车辆数据进行处理，包括位置数据、区域数据和违规数据。此外，对车辆管理客户端编辑的区域数据进行保存。

(7)手持终端。供一线人员使用的数据获取终端，主要包含航班查询和调度进展汇报两个方面的功能。

(8)车载终端。供车辆驾驶员使用的无线终端，主要的功能包括航班查询、调度进展汇报、GPS 信息发送。

(9)车辆管理客户端。用于监控和管理场区车辆,主要的功能包括车辆地图监控、车辆的保障调度、历史轨迹回放、违规告警提示等。

6) 枢纽机场管理生产信息平台（AOMIP）

在机场传统的弱电工程建设中，各系统都是独立的信息孤岛，系统数量也较少，因此各系统之间都采用各自建立点到点的接口进行数据共享，形成了网状互连的接口模式。在网状互连模式下，系统与系统之间直接或间接互连并交换信息，一个系统需要从多个系统获取信息或向多个系统提供本系统信息时，可能需要建立多种不同的连接方式，基于不同的连接协议（TCP/IP、Web Service、Message Queue 等等），遵循多种不同的数据协议格式（字符串、XML 等），才能达到信息互通的目的，在系统较少的情况下能够满足机场的运营需求，但是当互连系统达到一定数量或者需要新增互连系统时，网状型互连模式显得过于复杂，信息流转过程杂乱无章，难于集中控制，当某个环节发生故障时，不易于排查。

利用 ESB 的概念构建出的机场生产管理信息平台（AOMIP）成为当今机场弱电系统建设的最新模式。AOMIP 平台基于服务总线的概念构建消息传输的整体架构，面向各接入系统提供统一规范的各种服务，各系统都遵循统一制定的基于标准 XML 数据格式在 AOMIP 中进行消息的传输，AOMIP 对服务及消息的传输进行监控、管理和统计，实现对机场弱电系统消息传输的整体掌控。AOMIP 同时提供多种接入模式，当增加新的接入系统时，可以根据新接入系统的需求提供对应的接入模式，基于 AOMIP 传输的所有数据都是遵循标准的 XML 格式，因此无论是新接入的系统获取已有的消息还是增加新的消息，都不会对其他已接入的系统产生影响。而对于已建设的原有弱电系统，可以提供相应的接入适配器，提供 AOMIP 接入和新旧数据格式的转换，使之能平滑无缝地接入到 AOMIP 中。AOMIP 系统结构如图 8.22 所示。

7) 多机场前站航班数据适配器（MAIA）

在多机场数据库中存放白云机场、湛江机场、梅县机场的航班动态信息、基础数据以及分析生成的前站航班信息。用于生成向各机场发送的前站航班动态及调度信息消息。

MAIA 利用二级平台提供的 API 实现与二级平台对接的功能，通过与二级平台的对接能够从二级平台接收广州白云机场、湛江机场、梅县机场的航班动态数据以及基础资源数据，并存放至 MAIADB，用于进一步的前站航班分析，再将前站航班信息发送至二级平台，由二级平台转发给相应的各机场。MAIA 的核心功能是为各机场提供对应的前站航班信息，即广州白云机场、湛江机场、梅县机场之间的互飞航班信息。传统的机场信息集成系统都是围绕本场航班信息进行运维保障，依赖空管的电报信息可以获取到对应航班在前站的实际起飞时间信息，以及本站的预计落地时间、实际落地时间信息，但是随着机场航班数量的增加以及运营模式的要求，仅仅获取上述信息很难精确有效地安排本场航班的运维保障，因此能够获取到对应航班在前站机场的进一步详细信息是提升本场航班运维保障效率的关键。但是如果

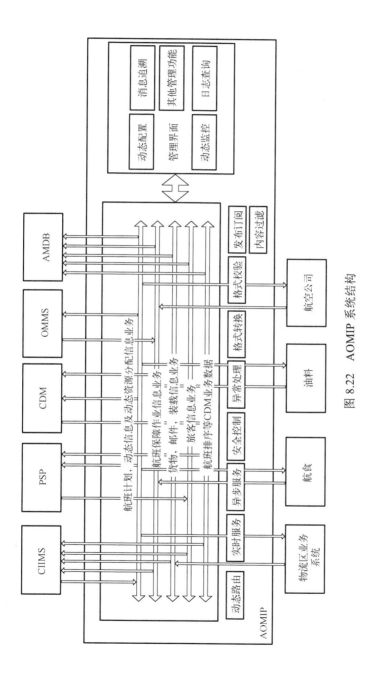

图 8.22　AOMIP 系统结构

仅仅将某一机场的航班信息全部传输给其他机场，一方面导致产生大量的无用信息，另一方面还需要接收机场进行复杂的计算处理，反而会降低信息共享的效率。

因此，MAIA 根据前站航班的相关定义应用前站航班解析算法，能够识别出三个机场之间互飞的航班之间的前站关系，并根据相应的关系，将前站航班信息分发给对应的机场，目的机场在接收到与本场相关的前站航班信息后，可以有针对性地调整自身的运维保障处理，实现机场之间航班信息的高效共享。图 8.23 为模块数据交换示意图。

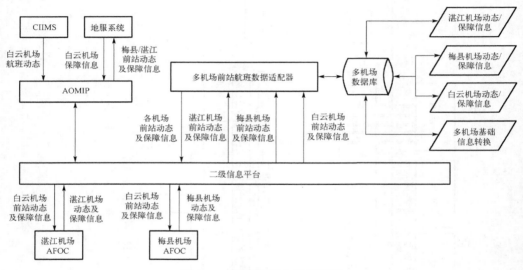

图 8.23　模块数据交换示意图

自广州白云国际机场多机场联合运行指挥系统实施和应用以来，各部门都取得了较为突出的效益。广州机场管理集团通过该系统能实时捕获辖区内机场运行动态，满足精细化管理考核的需求；围绕核心业务，挖掘出了新的业务，有效促进了非航业务版块的发展；对管理决策层的科学决断提供了数据支持；消除了辖区内机场信息化发展不平衡现象。广州白云国际机场通过引入支线机场前站航班数据，促进了地面服务保障业务的精细化作业，有效地提高了各设备资源的利用率，并且消除了信息孤岛和信息壁垒。湛江机场和梅县机场不但全面提升了支线机场运营保障服务的信息化水平，促进优化支线机场的现有运营保障流程，还能提供实时、准确的业务数据采集手段与方式，提升支线机场资源运行效率，同时通过异地在线托管提升本地信息系统安全等级并降低信息系统运维压力。

第9章 智能新技术概述及机场应用

9.1 机场运营管理模式发展

随着世界民航行业快速增长，机场商业模式和运营方式经历了迅猛的发展。纵观世界民航的发展历程，机场运营管理模式的发展主要为以下三个阶段：

1) 机场 1.0：基础型机场运营——安全导向

20 世纪 80 年代全球机场刚刚起步，开启 1.0 阶段，重点关注安全问题。此时机场能够确保安全系数高，仅能提供出票、安检、登机、行李托运和简单航食保障等基础性服务，在服务质量上比较欠缺。机场运营、控制系统和各业务部门互相独立，部门协作性较差。

2) 机场 2.0：灵活型机场运营——运营导向

20 世纪 90 年代之后，全球机场运营进入机场 2.0 阶段，向着运营导向快速转变。机场通过依托新技术以及跨部门合作等方式，实现运营部门和机场合作伙伴之间快速、畅通的信息交互，以使灵活型机场根据环境变化，快速、及时改变运营策略。高效的信息分享、收集、利用使得机场的运行效率大大提升，资源利用率更高，飞机的周转率显著改善，同时对于机场商业租户的运营也开始起步。

3) 机场 3.0：智慧型机场运营——商业导向

近年来，机场的运营正在向更加商业导向的智慧型机场转变，依托智能数字化网络技术，机场即时性的分析反应能力得到显著提升。机场的智能化系统基于一体化的数字化系统网络，通过 IP 网络赋能整个系统进行高速数据传输，涵盖和协调机场日常运营的多个部门和人员。智慧型机场在提升运营效率方面显得十分"聪明"，能够实现各项问题最优化方案的实时提供，在服务水平和质量方面显著提升，为旅客提供智能化和个性化的服务，提升了旅客的出行体验。

在智慧机场运营方面，新加坡樟宜机场堪称翘楚。2019 年 3 月，新加坡樟宜机场第十次摘得 Skytrax "全球最佳机场"桂冠，也是其连续第七年获此殊荣，并刷新了蝉联该项大奖的最长年限记录。此外，经过多年的积累，樟宜机场还拿到"亚洲最佳机场"和"最佳休闲体验机场"等重量级奖项。它成功的秘诀便在于：把运营管理放在首位，以运营管理为重心。樟宜机场引入了 KPI (关键绩效指标) 考核体系，同时把机场的生产保障交由专业的第三方来负责。通过把机场的生产保障任务交由第三方负责的方式，缩减机场核心员工至 1400 名，服务人员提升至 3.2 万名。以此，不但提升了樟宜机场集团的经济效益，也提升了其服务质量和运营效率。

图 9.1　新加坡樟宜机场

　　从上述例子可以看出，机场的运营管理模式已经进入了新的运营时代，这是机场应对以下挑战的重要举措：首先，传统的航空运输能力逐渐相对不足，面对全球航空运输方面日益增长的需求，对于改善机场航运能力提出了更高要求；其次，乘客的服务体验较差；再次，实际收入下降。

　　要破解我国民航业出现的一些深层次矛盾和问题，增强我国民航业的竞争力，必须加强机场运营管理，机场运营管理目前已向智慧运营模式方向发展，对机场而言，它的角色将具有重大变化：首先，机场的运营重心产生了本质的变化，从生产保障为主向运营管理为主过渡；其次，机场运营方式发生了转变，由以前的"以航班生产为中心"，逐步转变为"以航班生产为基础，以客户服务为中心"。总体来说，与国际领先水平比较，我国的智慧机场建设和运营仍然处于起步阶段。要利用智能新技术实现机场运营重心的有效调整，则必须以云计算、大数据处理、物联网和移动互联网等信息技术手段作为支撑。

9.2　机场智能新技术

　　机场智能化新技术的建设，着眼于优化客户服务，可有效提升机场运营的综合竞争力。从经济效益层面来看，提升机场各项资源优化利用效率，减少中转时间，减少等待时间，降低延误率，通过分析旅客停留时间和客流类型来提高服务效率，吸引更多的客流，都可以为机场增加运营收入。同时，机场智能技术也可以促进非航空业务收入的增加。要在机场的各个重要环节实现智能技术应用，离不开信息科学技术的支撑。

　　1) 云计算技术

　　随着功能集成化的发展要求，机场有望实现一个平台下的一体化管理。在"云计算"广泛应用的前提下，机场可以通过连接云后端来分析和处理问题，数据从云端进行上传和下载，本地仅使用小型终端设备即可。例如，SITA 为航空公司和机场投资公司建立了"航空云"，并在世界各地建立了多个云数据服务中心。依托云计算技术，机场不再依赖传统的基础计算机硬件设施建设，可根据自身需求从云端访问各种流程和数据，只要保证一个良好的无线网络环境，即可随时随地通过便携式终端获取所需数据，从而实现各项功能的集成化，不需要重复建设服务器设备。

2）大数据处理技术

机场的核心是不仅要有美观的外观，还要有高效的内部运作。它具有预测、判断、服务和响应机场发生的任何事情的能力，并具有高度的分析和决策能力。然而实现机场智能新技术的应用，是以大数据存储和分析作为支撑的。

3）物联网技术

物联网可以实现状态感知、提升监测能力、提高工作效率、提高资源利用率，进而推进机场的建设。国内机场的协同一体化规划是以机场云平台为机场，利用物联网技术来感知、监测、分析、控制整个机场的安全、运营、管理和服务，结合大中小型机场的运行特点，实现对机场实际需求的智慧响应。

4）移动互联网技术

基于智能新技术的机场是基于大数据、云计算、互联网等新一代信息技术，实现运营、管理和旅客服务的智能化。例如，借助移动互联网技术我们可以全方位感知机场运行状况，包括机场人员、车辆、飞机、货物、行李等信息，从而实现对机场业务的科学调度和智能管控。通过自助服务和移动应用技术整合社交媒体，提升乘客体验。

9.3　云计算技术

在实际应用中，制约现代机场重心从生产保障向运营管理转变的另一个因素，是现有民航运行控制系统各个子系统结构不统一、相互独立，这使得各个子系统交互受阻，且每个子系统都要靠专业人员进行维护从而把大量时间浪费在系统本身的维护上，而不是民航机场业务上，导致运营管理效率低下。

目前枢纽机场已经具备相当的感知能力，如机场飞行区（空侧）的场面运行数据获取已趋于成熟，场面航空器和车辆的位置数据、运动目标轨迹数据、场面气象数据、机位分配数据等都提供了充足的感应数据源。机场的其他区域如航站区和公共区的运行数据的感应能力也开始发展。对航站楼内区域主要采用多个独立摄像头的视频监视方式，实现了无盲区简单视频覆盖，对行李、邮件、货物已经通过全方位的物联网技术进行定位跟踪。但是，由于感应系统和数据存储形式、格式的多样性导致这些数据整合难度加大，在一定程度上阻碍了机场对多源数据进行数据融合处理的进程。

云计算能够将各种资源进行虚拟化和标准化，并且依托强大的服务器和计算能力，使用户能够按需及时获取数据流、存储空间和信息服务。因此，云计算能够应对机场所遇到的上述挑战。

云计算(Cloud Computing)是在 2007 年诞生的，目前已受到世界各国 IT 界和计算机专家的广泛关注[119]。美国国家标准与技术研究院(NIST)定义[120]：云计算是一种按使用量付费的模式，使用者依据需求，进入可配置的计算资源共享池(资源包括网络、服务器、存储、应用软件和服务)，用户按需购买，极大减少网络运营和管理成本。

云计算通常被认为是一种典型的商业计算方式。它将目标任务分布在由大量计算机组成的强大资源池中，用户可以根据自己的实际需求来获取数据和信息服务，我们把这种可以自我维护和管理的虚拟计算资源称之为"云"。通常情况下，"云"指的是一批大型的服务器集群，内容主要包括计算服务器、存储服务器和宽带资源等。对于用户来说，可以直接索取需求结果，而不必担心琐碎的计算细节，用户可以更专注于自己的业务，这有利于提高效率，降低成本和技术创新。

一般云计算以三种形式为各个用户提供服务。按照从硬件到应用进行分类，一般可以将云计算分为三层：基础设施即服务，从硬件出发，主要依托虚拟化技术；平台即服务，注重服务器硬件和存储建设，主要依托平台化技术；应用软件即服务，依赖于各类终端上的应用软件和程序，主要依托软件化技术。基础设施即服务是指把 IT 基础设施作为一种虚拟化服务，通过网络向用户提供，用户根据需求自由选择，最终根据实际使用量进行收费的一种服务模式；平台即服务是指利用各类软件为用户提供服务，针对不同需求，提供具体的解决方案和服务，将软件的研发作为主要服务方向的一种模式；软件即服务是指直接利用软件和应用程序为用户提供各式各样的云计算服务，充分满足用户在业务处理过程中的需求。本节重点介绍这三种技术在民航运行控制系统中的应用以及如何分别将它们安全稳妥地引入民航运行控制系统中。

9.3.1　云计算介绍

云计算依托的虚拟的信息处理手段能有效为本地计算机减负，并有效提升数据传输效率，用户通过少量的操作和管理就可以完成大量的任务。云计算技术综合了计算机技术与网络虚拟技术的优势，应用广泛，实用性强。

云计算通过集合服务功能，按需为客户提供资源。结合当前对于云计算普遍认识，它的架构可分为核心服务层、服务管理层和用户访问接口层，如图 9.2 所示。

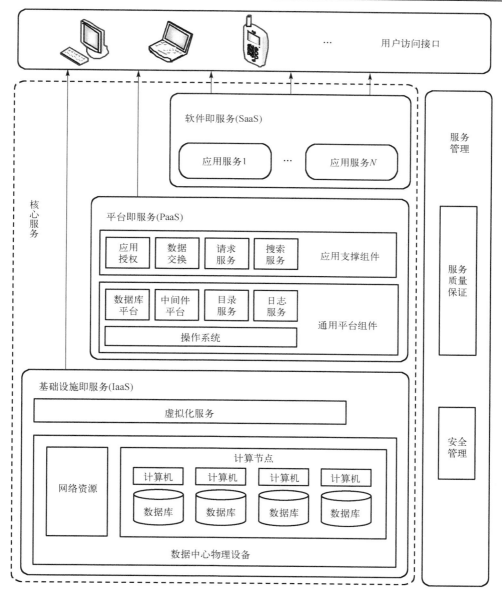

图 9.2　云计算体系架构

　　核心服务层巧妙地将硬件基础设施、软件运行环境和终端应用程序抽象化，转化为一种多功能的技术服务，其优势主要为：可靠性高、可用性强和扩展性好等。业务管理层为核心业务提供强大的技术支持，通过分析、计算、寻找最优解，逐步实现智能化判断，并且能够保证核心业务的可靠性、可用性和安全性。用户访问接口层则是在用户接触的最终端，帮助用户访问和使用，建立从终端到云端的联系。

1)基础设施即服务技术

随着民航机场的快速发展，机场信息化建设和运行问题日益突出。一方面，为了适应机场业务的快速发展，民航运行控制系统数量迅速增长，系统维护和终端管理面临巨大压力，系统建设投资成本增加，智能终端维护、建设成本日益突出；另一方面，在长期的信息化建设过程中，形成了大量分散、复杂、没有统一标准的异构系统，使得安全与经济运行、系统控制、信息共享和融合更加困难。虚拟化技术的诞生和迅速发展为解决上述问题提供了新的途径。

另外，云计算技术在机场控制与运行系统中的应用应从 IaaS 入手，通过虚拟化技术完成对所有物理设施的高效利用，包括 CPU、内存、存储、网络和其他基本的计算资源，从而解决资源利用率不高的问题。本节主要探讨虚拟化技术的环境与访问控制模型。

从概念上来说，虚拟化作为一种逻辑表示，使得计算机不受物理硬件和环境等方面的限制[121]，不在独立的物理硬件上运行，而是在虚拟环境上操作。它根据反复计算需求改变规划策略，最大限度地开发利用现有的固定资源，从而简化管理、优化资源利用、降低成本。虚拟化技术能够将底层硬件设备与上层软件服务完全剥离，随意匹配和运行，可以实现将有限的计算机资源延展和发挥到无限可能，其目标是对物理计算资源[122]进行整合或分割。随着云计算的发展，虚拟化技术越来越受到人们的关注，虚拟化技术已经成为云计算的重要基础[123]。

在由虚拟化、存储和网络技术综合构建的新型多租户环境中，在安全保障层面发生了革命性变化，以物理机网络隔离、物理防火墙等手段进行的安全保障没办法发挥充分功效，已不再适用于云计算的虚拟环境。在这种环境下，传统安全域的构建和划分已经失败，因此有必要构建新的安全域。

具有相同安全边界、责任区域、安全使命、保护措施等关键点组成的保护区称为安全域。安全域采用分而治之的思想，它被划分为几个子安全域，把安全域的安全问题映射到多个子域的安全问题。通过对子安全域的管理，可以保证整个安全域的安全。安全域具有明确的管理要素，每个子安全域的任务是执行管理要素点，通过各安全域的协同运行，可有效保障系统安全。图 9.3 为基于 IaaS 环境的安全域模型[124]。

2)平台即服务技术

虚拟化技术使得各种硬件资源统一分配和使用，解决了硬件结构不统一的问题，从而带来了众多好处。但是软件版本和环境也存在不统一的问题，比如有的系统用了 Windows 操作系统，有的用了 UNIX 系统，这使得软件管理比较复杂。由于没有统一平台也增加了软件开发的复杂度和成本。

因此，有必要在虚拟化的基础上建立统一平台，即引入平台即服务技术(PaaS)来帮助解决这一问题。PaaS 能够针对用户的个性化需求，通过调整应用程序的执行，

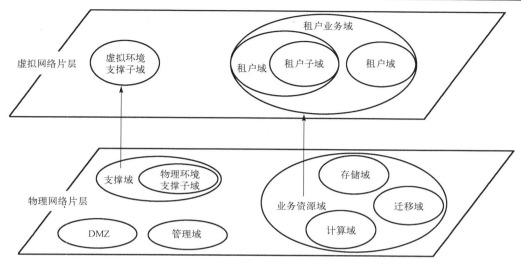

图 9.3　基于 IaaS 环境的安全域模型

适时提供所需的资源和能力，并收取费用。PaaS 为用户提供的是一种应用执行环境，在这个环境里，用户不仅可以顺利地运行各种程序，而且还能够直接影响到该程序的开发和生命周期。对于应用的开发者而言，PaaS 能够提供分布式软件开发、测试、部署、运行以及各种各样复杂应用程序托管和测试服务。PaaS 由基础的云平台出发，努力构建开放化的技术架构，致力于为开发者提供具有大规模复杂计算能力和共享云功能的应用环境和机制。从应用开发者的角度看 PaaS 具有以下几个优点：可以灵活充分地调动供应商的应用服务能力；提供了保障应用运行的环境和机制，降低了应用程序上线运行的标准，加快了产品更新换代的速度。从服务提供商的角度看，它的特点在于：服务内容丰富，满足个性化需求，利润可观；通过内嵌各种应用程序，可以提升自身访问量和使用量，迅速扩大用户数量，提升用户黏性。

3）软件即服务技术

PaaS 是以平台的形式向用户提供服务，带来了诸多便利，但仍需用户安装软件，或者开发自己的软件。而软件即服务技术（Software as a service，SaaS）是以全球互联网为实际载体，以用户端浏览软件为交互方式，通过远程操控应用软件的使用，将服务器上的程序软件传输给远程用户，以此来提供远程服务的一种应用模式。在中心服务器部分，SaaS 搭建软硬件运营平台，结合用户的个性化需求，提供基础系统搭建和实施以及运维等一系列工作；用户租用 SaaS 提供商的软件服务，只需连接网络后登录浏览器就可以访问应用程序，减少了用户的基础投资，降低成本。

用户在使用时，可以随时向供应商提出自身的业务需求，也可以通过购买相应的应用软件直接将数据上传或下载到云平台上。基于 SaaS 模式下的软件运行示意图，如图 9.4 所示。

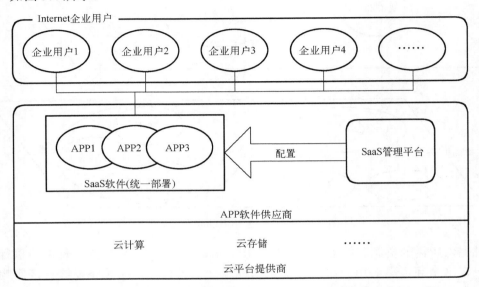

图 9.4　基于 SaaS 模式的云应用平台架构

9.3.2　云计算在民航机场的应用

云计算能够优化资源，减少运营成本，通过技术手段，提高机场运营灵活性，进而提高竞争力。目前云计算已经广泛应用到交通、经济、医疗等诸多领域，本节着重介绍云计算在民航领域中的应用。

机场航路监视系统是云计算平台在服务导向下的典型应用。基于机场航路监视系统复杂性高、动态特性强，以此实现系统架构的检验工作最为妥当。通过对云计算整体运行过程中基础设施建设和面向服务架构(Service-Oriented Architecture，SOA)的研究，对于机场航路监视系统的建设，需依托于云计算实现原理与 SOA 的有机结合，针对 SOA 架构中的缺陷，云计算可以实施针对性的完善。与此同时，在 SOA 的加持下，云计算对应用系统服务可以更直观和迅速。引入具有服务性特点的云计算平台架构，本框架利用云计算过程中的应用关键技术——把服务化与资源云化相互融合，将服务化与资源云化中体现到的各类技术作为本架构的中心理念，最终在整个系统的核心服务层中得以实施与体现。

搭建于云计算平台中的服务型机场航路监视系统框架(Cloud Service Architecture)为七层结构框架，各个层级关系密切、相互融合，云服务中心(Cloud Service Center，CSC)中可实现特定机场航路监视系统中运行的众多软、硬件资源进行定义后整合为云服务技术，在全方位管控下可以为各类型客户提供各项适配的机场航路监视服务。

（1）物理资源层（Physical Resource Layer）。本层利用最为先进的云终端技术，实现了如硬件服务器、软件资源管理和应用模块等基础设施与网络通信的互通连接，为云服务提供了强有力的保障。

（2）云资源层（Cloud Resource Layer）。该层依托虚拟化技术，把物理资源层中与 ERP 相关的资源转化成虚拟资源，并以此实现了模型数据、实例数据、知识数据、仿真运行等建设工作。以上虚拟资源会由数据中心进行分散存储和管理，以便用户随时查阅调用云计算中的各类资料。

（3）云服务层（Cloud Service Layer）。统一条件下的存储服务和应用 API 中，云服务层会完成对众多类别数据中心的资源的整合和发放，通过服务目录达到目标效果。同时，对服务进行搜索、匹配、传输和共享，并保证服务质量。

（4）云服务管理层（Cloud Manage Layer）。综合管理云服务，有服务定义、申请要求和接收意见三个部分。作为云服务的关键层级，该层利用制定的定义实现接口的标准化管理与应用协议，可满足不同情境下的服务管理。

（5）应用流程层（Application Workflow Layer）。该层对用户需求进行分析，采集和分析企业组织架构和业务流程规律，了解目标用户的想法，化身为云服务的操作者，对 CSC 发出应用请求。

（6）ERP 应用层（Application ERP Layer）。在这一层，CSC 通过分析企业实际应用需求，对云服务进行组合和分离，形成多种类型的 ERP 应用模块，为企业提供服务。

（7）目标用户凭借 PC 端或移动终端设备，完成 ERP 系统的操作过程后实现服务目的。ERP-CSA 模型阐述了云计算完成 ERP 的服务内容并阐述了模型应用过程中涉及的重要知识。

9.4　大数据处理技术

9.4.1　大数据介绍

1. 大数据概念

大数据，又称作巨量资料，是一种大量级、快增长、种类多元的信息资产，具有强大的决断力、观测力和优化效果，但需要在新型处理模式下运行，否则不具备这种特性。"大数据"对信息产业产生了重要影响，在国家管理、公司决断、组织和业务流程以及每个人的生活方式等方面产生了深远影响。大数据可以简要概述为实现海量数据再次整合处理，其集合难度高、体量大，现有数据库管理工具难以对其进行管理和运维。对于民航机场来说，民航机场大数据主要指的是民航机场生产运营数据（如航班、空管、旅客、气象、生产运行、设备运行、财务等）、机场相关的综合交通数据以及机场相关社会感知网络数据（如 QQ、微博）等数据的集合。

"大数据"是指实时从多种来源、多种形式归集出海量数据。从技术层面讲，大数据和云计算是具有密切关联的。大数据在进行海量数据挖掘过程中，单台计算机不能满足大数据处理的需要，可以在分布式体系的计算框架下，通过云计算等多种虚拟化技术形式加以实现。

2. 大数据特点

大数据具有以下五个特点：

(1) 数据体量巨大（Volume）。数据量本身就是聚合的概念。不是数据量大的数据就可被称为大数据，传统信息系统生成的"小数据"也是大数据分析的重要组成部分。当前，从大数据的数据源的角度来看，它主要集中在互联网、物联网和传统信息系统三个渠道。当前物联网数据的比例相对较大。相信在 5G 时代，物联网仍将是大数据的主要数据源。

(2) 数据结构多样性（Variety）。与传统信息系统中的数据不同，大数据的数据类型非常复杂，包括结构化数据、非结构化数据和半结构化数据，这对传统数据分析技术提出了巨大挑战，这也是大数据技术兴起的重要原因。

(3) 数据价值密度低（Value）。与传统信息系统相比，大数据中的数据价值密度相对较低，这就需要用更快、更方便的方式来完成数据值提取过程，这也是当前大数据平台所关注的核心竞争力之一。实际上，早期 Hadoop 和 Spark 平台之所以能够脱颖而出的重要原因是它们的数据处理（排序）速度相对较快。

(4) 数据增长速度快（Velocity）。通常传统信息系统的数据增量是可以预测的，或者增长率是可控的，但是在大数据时代，数据增长率已经大大超过了传统数据，处理能力已经超过自身的极限。数据增长是一个相对的概念。与消费互联网相比，工业互联网带来的数据增长可能更加客观，因此工业互联网时代将进一步打开大数据的价值空间。

(5) 数据的可靠性（Veracity）。大数据时代带来的一个重要副作用是，很难区分真假数据，这也是当前大数据技术必须重点解决的问题之一。从当前大型 Internet 平台采用的方法来看，它通常是技术和管理的结合。例如，通过对用户进行身份验证，可以解决某些数据的真实性（专业性）问题。

总之，大数据的特点可简单归纳为 10 个字：海量、多样、高速、价值、可靠。

3. 大数据处理关键技术

大数据处理关键技术包括：大数据采集、大数据预处理、大数据存储及管理、大数据分析与挖掘、大数据可视化等，如图 9.5 所示。

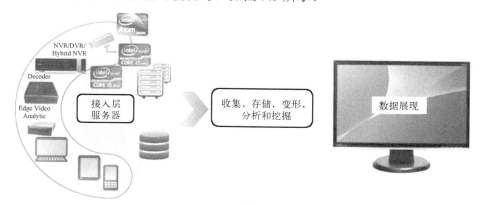

图 9.5　大数据处理流程

1）大数据采集技术

数据可根据采集层面划分为结构化、半结构化及非结构化，多类型的海量数据尤为关键。大数据采集从大数据智能感知层以及基础支撑层入手，大数据采集技术的关键在于高效完成可靠数据的采集。

大数据智能感知层：将采集到的海量数据，利用数据交互系统、网络通信系统、感应适配系统、人工识别系统及软硬件资源实现系统的连接。

基础支撑层：为大数据服务平台提供虚拟服务器、多类型数据库及物联网资源等基础支撑环境。

2）大数据预处理技术

大数据预处理技术包括：辨析、抽取和清洗数据。①辨析：快速剔除无效数据；②抽取：面对多种结构和类型的数据，提取数据后再将冗余数据转化为独立或便于处理的结构，从而快速实现预处理；③清洗：面对价值数据和干扰数据，利用"清洗"技术，完成可利用数据的快速提炼。

3）大数据存储和管理技术

大数据存储和管理需依托于存储器采集的数据来，适时建立相应的数据库，从而进行分类管理和调用。针对复杂结构化的多样数据，实现高效处理尤为关键。打造安全稳定的分布式文件系统（DFS）、低能耗的存储、计算融入存储、数据简化及节约成本的数据存储技术；研究大数据的模型建立；完成现有技术水平上突破大数据检索技术难点；实现大数据转移、存储、拷贝；利用关系数据库、非关系数据库缓存系统等进行多维度操作。

同时，考虑到数据安全还要在数据消除、公开加解密、访客操控、数据审查等方面进一步研究；提高用户隐私信息维护和安全监测、数据真伪判决和取证、数据存储完整检测等技术的水平，全方位维护系统数据健康稳定。

4）大数据分析及挖掘技术

作为大数据诸多技术中最关键的技术之一，大数据分析技术需要针对多种场景建立个性化模型及分析手段。

大数据分析有以下方面的内容：①可视化分析，数据分析的宗旨在于赋予数据表达的能力，让它阐述内在价值与含义。②数据挖掘计算，区别于可视化分析适配于人的使用，数据挖掘更加侧重对机器的作用。通过采用集群、分割、孤立点等可以高速处理海量数据的算法，利于数据的深入研究，实现价值最大化。③预测判决能力，数据挖掘是提升数据管理人员的数据解读能力，而预测判决是在有效分析和数据探索的成果下完成的，操作人员针对数据的不同状态做出不同决断。④语义引擎，非结构化数据复杂多样，单纯的可视化分析和数据挖掘不能满足数据多样化状态下的数据处理要求，需要引入类似语义引擎等的技术，协助数据管理人员智能解析、提取、分析数据。⑤对数据质量和数据内容的有效管理是管理优化的重要组成部分。通过标准化的流程和工具的定义，可以为数据的高质量的分析结果提供重要保障。

数据挖掘是大数据时代最为关键的工作之一。大数据的挖掘是一个决策支持的过程，它面向数据庞杂、情况各异的大型数据，通过人工智能、机器智能管理和数学知识等探索技术，找到其中有价值、有效果的信息点和资料。通过智能分析，总结内在原理、展望市场前景，从而协助企业、商家、用户及时调整策略、降低风险。当前，数据探索手段应用在诸多行业领域，尤其是银行、电信、电商等高数据集成企业，数据挖掘可以帮助企业探索营销模式、回顾项目历程，实现企业潜在危机的预警。目前，在大数据的挖掘中常会使用以下技术手段：归纳法、回归算法、聚类分析法、关联性分析算法、神经网络算法、Web 探索技术等。以上方法原理不同，实现的效果也不尽相同。

5）大数据可视化技术

大数据可视化是将大数据通俗化的过程，让数据会说话，说人话。通过大数据可视化，可以形成一个良好的可交互界面，可以让不同身份的数据处理人员参与到数据管理和使用中来，让业务人员可以操作，也可以让分析专家使用，通过清晰、简洁的意思表示，让大数据最终为用户决策提供支撑。

9.4.2　大数据在民航机场的应用

1. 首都机场新一代大数据平台

首都机场大数据平台项目通过利用大数据相关技术手段完成首都机场大数据平

台建设，为首都机场提供大数据存储、处理和分析能力支撑，通过数据的不断融合积累和平台能力的不断完善，全面支撑首都机场运营管理各项业务应用，有效提高运营管理能力，有效提升客户服务水平，促进业务创新发展。同时，该平台是面向下一代经营分析系统的探索和演进，通过构建大数据管理支撑架构，实现多样化、海量数据的聚合与处理，强化企业数据管理与应用支撑的体系建设，融合多业务领域的数据和应用，为企业内外部各系统提供高价值的数据服务与数据应用支撑能力。

在建设范围划分上，首都机场大数据平台整体分为三个部分进行建设，即企业级数据仓库、大数据分析系统和大数据管理和应用体系。其中企业级数据仓库将全面升级首都机场结构化数据处理和应用能力；大数据分析系统利用大数据主流技术，全面实现首都机场海量多维数据的存储、处理、分析和功能实现，全面提升首都机场智慧运营管理能力；大数据管理和应用体系将分阶段实现数据标准、数据管理制度，以及大数据相关试点应用的建设部署。

1）首都机场大数据平台的数据架构

首都机场大数据平台总体数据架构说明：

（1）大数据平台数据从整体上分为三层，即数据采集与存储层、数据整合与服务层、数据应用与访问层；

（2）数据采集与存储层数据存放在采集库中，包括源系统的原始数据和采集过程中的中间暂存数据；

（3）数据整合与服务是源数据通过加工转换后形成的数据资产，数据资产包括基础数据资产、基础累积数据和数据标签，基础累积数据和数据标签都是通过基础数据资产计算和加工生成；

（4）数据应用和访问层是应用加工的结果数据，用于应用的业务流程处理和报表展现，应用通过访问数据整合和服务层的数据资产和累积数据进行加工后完成应用相关功能并且生成应用结果数据；

（5）图像、音频、视频等非结构化数据由于数据量巨大，采集加工后直接存放到归档库中，数据资产在不断变化过程中会产生历史数据，历史数据也会存放到归档库中；

（6）大数据平台的所有数据需要通过数据治理的元数据进行定义，数据治理还包括了数据加工规则和数据校验规则的定义。

2）大数据平台对首都机场应用系统的支撑

整个大数据平台的公共组件构成架构提供了松耦合、高稳定、高可靠、易扩展、易更换的功能机制。大数据平台抽象出的公共组件主要包括：规则引擎、数据加密、日志引擎、工作流以及图形展现工具等。大数据平台通过建立组件接口模型及内部结构模型，提供了一个企业大数据平台开发、运营系统环境下基于 Web 服务和 OSGi 标准的组件模型。

提供在线分析型数据应用开发服务的首都机场应用支撑平台必须具备以下技术特点：

(1)具有统一、开放且强大的计算能力和存储能力,可以支持复杂的分析和处理,特别是支持大数据的存储与快速计算;

(2)统一支撑平台开发环境基于网络提供服务,开发人员只需要关心数据业务化应用。开发服务模块通过网络以界面的形式与用户交互,协助用户完成应用的开发与部署。

(3)通过统一支撑平台开发的数据应用既可以只做数据处理提供,也可以包括最终的报表、分析报表的产出,直接生成业务人员所需要的结果知识与呈现形式。

(4)统一支撑平台可定制与可扩展性较强,能力更新频繁,具有完善的快速开发和运营环境。

该平台围绕运行辅助、机场事件调度、旅客画像、商业智能等方面构建了一系列基于大数据平台的应用体系,并计划构建运行辅助分析、旅客宏观画像、旅客微观画像、航站楼商业智能分析以及机场事件调度中心等应用系统。

3)大数据平台对机场运行效率提升的支持

具体到大数据平台如何对机场协同决策以及运行效率提升实现支持,主要体现在大数据平台可以为下一代的 A-CDM 提供更多维度的数据,譬如旅客流数据、行李流数据、外部交通流数据以及气象数据等。通过多源数据的汇入和建模不断优化并实现精准预测地面保障时间、跑道滑行时间、过站时长,从而对机场的整体运行态势感知进行现状评估和未来的预测。

大数据分析与传统数据分析的不同:

(1)不是随机样本,而是全体数据;

(2)不是精确性,而是混杂性;

(3)不是因果关系,而是相关关系。

我们可以通过为模型不断输入历史数据和不同的相关因子,并基于模型的不断自我学习、机器学习和优化找到原来我们未知因果关联的不同影响因素的相关性。

(1)飞机滑行时间的评估和预测。

飞机滑行时间受诸多因素影响,譬如:滑行道拥堵、跑道出口选择、滑行道路径、是否穿越跑道、飞机类型、滑行道+停机位组合、天气和其他限制条件。

我们可以基于空管(跑滑相关动态与状态数据)、航班数据(运行与计划)、资源数据(机位)、ADS-B 轨迹、场间雷达数据、跑道地理信息数据(滑行道布局),分析最大可能概率的滑行路径及其上述因素对滑行时间的影响。单独分析非计划航班或恶劣天气下的滑行情况的定性定量滑行影响因素。

输出：航班滑入时间的各个影响因素之间的比重关系；指定起始目的地和路径之间，各种因素影响下，最大概率的滑行时间区间，概率分布；分析滑行时间和滑行道航班容量之间(已降为上轮档，已下轮档未起飞)关系；分析不同航班容量下，对滑行时间的影响因素。

(2)地面保障时间的评估和预测。

地面保障时间的评估和预测可以基于本场航班数据(运行与计划)、资源数据(机位、航向等)、保障数据(环节时间)、天气数据、静态数据(机型最小过站时间等)等。基于历史数据(不同环节地服保障人员，车辆安排，机位位置类型等)，陆侧路况数据(交通繁忙情况等)，航站楼旅客流数据、行李流数据分析地面保障各任务历史耗时，分析在正常和快速保障下的耗时分布和概率情况。评估早出港、过站航班各个任务的开始和结束时间，与落地/上轮档或下轮档/起飞之间的关联性分析。

输出：不同类型航班保障，各项保障工作在特定条件下消耗时间的概率分布；早出港/过站航班的保障任务开始和结束时间与上下轮档(或起降)的变化联动性；采用快速保障程序，或并行工作时，压缩的消耗时间概率分布图。

(3)机场运行资源效率评价及预测、运行总体水平打分。

我们可以基于本场航班数据(运行与计划)、资源使用时间数据、历史资源保障效率、历史资源达标标签、天气现象(本场)、航站楼旅客流数据、行李流数据、陆侧交通等数据对机场运行资源效率进行评价及预测、运行总体水平打分，基于历史运行资源(跑道、滑行道、机位、客桥、转盘、安检通道、保障车辆(拖车、客梯车、摆渡车、行李车)等)保障航班数量、保障效率、资源容量与保障资源达标情况、天气情况等，分析不同条件下运行资源短板，并基于此模型对当前运行资源效率进行预测。

输出包括：当前运行资源效率预测；运行资源总体水平打分(雷达图)；机场运行总台态势评估；预测和报警即将出现的复杂事件。

(4)航班正常性的预测。

通过大数据平台对预计滑出时间、滑入时间、目标撤轮挡时间、预计撤轮挡时间、计算撤轮挡时的预测为核心要素，整合机场、空管、航空公司等航空活动参与方的多个信息数据源，实现机位、地面车辆、保障人员、旅客、行李和航班保障进程的实时监控和可视化多维趋势分析，以充分利用各方信息资源提高机场运行效率和准点率，同时提升不利条件下航班延误的快速处置能力。

首都机场新一代大数据平台对于提高机场运行的效率具有重要作用，通过引入多源异构数据，不仅丰富了运行决策模型的参考因子，也对机场运行态势更全面立体地呈现提供可能，为机场的运行提供更高的价值。

2. 数字孪生技术在机场的应用

机场数字孪生系统接入了实际、实时的空中地面运行状态数据，可以达到相对同步状态，最大限度地提高机场运行效率，降低人工管理运行成本。

相比于传统的平面数据中心，机场数字孪生系统可以映射和反馈飞机在空间坐标上的起飞和降落状态、巡航态势、机坪安全监测，给予航空器和车辆准确的空间坐标，将机场数据整合共享，提高信息化管理的应用效果和人工业务效率。机场数字孪生系统的构建准则为统一标尺、口径及界面，可精简为"三个统一"。

统一标尺的目的是为机场的管理数据、管理对象、信息流程赋予一致的空间坐标系，使系统可以明确航空器、保障车辆、IOT 终端、旅客与服务人员等对象的位置与状态信息。基于整合机场的 GIS 等空间数据，通过数字孪生引擎，快速生成 L2～L3 精度数百平方公里的空域和城市底图，和 L3 精度的机场航站楼、飞行区道路画线，映射绑定真实地理空间坐标系，构建了机场数字孪生底图，为机场综合管理打下数字化基础。

统一口径是将机场 IOT 系统、协同决策系统、围界安防系统、视频监控等多样形式及不同格式类型数据识别连接在一个系统当中，配合机场相关联合防控的准则来实施。系统提前设定了能够被实际运行数据驱动的管理对象，如航空器、保障车辆等。它们都拥有独立语义，能够独立或协同管理，组成动态数字孪生对象。空调车、拖头车、摆渡车、吹雪车等保障车辆进行建模，就是将实际工作车辆的相关信息包括当前位置、行驶车速、故障维修状况和使用年限等呈现给工作人员，帮助机场管理人员及时掌握车辆的运行情况，当出现车辆故障时，可以立即追溯查询。

统一界面则是通过汇总各种信息、解决方案集成和单点登录等方式，从而实现一个屏幕显示并控制整个机场的运行。根据相关机场的管理条例，为在机场工作的人员，根据工作的需要设置不同的管理权限和一定操作自由度，这样可以实现机场高效灵活的运行，也可以保证机场运行的安全性。如图 9.6 和图 9.7 所示。

在飞行区、航站楼的地图精度足够高时，可以引入车辆动力学、无人驾驶训练、交通流仿真等相关的业务，并设有相关事故和灾难应急抢险救援方案以及下一步机场发展建设时存在潜在的发展规划方案，给机场管理运行者提供选择方案。

机场人员能够使用便携的移动终端，利用云渲染技术，实现像大型服务器一样的操作体验和视觉效果，并可以反向操作命令机场相关设备，保证系统可以拥有较高的利用率。

建成数字孪生机场后，就可以提升数据分析、业务管理的效率，为机场管理中的各类难题，提供直观、可视化的解决路径，使机场管理方享受数字孪生带来的技术红利。

图 9.6 数据驱动的动态数字孪生对象

图 9.7 基于实时航空器追踪的数字孪生

例如空域及航线繁忙程度,通过了解每个航线占用和空闲的时间比,就能够知道这条航线繁忙程度,对所有的航线繁忙程度进行分析和计算,就可以计算出整个系统的繁忙程度,为管理者下一步的机场建设方案提供依据。

支撑分析结果的繁杂数据,在以往大屏模式下,常常需要多个界面进行展现,以三视图的方式分别呈现,并需要通过专业数据分析人员的解读和识别,才能转化为可读性信息。在数字孪生系统里,工作人员可以在简短的时间内统计航班起飞、降落,并完成不同航班间的航线管理。

3. 民航高分应用

　　截至 2020 年，我国不同空间分辨率的对地观测卫星已成功发射 100 余颗，基本建成了由空、天、地三个层次观测平台组成的大气、陆地、海洋先进观测体系。涵盖了低、中、高等不同层级的空间分辨率和不同需求的重放周期，可满足不同行业差异化需求。我国现有的海量卫星影像数据已经达到了 ZB 级，实现了我国陆海区域的多周期重复覆盖和数据采集。目前民航行业也已成立"高分辨率对地观测系统民航数据与应用中心"（简称民航高分数据与应用中心），该中心由中国民航科学技术研究院承建运行，结合民航实际应用需求，正在开展国产高分卫星技术在机场规划、选址、运行等方面的应用工作，效果显著。

　　1) 机场净空智能监测与告警

　　随着当前我国社会经济迅猛发展，各地城市化的进程日益加快，使得以前位置偏僻的机场逐步成了紧邻市中心的存在。距离闹市近了，机场的净空需求形势就越发严峻。目前国内净空建筑物超高的案例时常见诸报端，有的甚至会致使机场重新选址搬离，直接和间接对当地经济发展造成了影响，这就要求民航部门必须加强对机场净空保护区域的研究和规范。可以充分利用卫星遥感等技术手段，针对机场净空保护区范围、控制高度等量化为具体可操作的标准与要求，采用大数据分析手段，通过对特定区域周期性/非周期性的卫星遥感数据采集、处理、建模与分析，实现机场净空区全覆盖、无盲区的智能监测和告警，为机场运行安全提供技术保障，为机场建设和城市发展提供预防控制的技术和理论支持。

　　2) 机场沉降监测

　　机场区域占地范围大，地质条件复杂，地形变化大，机场建设填挖方量巨大，发生沉降的可能性大。当前，我国国内的很多机场建设和运行的时间都较长，受限于建筑技术和地质变化，跑道道面经常发生沉降、开裂或混凝土脱落等问题，尤其是对于机场沉降，必须使用强有力的手段进行监测和及时修复，否则极易造成重大安全事故。

　　目前机场飞行区跑道沉降的监测主要依靠水准测量，这种传统的测量方法，耗时耗力，室外作业时间长，影响机场正常运行。当前遥感技术已得到长足发展，特别是卫星雷达测量技术，其中卫星合成孔径雷达干涉测量方法使得机场沉降监测进入一个新的高度。利用高分三号合成空间雷达 (Synthetic Aperture Radar，SAR) 干涉相位数据获取机场跑道沉降信息的技术，即利用高分三号在不同时刻获取的同一地区两幅 SAR 影像进行差分处理，检测其相位差，并按照一定的几何关系进行转换，去除地形起伏和其他因素的影像后获取机场跑道的形变信息，目标精度为厘米级。利用卫星雷达成像能够穿透云层且全天候测量的优势，选择国内典型机场区域进行长时连续监测，研究利用长时间序列点目标的分析方法进行高精度监测，同时进一步优化干涉测量参数，改进干涉处理方法，形成基于高分三号合成空间雷达数据的机场跑道沉降监测技术，如图 9.8 所示。

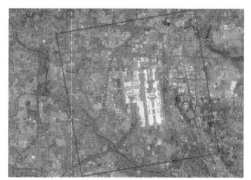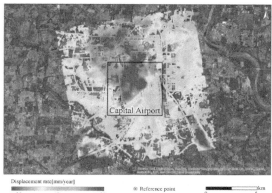

图 9.8　机场沉降态势分析示意图

9.5　物联网技术

9.5.1　物联网介绍

物与物、人与物之间相互联系构成的一种网络称之为物联网，其把两个物体通过互联网联在一起，实现物与物、人与物的相互关联。物与物之间的连接是以互联网为基础，因此，互联网是物联网的核心和基础。而物联网是在互联网的基础上进行延伸，使连入网的物体之间都能够相互通信，实现信息交换。物联网拥有高效、快速的传递信息的能力，能够对收集的信息和数据进行融合、分析和处理。物联网主要由三个层面组成，即：感知层、网络层和应用层。

1. 物联网组成

1）感知层

感知层主要由多种传感器、远程控制执行器、射频识别读写器、二维码扫码枪、进场通信模块和 GPS/北斗定位模块组成，如图 9.9 所示。

感知层存在两种关键技术：一种是射频识别技术，一种是无线传感网络技术，然而在实际应用中，这两种技术都存在信息安全风险。

射频识别主要是在识别信息风险和查询服务风险中存在不确定性。由于物联网感知层识别系统中的通信信道属于无线信道，信道缺乏相应的稳定性，导致安全度不足，在实际应用中容易引发安全问题。射频识别系统经常受到不法分子的攻击，攻击者通常向射频识别系统提供与真实信息相似的虚假信息，这些虚假信息会导致真实机密信息的泄露和不完整。

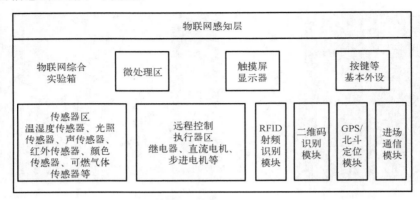

图 9.9　物联网感知层模块组成

　　针对射频识别系统，信息公开也会带来一定的风险，例如在信息公开的过程中，机密信息容易被有关人员恶意监听并根据监听到的情况对信息进行克隆，进而对人身安全和财产造成威胁。此外，由于传输过程中的数据过多，通常会存在噪声信号干扰传输数据的情况，因此在数据接收中存在着识别信息风险。

　　针对无线传感网络系统，通常也会存在信息安全风险。由于无线传感器的节点过多且受多个节点的控制，维护的工作人员无法对每一个节点完成保护，导致任何一个节点都会受到潜在的安全威胁。攻击者只需通过一定的技术获得无线传感器任意节点的信息，便可以对无线传感网络进行控制，进而完成对信息的篡改和窃听。

　　为了解决上述风险问题，需要对物联网感知层的信息安全采取相应的防护措施。第一种防护措施是加强传感器网机密性安全控制与节点认证，在传感器的内部进行密钥管理，感知层通信时需要通过密钥来获取相应的信息，以此来提升物联网数据传输过程中的安全性和可靠性。密码认证功能主要有两个作用：一是能够加强对传感网机密性的有效控制；二是能够对物联网感知层进行节点认证，进而防止非法分子进入。第二种防护措施是加强安全路由控制与入侵监测，针对其中比较重要的感知层，则需要完成节点评估工作，从而有效减少系统被入侵后给物联网感知层造成的威胁。第三种防护措施是构建信息安全监管体系，由于目前市场上现有的信息安全监管体系是一套完整的评估体系，对于重要程度不一样的信息其管理要求没有明显的差异。对于安全等级高的信息，需要进行特殊的防护与监管，建议针对不同的应用场景建立相对独立的安全监管体系，进而提升感知层的安全性。

2) 网络层

网络层包括网络的核心部分和其他网络接入部分。网络层的主要功能是通过感知层的传感器来进行信息采集、数据传输等，还有一个功能是根据操作员的指令控制网络路由。

网络层应满足 6 个方面的安全需求：

(1)机密性。指消息对非授权方是保密的，而对于授权方在其需要时可以使用所需要的网络资源和服务。在网络使用的过程中，如果发现有人恶意获取机密文件，授权实体拥有停止用户使用网络资源的权利。网络机密性主要指的是密码技术，在不同的层次上使用各不相同的密码技术，通过不同机制的综合作用来保障网络机密性。

(2)可用性。是指向合法用户提供服务。用户对信息和通信的需求是多方面的，不同的用户有不同的需求，有的甚至还有额外的需求。网络层保证用户的基本需要，不能拒绝用户的要求。攻击者通常会采用技术手段来破坏系统环境，以组织合法用户使用资源，针对这种情况主要采用物理加固技术和访问控制机制，阻止攻击者随意、非法地进入网络。

(3)真实性。是指消息认证能够核实来源的真实，通过消息验证保证授权合法用户使用的信息来源可靠与真实。授权监管方要能够保证网络信息的安全，系统运行过程中不会轻易被他人蓄意修改、删除、破坏和伪造，同时使用者要有一定的判断能力，通过独特的方式对信息进行判断。

(4)鲁棒性。即适应性，指的是无论在何种环境下，网络都能很好地工作。运行过程中网络层会面临着多种多样的环境，既要保证网络层能够在不同的环境中还能够正常性工作，同时也要保证符合运作规律，满足不同用户的需求。

(5)完整性。是指收到的信息与源信息完全一致，在信息接收时采用验证机制校验接收信息与出厂信息的差异，用户通过验证能够直接判断出接收信息是否完整，在信息传递的整个过程中，是否已经更改了其中的信息或替换信息中的某些部分。

(6)新鲜性。是指保证信息的时效性，网络层中接收到的信息具有一定的时间限度，一般来说信息在一段时间内可能失去效力，授权方通过判断对失效的信息进行剔除，保留具有时效性的信息。

3) 应用层

应用层的数据中心、后台服务、手机端的应用程序已经初步构建完成。其中，数据中心是基于 Ngnix 搭建，后台服务是基于 Flask 框架，手机端的应用程序的开发基于 vue.js[125]。

通过有基础设施、中间设备和软件程序三个层次的应用层，操作者和管理者可以得到所传递信息的反馈值，从而使得整个网络具有可视化的效果，便于后期的操作、管理。

2. 物联网体系架构

物联网需根据客户的不同需求规划和设计不同的系统，所有系统的设计需要一个具有框架支撑作用的体系架构，并在这个总的框架下进行系统的设计。迄今为止，物联网感知环节呈现出高度异构的特点，为了完成异构信息相互联通的操作，物联网需要以一个开放性强、可扩展的网络系统为框架，泛在传感器网络（Ubiquitous Sensor Network，USN）是当下最流行的体系架构，如图 9.10 所示。

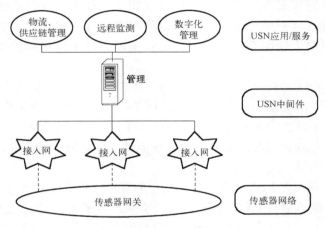

图 9.10　USN 体系架构

USN 体系结构根据不同的功能属性，将物联网分为五个部分，依次为应用平台、中间件、网络基础设施、接入网、感知网。其中，应用平台是最顶端的层级，是对体系架构的实际应用转化，未来将应用到各个行业各个场景。感知网的主要功能是负责感知信息环境。接入网的主要功能是为通信提供必要的基础设施。网络基础设施是网络构建的基础单元。

鉴于 USN 体系结构层次划分清晰，功能区分显著，成为当前民航界广泛接受的体系架构。在物联网领域，部分学者尝试着对该体系结构的部分内容进行修改，使其更具实用性和功能性，提出了更新一代的体系架构，已经被广泛认可的四层物联网体系结构就是修改后的网络体系结构之一。由于设计的 USN 体系结构在各层之间缺少接口，造成了通信过程的信息传递并不如预期的顺畅，在使用过程中造成了诸多的不便，因此 USN 还需要进一步完善。

9.5.2　物联网在民航机场的应用

1. 机场物联网智能停车系统

智能停车系统是指通过物联网技术获取停车场内车辆位置信息、车位信息、车辆流量信息等，对相关人员、车辆等进行实时监控，极大提升停车场的使用率，避免车位空间的浪费，提高周转率，降低因不良诱导或没有诱导造成的堵车等问题，并且还可以提供个性化停车服务，增加了用户的选择性和差异化需求。通过采集停车场、路面临时停车位的车位信息，并实时更新。依靠自组网络将更新数据发送至信息处理中心，信息处理端对收集到的停车信息进行处理、统计、分析等，并在机场智能停车系统中引入 GIS 技术，通过电子地图、停车场以及其他地理信息的数据编辑和查询，实现图形化的交通数据的分层管理。

　　系统应用为每个车位上安装车位检测器，车位检测器由电池供电，通过无线方式进行数据传输。当车辆在某个车位上停放 3 秒以上时，车辆检测器发送车辆占用信息给路由节点/中继节点，路由节点/中继节点将车位占用信息发送到网关节点，可以实时通过 LED 显示车位空余信息同时向管理平台提供数据，供管理平台进行车位安排管理及引导提醒。物联网智能停车系统如图 9.11 所示。

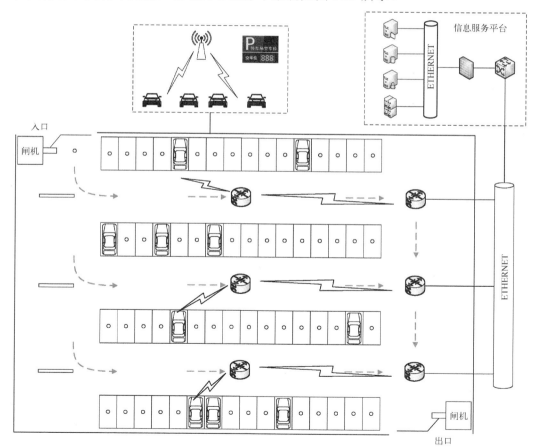

图 9.11　物联网智能停车系统

2. 低能耗广域物联网在机场的应用

低能耗广域物联网（Low Power Wide Area Network，LPWAN）的出现受到了国内外学者们的极大关注，成为物联网领域中的一项革命性技术。它针对物联网应用中的 M2M 通信进行场景优化，有望成为未来的代表性技术，功耗低、成本低等显著特点成为它广受青睐的重要原因。该技术的应用场景非常广泛，在停机坪和跑道、滑行道以及内场道路等多个区域，物联网技术不仅可以定位航空器信息还能够给出准确的调度信息。针对行李提取区域，物联网技术能够精确地定位出行李位置，方便旅客查找、跟踪，避免了行李丢失等现象的发生。机场为了能够更加全面地管理出入境旅客的信息，依靠目前存在的旅客信息数据库是远远不够的，根据旅客的习惯以及机场的运行机制，建立的旅客通关的系统，便于管理旅客通关的时间与通关地点，另外增加了管理系统，相对全面地掌握出入境旅客的信息，为保障机场的安全稳定运行提供基础。RFID 系统的应用可以随时采集旅客的相关数据，经过储存和处理，终端阅读器能够自动读取旅客的相关信息，从而避免了数据的重复性和主观性，通过身份识别系统可以高效定位，同时对于保障旅客个人信息的私密性具有很大帮助。

3. 物联网技术在机场安检业务中的应用

在机场人员管理业务中，通过物联网技术可有效提高检验效率和系统识别度，从而提升安检的管理水平和安全系数。结合物联网和人脸识别技术，可以对机场区域内的设备、人员进行管理。机场人员管理系统可以实现对工作人员进行身份识别、定位跟踪及健康评估，如图 9.12 所示。

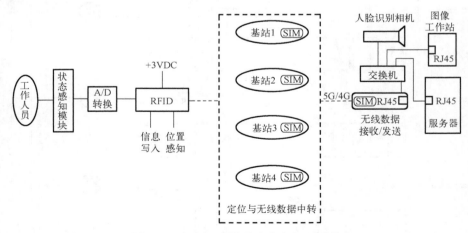

图 9.12　机场工作人员定位与识别系统

系统可通过在安检工作岗位或者机场中的一些关键出入口布设人脸识别相机

等定位性较强的安检设备，实现对旅客身份识别。同时，在机场局域网络布置方面，采用超宽频带高精度室内定位技术，在场内布放多个定位基站，组建高效便捷的有线或无线局域网。在运行过程中，系统将会为每个定位对象分配一枚特定的电子标签，通过对比计算，自动完成目标的定位，并将其位置信息上传到服务器上（目前可实现上传云端）。系统还可以通过可穿戴智能采集终端，如手环、手表等，采集工作人员的体温、血压等身体数据，从而评估工作人员的健康状况。控制中心对采集到的信息进行数据管理，提供数据的查询、统计、分析等工作，最后生成状态报告。

　　机场的安检物联网系统的构建主要分为两部分：一是将软件系统和硬件系统融合的一种综合性的管理系统，这一部分主要是将物联网、大数据以及人工智能等当今世界先进的技术进行有效融合；二是在融合了各项先进技术的管理系统中优化信息采集系统，为智慧机场提供技术支撑。

附录 缩略词表

AAR	机场进场容量
ABS	取消重复与非重复性飞行预报
A-CDM	机场协同决策
ACI	国际机场协会
ACIMS	民航信息综合集成系统
ACP	管制协调接受报
ADGDP	协同进离场地面延误程序
ADS-B	广播式自动相关监视系统
ADSL	非对称数字用户线路
AFOC	支线机场民航机场运行控制系统
AFTN	民航航空固定格式电报网
AIBT	实际挡轮挡时间
ALDT	实际着陆时间
ALN	备降报
ALR	告警报
AMDB	机场管理数据库
ANN	人工神经网络
AOBT	实际撤轮挡时间
AOC	机场运行中心
AODB	机场运行数据库
AOMIP	机场生产管理信息平台
API	应用程序接口
APN	接入点名称
ARR	落地报
A-SMGCS	先进的场面活动引导与控制系统
ATC	空中交通管制
ATFCM	空中交通流量与容量管理
ATFM	空中交通流量管理
ATOT	实际起飞时间
ATS	空中交通服务
AVOL	机场能见度运行等级
AXIT	实际滑入时间
AXOT	实际滑出时间

B2B	企业对企业
B2C	企业对个人
BAA	英国机场管理公司
BP	神经网络
C/S	服务器–客户机架构
CCR	恒流调光器
CCTV	闭路电视
CDA	冲突检测与告警
CDC	捕获数据变更
CDN	管制协调报
CHG	修订领航计划报
CLDC	有限连接设备配置
CLI	调用级接口
CNL	取消领航计划报
COR	修订飞行预报
CPL	现行飞行变更报
CPU	中央处理器
CRM	客户关系管理
CSA	云服务体系结构
CSC	云服务中心
CTO	计算飞越时间
CTOT	计算起飞时间
CTPN	赋时着色 Petri 网
DAL	延误报
DBMS	数据库管理系统
DCS	分布式控制系统
DEP	起飞报
DFS	分布式文件系统
DGPS	差分全球定位系统
DLL	动态链接库
DMT	字典管理表空间
DOM	文档对象模型
DPI	离场计划信息电报
DW	数据仓库
EDI	电子数据交换
EIBT	预计挡轮挡时间
ELDT	预计着陆时间

EOBT	预计撤轮挡时间
EPON	以太网无源光网络
ERP	企业资源计划
ESB	企业服务总线
EST	最早开始时间
ETFMS	增强型战术流量管理系统
ETL	抽取-转换-加载技术
ETOA	预计落地时间
ETOT	预计起飞时间
EVS	增强视景系统
EXIT	预计滑入时间
EXOT	预计滑出时间
FAA	美国联邦航空管理局
FBMS	航班业务统计分析系统
FDPS	飞行数据处理系统
FIFO	先进先出
FIMS	航班信息管理系统
FIPS	空管飞行信息处理系统
FPL	领航计划报
FQDB	航班查询数据库
FQS	航班查询系统
FQSDB	航班查询系统数据库
FUM	航班更新电报
GA	遗传算法
GAE	谷歌应用软件引擎
Gbps	交换带宽
GD	引导
GEM	GPON 封装方式
GFS	谷歌文件系统
GIS	地理信息系统
GPON	千兆以太网无源光网络
GPRS	通用分组无线服务技术
GPS	全球定位系统
GST	预计飞越报
HA	高可用性
HMI	人机接口
HTCPN	分层赋时着色 Petri 网

HTML	超文本标记语言
HTTP	超文本传输协议
IaaS	基础设施即服务
IATA	国际航空运输协会
ICAO	国际民航组织
IDC	互联网数据中心
IFR	仪表飞行规则
IIS	信息集成系统
IMF	智能中间件
IMG	信息集成网关
IP	网际协议
JDBC	Java 数据库连接
KPI	关键绩效指标
LAM	逻辑确认报
LPWAN	低能耗广域物联网
LST	最晚开始时间
MAIA	多机场前站航班数据适配器
MAMDB	多机场联合运营数据中心
MCU	微控制单元
MIDP	移动信息设备配置文件
MLAT	多点定位系统
MQ	消息队列
MTTR	平均故障恢复时间
NIST	美国国家标准与技术研究院
OAM	操作维护管理
ODBC	开放数据库互联
ODN	光分配网络
OLAP	联机分析处理技术
OLT	光线路终端
OLTP	联机事务处理技术
OMA	开放移动联盟
OMMS	运行监控管理系统
ONT	光网络设备
ONU	光网络单元
ORM	对象–关系映射
ORMS	资源分配系统
OSGi	开放服务网关

P2P	点对点技术
PA	路径规划
PaaS	平台即服务
PDN	公用数据网
PLN	飞行预报
POJO	简单无规则 Java 对象
POS	销售终端
PSR	一次雷达
QoS	服务质量
RCF	无线电通信失效报
RDB	关系数据库
RDBMS	关系数据库管理系统
RMI	远程方法调用
RPC	远程过程调用
RQP	请求飞行计划报
RQS	请求领航计划补充信息报
RSS	简易信息聚合
RTN	返航报
SaaS	软件即服务
SDD	综合数据显示终端
SDFP	监视数据融合接口
SDP	监视数据接口
SGML	通用标记语言
SITA	航空公司业务电报格式
SMR	场面监视雷达
SOA	面向服务的体系结构
SOAP	简单对象访问协议
SOC	航空公司运行控制中心
SPL	领航计划补充信息报
SSM	保障服务模型
SSR	二次雷达
SST	保障服务时间
SVC	交换虚拟电路
TCP	传输控制协议
TDM	时分多路复用
TFM	流量管理者
TOBT	目标撤轮挡时间

续表

TOC	航站楼运行管理中心
TSAT	同意开车时间
TTOT	目标起飞时间
UDDI	通用描述、发现与集成服务
UDP	用户数据报协议
UPnP	通用即插即用
URL	统一资源定位器
USN	泛在传感器网络
VFR	目视飞行规则
VSA	VMware 虚拟设备
VTT	可变滑行时间
W3C	万维网联盟
WALN	无线局域网
WAP	无线应用协议
WEB	全球广域网
WOSA	Windows 开放式服务结构
XML	可扩展标记语言
XSLT	可扩展样式表转换语言

参 考 文 献

[1] 刘得一, 张兆宁, 杨新湼. 民航概论[M]. 北京: 中国民航出版社, 2011.

[2] 王国庆. 通用航空在中国的发展前景[J]. 科技风, 2014, 15: 271.

[3] 中国民用航空局. 通用航空经营许可管理规定[EB/OL]. http://www.caac.gov.cn/XXGK/
     XXGK/MHGZ/202008/t20200827_204256.html. 2020-08-26.

[4] 李家祥. 世界民用航空与中国民用航空的发展[EB/OL]. http://www.caac.gov.cn/XWZX/
     MHYW/200906/t20090619_12358.html. 2009-06-19.

[5] 陶强. 中国民航运输业发展战略与对策研究[D]. 西安: 西安电子科技大学, 2010.

[6] 蒂埃里·杜布瓦·布鲁塞尔. 王元元编译. 欧盟开始考虑"洁净天空" 3 研究计划[J]. 国际
     航空, 2019(5): 56-57.

[7] 中国民用航空局. 中华人民共和国民用航空法[EB/OL]. http://www.caac.gov.cn/XXGK/
     XXGK/FLFG/201510/t20151029_2777.html. 1995-10-30.

[8] 崔祥健, 吴菁, 成宏峰. 民航法律法规与实务[M]. 北京: 旅游教育出版社, 2007.

[9] 中国民用航空局. 2019 年民航机场生产统计公报[EB/OL]. http://www.caac.gov.cn/XXGK/
     XXGK/TJSJ/202003/t20200309_201358.html. 2020-03-09.

[10] 民航资源网. 2019 全球 50 大机场出炉[EB/OL]. http://news.carnoc.com/list/527/527203.html.
     2020-03-18.

[11] 杨娟, 王芳, 王巍. 天府国际机场大通关体系规划方案研究[J]. 物流技术与应用, 2018,
     23(11): 136-138.

[12] 胡建琦. 我国民用机场运营补贴政策研究[D]. 天津: 中国民航大学, 2007.

[13] 黄建伟, 郑巍. 民航地勤服务[M]. 北京: 旅游教育出版社, 2007.

[14] 民航资源网. 民航总局下发《关于深化民航改革指导意见》[EB/OL]. http://news.carnoc.com/
     list/67/67028.html. 2006-04-01.

[15] 姚津津, 陈卫. 机场市场定位与运营模式[J]. 中国民用航空, 2003(2): 48-51.

[16] 张海英, 赵晓晖, 金磊云, 等. 基于功能中心(AOC/TOC)运营模式下的机场整体业务流程分
     析[J]. 民航科技, 2009, 1: 79-83.

[17] 梅广明. 基于区域管理的大型机场 TOC 运营模式[J]. 江苏航空, 2015(2): 29-31.

[18] 吴念祖. 浦东国际机场: 运营信息系统[M]. 上海: 上海科学技术出版社, 2008.

[19] 朱星辉. 航空公司航班计划优化设计研究[D]. 南京: 南京航空航天大学, 2007.

[20] 鲁新建. 民航机场弱电系统建设与发展[J]. 民航科技, 2003(5): 33-35.

[21] 朱慧. 面向机场协同决策的航班离港时间预测[D]. 天津: 中国民航大学, 2019.

[22] Petri C A. Communication with automata[J]. Communication with Automata, 1966.

[23] 蒋昌俊. Petri 网的行为理论及其应用[M]. 北京: 高等教育出版社, 2003.

[24] 王玉婷. 先进机场场面活动引导与控制技术研究[D]. 南京: 南京航空航天大学, 2010.

[25] 郑长友, 刘晓明, 姚奕,等. 基于Petri网的面向测试的工作流系统建模方法[J]. 电子科技大学学报, 2014, 43(1): 119-124.

[26] 冯冬芹, 沈佳骏, 褚健. 基于有色 Petri 网的时钟同步协议安全性分析[J]. 控制与决策, 2014, 12: 2144-2150.

[27] 吴洪越, 杜玉越. 一种基于逻辑Petri网的Web服务簇组合方法[J]. 计算机学报, 2015, 38(1): 204-218.

[28] 杨启哲, 李国强. 基于通信 Petri 网的异步通信程序验证模型[J]. 软件学报, 2017, 28(4): 804-818.

[29] 袁崇义. Petri 网原理[M]. 北京: 电子工业出版社, 1998.

[30] 罗鹏程, 基于 Petri 网的系统安全性建模与分析技术研究[D], 长沙: 国防科技大学, 2001.

[31] 袁崇义. Petri 网原理与应用[M]. 北京: 电子工业出版社, 2005.

[32] 肖兵, 瞿坦, 王明哲. 着色 Petri 网及其在系统建模与仿真中的应用[J]. 计算机工程, 2001, 27(1): 30-32.

[33] 徐峻, 沈康辰, 黄柏林. 着色 Petri 网在工作流建模中的应用[J]. 计算机应用与软件, 2004, 21(7): 47-48.

[34] 苏国军, 汪雄海. 半导体制造系统改进Petri网模型的建立及优化调度[J]. 系统工程理论与实践, 2011, 31(7): 1372-1377.

[35] 李慧芳, 李人厚. 基于赋时 Petri 网的化工批处理过程建模与控制优化[J]. 控制与决策, 2000, 15(4): 447-450.

[36] 刘石坚, 乐晓波, 邹峥. 含抑制弧和测试弧 Petri 网的建模及其行为分析[J]. 系统仿真学报, 2008, (s2): 76-81.

[37] 吴维敏. 离散事件系统的 Petri 网控制器综合[D]. 杭州: 浙江大学, 2002.

[38] Jensen B K. Coloured Petri nets: basic concepts, analysis methods and practical use[C]. IEEE Colloquium on Discrete Event Systems: A New Challenge for Intelligent Control Systems. New York: Springer-Verlag, 1997: 493.

[39] 邢志伟, 唐云霄. 枢纽机场航班保障服务时间估计[J]. 系统仿真学报, 2017, 29(11): 2856-2864.

[40] 邢志伟, 魏志强, 罗谦,等. 基于着色时间Petri网的航班保障服务建模方法[J]. 系统工程与电子技术, 2018, 40(5): 109-114.

[41] ICAO. Advances Surface Movement Guidance and Control Systems (A-SMGCS) Manual[M]. International Civil Aviation Organization, 2004.

[42] 王东海. 关于 C/S 结构的银行端代收费软件的编写[J]. 电脑与信息技术, 2009, 17(5): 45-48.

[43] 刘玲. C/S 与 B/S 混合软件体系的构建[J]. 电脑编程技巧与维护, 2010, 24: 29-30.

[44] 凌超. 医院自助系统的设计与实现[D]. 北京: 北京邮电大学, 2017.

[45] 李明军. 基于 Spring MVC 的学生网上培训系统的设计与实现[D]. 天津: 天津大学, 2016.

[46] 李玉奇, 刘旺开. 基于 B/S 结构下分布式控制系统的实时监控[J]. 微计算机信息（测控仪表自动化）, 2004, 2: 53-55.

[47] 王志勇, 巴力登, 石磊. 基于 B/S 结构下分布式控制系统的实时监控[J]. 工业控制计算机, 2006, 19（4）: 17-19.

[48] 代绍庆. 基于数据集中处理的技术架构设计模型[J]. 宁波大学学报（理工版）, 2006, 19（2）: 214-217.

[49] 史剑. 银行数据集中前置系统的研究与设计[D]. 成都: 西南交通大学, 2007.

[50] 文必龙. 开放数据库互联（ODBC）技术与应用[M]. 北京: 科学出版社, 1997.

[51] 岳红宇, 金以慧, 郭宇春.全面了解 ODBC 技术[J]. 计算机世界, 1995, 12: 35-37.

[52] 彭文俊. 汇编语言课程网络辅助教学系统的研究与开发[D]. 重庆: 重庆大学, 2009.

[53] 张晖妍, 王晶. 浅谈 ODBC 技术[J]. 青海气象, 2008, 1: 51-53.

[54] 邓锐. 基于 J2EE 的济南机场信息集成系统的设计与实现[D]. 成都: 四川大学, 2006.

[55] 许永萍. 基于 J2EE 架构的杭州机场生产运营系统研究及核心模块实现[D]. 成都: 电子科技大学, 2012.

[56] 刘金环. 浅析信息集成系统在小型机场中的应用[J]. 机场建设, 2014, 2: 18-20.

[57] 高明君. 基于三级调度模式的机场信息系统集成及应用研究[D]. 济南: 山东大学, 2008.

[58] 李必旺. 生产指挥系统在厦门机场的实现与应用[J]. 福建电脑, 2007, 11: 149-150.

[59] 马丽平. 电报自动处理平台的设计与实现[J]. 办公自动化, 2012, 9: 20-21.

[60] 王伟庆. 浅谈基于民航数据网实现自动转报系统的传输方案[J]. 空中交通管理, 2007, 9: 23-27.

[61] 张力. 面向空中交通管制的航行电报处理系统的构建[D]. 上海: 复旦大学, 2010.

[62] 中国民用航空局. 民用航空飞行动态固定电报格式[S]. MH/T 4007-2012. 2012.

[63] 申沐奇, 祁顺然. 基于体感交互技术的物联网智能家居系统[J]. 现代信息科技, 2017, 1（4）: 42-44.

[64] 李本建. 关于建立航空工业经济预警系统的初步设想[J]. 航空系统工程, 1993, 5: 24-28.

[65] 杨兴华. 民航机场动态分级预警模式的研究[D]. 沈阳: 沈阳航空工业学院, 2009.

[66] 蒋宗礼. 人工神经网络导论[M]. 北京: 高等教育出版社, 2001.

[67] 周志华, 曹存根. 神经网络及其应用[M]. 北京: 清华大学出版社, 2004.

[68] 戚德虎, 康继昌. BP 神经网络的设计[J]. 计算机工程与设计, 1998, 2: 48-50.

[69] 黄璇. 铁路与航空旅客联合运输可行性研究[D]. 上海: 同济大学, 2008.

[70] 吕萍, 孙震. 基于准点角度的机坪保障服务外包模式分析[J]. 物流工程与管理, 2012, 2: 96-97.

[71] 郑洁, 高剑明. 机场地面作业调度问题研究[J]. 河北北方学院学报(自然科学版), 2008, 24(6): 60-62.

[72] 周伟. 南京禄口国际机场的信息化和信息集成的研究及设计[D]. 上海: 上海交通大学, 2009.

[73] 何良军. 一种宽带无线移动视频调度系统的设计与实现[J]. 信息技术与信息化, 2010, 4: 26-29.

[74] 高健, 邱小群. 多媒体调度系统的现状与发展方向[J]. 信息技术与信息化, 2014, 2: 134-137.

[75] 翁其艳. 紫外光通信系统中的信号检测与解调关键技术研究[J]. 现代电信科技, 2010, 40(7): 58-60.

[76] 王静. 基于消息中间件的业务总线在机场信息系统的应用[D]. 西安: 西安电子科技大学, 2016.

[77] 潘俊. 机场服务流程再造策略研究[J]. 民航管理, 2010, 4: 72.

[78] Chamberlin D. XQuery: An XML Query Language[M]. IBM Corp, 2002.

[79] 邵荣, 基于 SVG 的数据可视化的研究与应用[J]. 电脑开发与应用, 2009, 22(4): 56-58.

[80] 段晓宇. 基于 SOA 的分布式交通信息共享平台研究[D]. 北京: 北京交通大学, 2009.

[81] 范炜. 电子政务系统中分布式异构数据交换平台的研究与设计[D]. 西安: 西北工业大学, 2007.

[82] 张婷婷. 基于 XML 的票据存储管理系统[J]. 电脑开发与应用, 2012, 25(2): 55-57.

[83] Marples D, Kriens P. The open services gateway initiative: an introductory overview[J]. Communications Magazine IEEE, 2001, 39(12): 110-114.

[84] 李颖. 基于物联网技术的固定资产及仓储管理系统[J]. 物联网技术, 2013, 1: 81-83.

[85] 赵玉国. 基于 OSGi 技术的研究与应用[D]. 北京: 北京邮电大学, 2013.

[86] Pallis D J, Holding T A. Advanced surface movement guidance and control system[J]. China Civil Aviation, 2007, 8(1): 27-33.

[87] 曾思弘. A-SMGCS 系统设计分析与实现[J]. 智能建筑与城市信息, 2015, 9: 73-75.

[88] 唐勇. A-SMGCS 航空器滑行路由规划及三维仿真研究[D]. 南京: 南京航空航天大学, 2015.

[89] 吕小平. A-SMGCS 技术和应用介绍[J]. 空中交通管理, 2006, 8: 7-15.

[90] 罗晓. 浅谈智慧机场的发展技术及其应用[J]. 空运商务, 2018, 5: 16-19.

[91] 董莹, 安然. 机场航空器地面滑行时间优化研究[J]. 交通运输系统工程与信息, 2011, 11(5): 141-146.

[92] 丁一波, 靳学梅, 杨恺. 浅析 A-SMGCS 中的自动路由规划技术[J]. 空中交通管理, 2009, 11: 16-18.

[93] 朱新平. 基于 Petri 网的 A-SMGCS 航空器滑行路由与冲突监控理论研究[D]. 南京: 南京航空航天大学, 2012.

[94] Tang X M, Zhu X P, Han S C. Petri net controller synthesis for advanced surface movement guidance and control system[C]. Proceedings of IEEE Information and Automation, Zhuhai, 2009:

483-488.

[95] 朱新平, 汤新民, 韩松臣. A-SMGCS 机场场面运行可重构 Petri 网建模[J]. 武汉理工大学学报(信息与管理工程版), 2013, 35(1): 23-27.

[96] 潘卫军, 熊锋, 邱文彬, 等. 基于航空器滑行特征的机场热点识别算法研究[J]. 自动化技术与应用, 2016, 35(3): 105-109.

[97] 柴琪琦. A-SMGCS 中动态路径规划的关键问题研究[D]. 南京: 南京航空航天大学, 2013.

[98] 中国民用航空局. 中华人民共和国飞行基本规则[EB/OL]. http://www.caac.gov.cn/XXGK/XXGK/FLFG/201510/t20151029_2792.html. 2001-07-27.

[99] 王翀. 机场场面航空器滑行路由规划及三维仿真研究[D]. 南京: 南京航空航天大学, 2012.

[100] 汤新民, 王玉婷, 韩松臣. 基于 DEDS 的 A-SMGCS 航空器动态滑行路径规划[J]. 系统工程与电子技术, 2010, 32(12): 2669-2675.

[101] 唐志星, 朱新平, 夏正洪. A-SMGCS 航空器滑行时间延迟的滑行路由实时更新算法[J]. 科学技术与工程, 2017, 16: 331-337.

[102] 黄鑑. 对 A-CDM 系统建设的探索与思考[J]. 民航管理, 2017, 322(8): 13-15.

[103] 鲍帆, 王旭东. 机场协同决策体系结构设计与信息服务分析[J]. 信息化研究, 2017, 43(5): 28-34.

[104] 马筠岷. A-CDM 机场协同决策的应用[J]. 现代电信科技, 2014, 5: 70-73.

[105] 蒋丹洋. 基于里程碑方法的空管信息动态拟合技术的设计与应用[J]. 软件工程, 2016, 19(4): 36-39.

[106] 却建昆. 机场协同决策(A-CDM)实践[J]. 全国商情, 2016, 26: 52-54.

[107] 张洪海, 胡明华, 陈世林. 机场进离场流量协同分配策略[J]. 南京航空航天大学学报, 2008, 5: 641-645.

[108] Goldberg D E. Genetic Algorithm in Search, Optimization, and Machine Learning[M]. Reading: Addison Wesley, 1989.

[109] 李玉蓉, 李霞, 陈光海, 等. 遗传算法——国际石油合作勘探开发项目投资组合的新方法[J]. 海洋石油, 2004, 24(4): 50-56.

[110] 吴胜. 用遗传算法求解 3-SAT 问题[J]. 福建电脑, 2005, 7: 49-51.

[111] 白洋, 刘松涛. 一种预测节日短信峰值发送量的方法[J]. 通信管理与技术, 2009, 2: 24-26.

[112] 侯廷军, 徐筱杰. 遗传算法在计算机辅助药物分子设计中的应用[J]. 化学进展, 2004, 1: 35-41.

[113] 杨磊. 遗传算法在解决经典运筹问题中的应用[J]. 合作经济与科技, 2012, 1: 50-51.

[114] 张洪海, 胡明华. CDM ADGDP 机场容量与时隙协同配置[J]. 系统工程理论与实践, 2010, 30(10): 1901-1908.

[115] 吕荣胜, 房京, 刘山杉. 基于协同决策模式的航空紧急运输流量管理优化模型研究[J]. 计算机科学, 2016, 43(z1): 28-33.

[116]王湛，吴术. 基于协同时隙分配的非劣邻域免疫系统[J]. 系统管理学报，2015, 24(2): 185-189.

[117]刘文革，潘野，杜雨弦，等. 多机场系统联合运行关键技术前夕[J]. 中国民用航空，2017, 9: 40-44.

[118]屈云茜. 我国多机场系统的内涵、分类与特性[J]. 厦门理工学院学报，2014, 22(4): 51-56.

[119]Hayes B. Cloud computing [J]. Communications of the ACM, 2008, 51(7): 9-11.

[120]Mell P M, Grance T. The NIST Definition of Cloud Computing[R]. National Institute of Standards & Technology, 2011.

[121]Uhlig R, Neiger G, Rodgers D, et al. Intel virtualization technology [J]. Computer, 2005, 38(5): 48-56.

[122]鲁松. 计算机虚拟化技术及应用[M]. 北京: 机械工业出版社, 2008.

[123]Xing Y, Zhan Y. Virtualization and Cloud Computing [M]. Berlin: Springer, 2012.

[124]尹学渊，陈兴蜀，陈琳. 虚拟化 IaaS 环境安全域与访问控制研究模型[J]. 小型微型计算机系统，2009, 40(1):111-116.

[125]张耀春，黄轶，王静，等. Vue.js 权威指南[M]. 北京: 电子工业出版社, 2016.

[126]徐军库，唐科. 移动互联网在民航业应用初探[J]. 中国信息化，2014, 9: 75-78.